Asmus J. Hintz

Erfolgreiche Mitarbeiterführung durch soziale Kompetenz

Asmus J. Hintz

Erfolgreiche Mitarbeiterführung durch soziale Kompetenz

Eine praxisbezogene Anleitung

GABLER

Bibliografische Information der Deutschen Nationalbibliothek
Die Deutsche Nationalbibliothek verzeichnet diese Publikation in der Deutschen Nationalbibliografie; detaillierte bibliografische Daten sind im Internet über <http://dnb.d-nb.de> abrufbar.

1. Auflage 2011

Lektorat: Ulrike Lörcher

Gabler Verlag ist eine Marke von Springer Fachmedien.
Springer Fachmedien ist Teil der Fachverlagsgruppe Springer Science+Business Media.
www.gabler.de

Umschlaggestaltung: KünkelLopka Medienentwicklung, Heidelberg
Druck und buchbinderische Verarbeitung: Ten Brink, Meppel
Gedruckt auf säurefreiem und chlorfrei gebleichtem Papier
Printed in the Netherlands

ISBN 978-3-8349-2441-4

Für Bärbel

Geleitwort

Jedes soziale Gebilde braucht Führungskräfte, folglich gibt es hierzulande Millionen von Mitarbeiterinnen und Mitarbeitern in Führungsverantwortung. Das wiederum verleitet zu der Annahme: Was derart viele tun, kann nicht allzu schwierig sein. Andererseits sagen uns Statistiken und Berichte, dass drei von vier Mitarbeitern unter Führungskräften leiden, die der Aufgabe nicht gewachsen zu sein scheinen.

Wie passt das zusammen? Einschätzungen über „unzufriedene Indianer unter schlechten Häuptlingen" sollte man sich mit großer Vorsicht nähern. Denn Situationen werden von den Beteiligten in der Regel nicht einmütig und übereinstimmend bewertet, sondern höchst unterschiedlich. Eine vermeintlich identische Situation kann vollkommen widersprüchlich wahrgenommen werden – sind die einen von einer Führungsleistung angetan, so kann es andere geben, die diese als belastend empfinden. Die vermeintliche Kollektivmeinung ist also stark von subjektiven und situativ bedingten Wahrnehmungen geprägt. Unumstritten aber ist das Vorhandensein von führungsbedingten individual-emotionalen Belastungen, die bis zur psychischen und auch physischen Totalerschöpfung führen können. Allerdings vermag diese niemand zu konkretisieren, da Ursache und Wirkung zuweilen nicht originär zuordenbar sind. Unabhängig davon sind sich die Experten darin einig, dass aus subjektiv empfundener und/oder objektiv darstellbar „schlechter Mitarbeiterführung" ein enormer betriebs- und volkswirtschaftlicher Schaden erwächst.

Woran sollte sich eine Führungskraft orientieren, was muss und kann sie tun, um eine „gute Führungskraft" zu sein? Muss sie ihr Verhalten jedem Mitarbeiter entsprechend individuell ausrichten – aber läuft sie dann nicht Gefahr, dass ihre Bereitschaft zu individueller Rücksichtnahme als orientierungslos empfunden wird? Oder muss sie sich den Zielen des Betriebes unterordnen und die Mitarbeiterführung allein daran orientieren – aber läuft sie dann nicht Gefahr, dass sie als rücksichtslos wahrgenommen wird? Die Basiserkenntnis erscheint – flüchtig betrachtet – höchst banal und ist doch die Wurzel für höchst komplexe Anforderungen: Der „goldene Weg" liegt in einer sach-, situations- und personengerechten Mischung.

„Mitarbeiterführung" ist eine vergleichsweise simple Vokabel für eine der umfassendsten betrieblichen Anforderungen. Man sollte also nicht nach einem Patentrezept suchen, sondern sich parallel mit den unterschiedlichsten Modellen und Einflussfaktoren befassen, um möglichst variantenreich für das breite Spektrum an Entscheidungserwartungen gewappnet zu sein.

Das vorliegende Werk hebt sich wohltuend aus der Vielzahl an literarischen Werken zu Personal- und Mitarbeiterführung heraus. Es verwendet Anschauungsbeispiele von großer Praxistauglichkeit und bietet Lösungsansätze, die ob ihrer hohen Umsetzbarkeit überzeugen. Dieses Buch ist daher für den betrieblichen Alltag von Führungskräften jeder Ebene und jeden Verantwortungsbereichs bestens geeignet.

Hamburg, im Juni 2010

Prof. Dr. Friedrich Loock
Direktor des Instituts für Kultur- und
Medienmanagement Hamburg

Danksagung

Ich danke meinen Studierenden und Seminarteilnehmern für ihre konstruktive Kritik und Diskussionsfreudigkeit, meinen Mitarbeitern und Kollegen für die vielfältigen Einblicke in die Bandbreite menschlichen Verhaltens in Arbeitsprozessen, Jana Reidenbach für die lektorierende Betreuung des Manuskripts und Felix Reidenbach für die Erstellung der Grafiken.

Ferner danke ich den folgenden Wegbegleitern, die mich auf unterschiedliche Weise im Hinblick auf das Thema Mitarbeiterführung inspiriert haben:

Ljubinka Banjac, Prof. Dr. Hans Bäßler, Alexander Blume, Shiro Fujita, Prof. Reinhart v. Gutzeit, Yasuaki Gyoten, Ise Haß, Peter Herbolzheimer, Knut A. Hintz, Satoshi Horiguchi, Masahito Kato, Prof. Manfred Kluge, Prof. Martin Maria Krüger, Prof. Dr. Friedrich Loock, Jolanta Pulauskiene, Prof. Dr. Hermann Rauhe, Thomas Schoepe, Dr. Peter-Hanser Strecker, Prof. Bruno Tetzner, Prof. Kurt Thomas, Prof. Dr. Dieter Zimmerschied.

Bad Segeberg, im August 2010

Asmus J. Hintz

Inhaltsverzeichnis

Abbildungsverzeichnis

Einleitung

Verantwortlich ist man nicht nur für das, was man tut, sondern auch für das, was man nicht tut.

[Laotse, chin. Philosoph, 4-3 Jhd. v. Chr.]

Führen oder geführt werden? Wer führt wen und was ist Führung? Was unterscheidet gute von schlechter Führung? Ist Führungsfähigkeit erlernbar oder eine Begabung? Fragen, die jeden bewegen, der in Führungsverantwortung steht oder berufen wird. Wir lernen Kulturtechniken wie Lesen, Schreiben und Rechnen, aber Reden und Zuhören stehen auf keinem Lehrplan. Man beginnt seine Laufbahn üblicherweise als Fachspezialist, zeigt gute Leistungen, fällt den Vorgesetzten positiv auf, und ehe man es sich versieht, ist man Manager, hat Verantwortung für Ziele, Budgets und Mitarbeiter. Als Manager wird man mit komplexen Problemstellungen sachlicher und emotionaler Art konfrontiert. Warum reagiert mein Gesprächspartner so merkwürdig? Warum arbeitet A so hoch motiviert, und warum bereitet B fortwährend Probleme? Wie kann ich Konflikte lösen oder – noch besser – von vornherein vermeiden? Fragen über Fragen!

In „Erfolgreiche Mitarbeiterführung durch soziale Kompetenz" finden sowohl Anfänger als auch erfahrene Führungskräfte Anregungen und Fachwissen aus der Praxis. Die meisten Fallbeispiele und Fallstudien dieses Programms entstammen dem „wirklichen Leben". Manches mag unwahrscheinlich wirken, aber vergessen Sie nicht: das Leben schreibt die besten Geschichten. Sie werden die Herausforderungen, mit denen eine Führungskraft konfrontiert wird, aus verschiedenen Situationen erleben, über Lösungen nachdenken, Fallstudien und Musterlösungen analysieren. Sie werden lernen zu verstehen, was Menschen antreibt oder demotiviert und warum Kommunikation eine „Dauerbaustelle" im Zusammenleben der Menschen ist.

Sie werden lernen, Mitarbeiter für die Ziele des Unternehmens zu gewinnen. Sie werden verstehen, dass Führungskompetenz nicht in erster Linie und nicht allein das Resultat von Charisma und Talent ist, sondern das Ergebnis komplexer Kenntnisse und harter Arbeit an sich selbst.

Führungskompetenz erfordert handwerkliches Können im Bereich der sozialen Interaktion und Problemlösung. Manager müssen die Wirkungsmechanismen menschlichen Verhaltens verstehen und die Potentiale der Teamarbeit nutzen können.

Viele Manager ahnen, dass die Leistungsfähigkeit Ihrer Betriebe gesteigert werden könnte, wissen aber nicht wie. Scharlatane und Motivierungskünstler finden ein breites Betätigungsfeld, gehen mit Wundermitteln für das Management hausieren, wissen auch auf noch gar nicht gestellte Fragen Antworten, euphorisieren mit Showeffekten die Belegschaft und hinterlassen eine tiefe Spur der Frustration. Hinzu kommt, dass viele Manager sich selbst für geborene Experten halten, die ihre eigene Erfahrung über die Erkenntnisse der

Sozialwissenschaften stellen und alles, was man ihnen anbietet, für zu theoretisch und zu praxisfern halten. Schließlich hat man alles schon irgendwann einmal gehört, nichts ist wirklich neu, und geholfen hat es ja auch nicht.

Der Wille zur Veränderung setzt voraus, für sich selbst und für die Verhältnisse, in denen man lebt und arbeitet, die Verantwortung zu übernehmen. Es ist nicht zulässig, die anderen oder die Situation für alles verantwortlich zu machen, was aus dem Ruder läuft oder sich schwierig gestaltet. Der Volksmund sagt mit Recht: „Der Fisch stinkt immer zuerst vom Kopf her." Für das Management gilt diese Weisheit in besonderer Weise. Man kann nicht der Kopf sein wollen, wenn es um die Verteilung von Privilegien und Einkommen geht, aber im Falle der Übernahme von Verantwortung für Fehlentwicklungen denselben in den Sand stecken oder so tun, als habe man *damit* nichts zu tun.

Durch eine fundierte Kombination von Erkenntnissen aus Wissenschaft und Empirie, aus Theorie und Praxis werden Sie mit den Grundlagen der Mitarbeiterführung vertraut. Zahlreiche nützliche Tipps, Anregungen und Fallbeispiele für die Bearbeitung spezieller Führungssituationen zeigen Ihnen Handlungsoptionen auf.

Ziel dieses Buchs ist es, die theoretischen Grundlagen der Sozialwissenschaften, insbesondere der Kommunikationswissenschaft, der Pädagogik, Psychologie, Sozialphilosophie und Soziologie, praxistauglich dosiert, verbunden mit Übungen und Fallstudien, in alltagstaugliches Wissen und Handlungskompetenzen einzubinden.

Sie werden die Motive für das Verhalten von Menschen verstehen und beeinflussen können.

Durch das Studium echter Gesprächsverläufe und deren Analyse werden Sie darauf vorbereitet, Mitarbeiter erfolgreich zu führen, menschliches Verhalten im Rahmen gegenseitiger Zielvereinbarungen zu steuern und soziale Macht in angemessener Weise ausüben zu können.

Hamburg, im Mai 2010

Asmus J. Hintz

1 Führen oder geführt werden?

Viele reden wortgewandt über Führung, als sei das die selbstverständlichste Angelegenheit der Welt. Eigentlich kann es jeder, aber die Resultate sprechen eine andere Sprache. Die einen sind erfolgreich und beliebt als Vorgesetzte, andere zwar erfolgreich, aber demotivierend in der Wirkung auf die Einstellung ihrer Mitarbeiter zur gemeinsamen Arbeit und wieder andere gebärden sich diktatorisch. Also: Was ist Führung? Wie geht das? Warum sind die einen erfolgreicher als die anderen? Liegt das an der Qualität der Mitarbeiter oder an den Führungskräften?

Es lohnt sich, der Frage „Was bedeutet Führung?" die Gegenfrage „Was wäre, wenn es keine Führung gäbe?" gegenüberzustellen. Ohne Führung droht der Zusammenbruch aller Systeme, Werte und Regeln, die Leben und Arbeiten in einem sozial harmonischen Gefüge ermöglichen.

Führung ist ein stetiger Prozess der Problemerkennung und Problemlösung mit dem Ziel der Bestandssicherung der Unternehmung, der Förderung quantitativen und qualitativen Wachstums sowie der Sicherstellung einer angemessenen Rentabilität. Die Hauptaufgaben der Führung sind Willensbildung (Planung/Entscheidung) und Willensdurchsetzung (Ausführung/Kontrolle). Die Führungskraft wirkt durch Zielvereinbarungen und Delegation von Aufgaben und Kompetenzen an qualifizierte Mitarbeiter. Die Entwicklung und Vereinbarung klar definierter Ziele sind wichtige Voraussetzungen für erfolgreiches Arbeiten. Führungskraft und Mitarbeiter sollten ihre Zusammenarbeit auf der Basis von Respekt, Akzeptanz, Toleranz und Offenheit als fortwährenden gemeinsamen und gegenseitigen Lernprozess verstehen. Die Führungskompetenz eines Managers offenbart sich in seinem Verhalten und seiner Wahl der Mittel (Führungsinstrumente) in der jeweiligen Situation und ist das Resultat von Übung, selbstkritischer Reflexion und Erfahrung.

Führung beeinflusst und koordiniert das Handeln und die Einstellung von Mitarbeitern, um

- die Ziele einer Unternehmung/Organisation planmäßig zu erreichen,
- die Zufriedenheit der Kunden sicherzustellen,
- die Ziele der Unternehmung/Organisation einerseits und der Mitarbeiter andererseits in Balance zu halten,
- effizientes Arbeiten zu gewährleisten.

Wie führt man richtig, und wie verhält sich die ideale Führungskraft? Der innenpolitische Sprecher der SPD-Bürgerschaftsfraktion, Ingo Kleist, sagte einst zum idealen Profil eines neuen Polizeipräsidenten für Hamburg: „Die ideale Führungspersönlichkeit braucht die Würde eines Erzbischofs, die Selbstlosigkeit eines Missionars, die Beharrlichkeit eines Steuerbeamten, die Erfahrung eines Wirtschaftsprüfers, die Arbeitskraft eines Kulis, den Takt eines Botschafters, die Genialität eines Nobelpreisträgers, die Gesundheit eines

Olympiakämpfers, die Geduld eines Kindermädchens, das Lächeln eines Filmstars und das dicke Fell eines Nilpferds."[1] Die Anforderungen an eine moderne Führungskraft sind überaus vielfältig und widersprüchlich.

Im Folgenden wollen wir die Bedingungen und Wirkungsmechanismen von Führungsprozessen verstehen und lernen, eigenes Führungsverhalten wirksam gestalten und einsetzen zu können.

1.1 Fallstudie: Neukundengewinnung

Herr A und Frau B, Abteilungsleiter eines Fremdspracheninstituts, haben die Aufgabe, eine Informationsveranstaltung zur Gewinnung von Neukunden zu veranstalten. Das Unternehmen bietet eine breite Kurspalette an. Außer dem traditionellen Einzelunterricht und Intensivkursen für Manager gibt es Lerngruppen, in denen fachspezifische Fremdsprachenqualifikationen im technischen und medizinischen Bereich vermittelt werden. Institutseigene Lernforschung und modernste Lehrmittel haben zu einer landesweiten Anerkennung geführt.

Herr A und Frau B in einem Meeting mit Herrn C, dem Inhaber des Instituts:

Beispiel 1

C: „Frau B und Herr A, wir müssen mal wieder etwas unternehmen, um neue Schüler zu gewinnen. Vor den Sommerferien hatten wir recht viele Kündigungen. Wie Sie wissen, ist im Herbst die beste Zeit, um neue Kunden zu gewinnen. Diese Kündigungen fressen uns noch auf! Na ja, wie auch immer, wir müssen jetzt schnell etwas unternehmen. Unsere Mitbewerber schlafen auch nicht. Ziel ist: so viele neue Schüler wie möglich gewinnen. Alles klar? Sie machen das schon. Auf geht's! Ich will Erfolge sehen!"

Beispiel 2

C: „Frau B und Herr A, ich habe Sie zu dieser Besprechung eingeladen, um die Entwicklung unseres Instituts zu erörtern und Maßnahmen zur Neukundengewinnung zu entwickeln. Nach den Sommerferien geht der Betrieb ja wieder so richtig los und dann müssen wir gut aufgestellt sein. Bitte schildern Sie doch mal aus Ihrer Sicht den Stand der Dinge."

B: „Was uns Probleme bereitet, sind die hohen Kündigungszahlen."

C: „Wie hoch ist die Kündigungsrate jetzt und im Vergleich zum Vorjahr?"

---

[1] Schulz von Thun, Friedemann: „Miteinander reden: Kommunikationspsychologie für Führungskräfte", Hamburg 2000, S. 13.

A: „Anfang Juli haben wir bereits 20% Kündigungen. Das sind 3% mehr als im Vorjahr."

B: „Das ist unser Problem! Wir müssen nicht nur neue Schüler gewinnen, sondern erst mal die 20% Kündigung ausgleichen und dann noch welche oben drauf, um wachsen zu können."

C: „Welche Ursachen haben zu den Kündigungen geführt?"

A: „An den Preisen kann es nicht liegen, wir sind absolut wettbewerbsfähig."

B: „Wir haben einige Leute im Kollegium, die verwechseln das, was wir hier machen, mit Schule und Leistungsdruck. Das geht vielen Kunden, die aus eigenem Antrieb eine Fremdsprache lernen wollen, gegen den Strich und deswegen verlieren sie die Lust und kündigen."

A: „Das kann ich bestätigen. Da müssen wir aufpassen, dass unser guter Ruf nicht leidet. Wenn wir das nicht abstellen, wird es schwierig."

C: „Was müssen wir konkret ändern? Was schlagen Sie vor?"

B: „Wir müssen diese Kollegen im Unterricht besuchen, ihre Arbeit genauer kennen lernen und mit ihnen arbeiten, damit sie unsere Philosophie der Kundenzufriedenheit verstehen und leben. Nur wenn die Kollegen sich auch danach verhalten, kann es gelingen, die Kündigungsrate zu senken."

C: „Wer von Ihnen sieht sich in der Lage, diesen Prozess zu übernehmen?"

B: „Das könnte ich schon machen."

C: „Um wie viel Prozent wollen wir die Kündigungsrate bis zum Ende des Kalenderjahres senken? Wir haben noch fünf Monate."

A: „Senken wird schwierig. Wir sollten uns vornehmen, dass sie am Jahresende nicht die 30%-Marke übersteigt. Das könnten wir schaffen."

C: „Frau B?"

B: „Ich sehe das genauso."

C: „Gut, Frau B, dann entwickeln Sie doch bitte einen Plan, was Sie bis wann mit wem tun werden, um die Kündigungsquote bis Ende Dezember unter 30% zu senken. Wann können wir uns wieder zusammen setzen und Ihre Ideen dazu diskutieren?"

B: „Mitte kommender Woche, am Mittwoch um 10 Uhr?"

C/A: „Das passt gut!"

C: „Nun zurück zur Neukundengewinnung. Was können wir tun, um neue Kunden zu gewinnen?"

A: „Wir müssen es schaffen, die Leute hier zu uns ins Institut zu bekommen. Sie müssen erleben, wie wunderbar einfach es ist, mit unseren Methoden eine Fremdsprache zu erlernen."

B: „Unser Motto ‚Lernen mit Spaß' muss man erleben. Und das geht nur über Ausprobieren."

C: „Sie meinen eine Art Probeunterricht?"

A: „Richtig! Das muss man erleben und nicht klug darüber schreiben."

B: „Einen Tag der offenen Tür sollten wir veranstalten. Da können die Interessenten unsere Räume kennen lernen, mit den Dozenten reden und beim Probeunterricht erste Erfolgserlebnisse bekommen."

A: „Das bringt uns mit Sicherheit neue Kunden!"

C: „Ich stelle fest, dass Sie beide diese Idee für gut halten. Mich überzeugt das ebenfalls. Dann sollten wir mit der Planung beginnen. Wer macht was?

B: „Ich schlage vor, dass Herr A und ich das mal in Ruhe überlegen und Ihnen dann einen Vorschlag unterbreiten."

C: „Zuvor müssen wir uns noch über das Ziel der Aktion verständigen. Wie viele Schüler wollen wir dadurch neu gewinnen?"

A: „Das kann man doch vorher gar nicht seriös sagen!"

C: „Und woran wollen wir ohne Zielfestlegung messen, ob und wie erfolgreich wir waren?"

B: „Das ist das Problem. Also, ich denke, dass wir bestimmt 40 neue Verträge erreichen können."

C: „Herr A?"

A: „Tja, könnte klappen. Aber sicher bin ich nicht!"

C: „40 neue Verträge durch den Tag der offenen Tür! Stimmen Sie beide zu?"

B: „Ja, dass müssen wir schaffen!"

C: „Wer von Ihnen ist bereit, die Planung und Durchführung in die Hand zu nehmen?"

B: „Ich mache das gern."

C: „Frau B, bis wann können Sie Ihren ersten Planungsentwurf in dieser Runde zur Diskussion stellen?"

B: „Herr A und ich müssen ja noch mit den anderen Kollegen reden und deren Ideen einbinden. Ich denke, wir könnten uns in 10 Tagen wieder zusammensetzen. Reicht das?"

C: „Danke, Frau B, das passt gut. Also am Freitag in 10 Tagen von 10 bis 11 Uhr wieder hier?"

A: „OK, abgemacht!"

Aufgabe

Sie haben zwei unterschiedliche Führungssituationen kennen gelernt. Wodurch unterscheiden sich die Beispiele? Analysieren Sie das Verhalten der Beteiligten. Tragen Sie zuerst Ihre Wahrnehmungen in die Matrix ein und lassen Sie anschließend die Musteranalyse auf sich wirken.

Beispiel 1	**Verhalten**		
Aspekte	Inhaber (C)	Mitarbeiter (A und B)	Wirkung
Wie hat C die Eröffnung des Gesprächs gestaltet?			
Wie sind die Mitarbeiter in die Problemerörterung einbezogen worden?			
Wodurch hat C geführt?			

Beispiel 2	**Verhalten**		
Aspekte	Inhaber (C)	Mitarbeiter (A und B)	Wirkung
Wie hat C die Eröffnung des Gesprächs gestaltet?			
Wie sind die Mitarbeiter in die Problemerörterung einbezogen worden?			
Wodurch hat C geführt?			
Was unterscheidet die Beispiele?			

Musteranalyse

Beispiel 1	Verhalten		
Aspekte	Inhaber (C)	Mitarbeiter (A und B)	Wirkung
Wie hat C die Eröffnung des Gesprächs gestaltet?	kein „Warming up“, geht gleich auf das Problem los, Monolog des Inhabers	schweigen	Mitarbeiter werden nicht einbezogen.
Wie sind die Mitarbeiter in die Problemerörterung einbezogen worden?	gar nicht	hören die Ausführungen des Inhabers	schweigen
Wodurch hat C geführt?	durch alleiniges Reden und Anordnen, keine klare Zielvorgabe oder -absprache	schweigen	Wer was und ob jemand etwas machen wird, ist völlig unklar.

Beispiel 2	Verhalten		
Aspekte	Inhaber (C)	Mitarbeiter (A und B)	Wirkung
Wie hat C die Eröffnung des Gesprächs gestaltet?	führt in die Thematik ein durch erklärende Worte	hören zu	Offenheit
Wie sind die Mitarbeiter in die Problemerörterung einbezogen worden?	C fragt die Mitarbeiter nach ihrer Meinung und ihren Erkenntnissen	erläutern die Probleme aus ihrer Sicht	Mitarbeiter sind am Problemlösungsprozess beteiligt, arbeiten aktiv mit.

Beispiel 2	Verhalten		
Wodurch hat C geführt?	C moderiert das Meeting und den Erkenntnisprozess, stellt offene Fragen und bietet die Übernahme von Verantwortung an.	denken mit, schildern aus ihrer Sicht Ursachen und Wirkungen, bringen Verbesserungsvorschläge ein	Mitarbeiter sind motiviert, mitzuwirken und Verantwortung zu übernehmen. Sie wirken engagiert.
Was unterscheidet die Beispiele?	klare Zielvereinbarung zwischen C und den Mitarbeitern A und B	Mitarbeiter arbeiten mit, statt passiv zuzuhören.	In Bsp. 1 arbeitet der Inhaber alleine, in Bsp. 2 arbeiten die Mitarbeiter mit.

1.2 Übung: „Der beste Chef, den ich kenne..."

Wir alle haben Vorgesetzte, Lehrer oder andere Personen erlebt, die Macht ausüben durften, mit denen wir mehr oder weniger gut zusammenarbeiten konnten. Das Verhalten der einen hat uns mehr, das der anderen weniger motiviert. Weshalb ist das so und welche Wirkungsmechanismen erzeugen Motivation oder Demotivation?

In dieser Übung werden wir uns mit Verhaltensweisen von Führungskräften beschäftigen und die als positiv wahrgenommen Verhaltensweisen herausfiltern.

1. Suchen Sie sich einen oder mehrere Partner, um diese Übung auszuführen.
2. Jeder für sich denkt an eine Führungskraft, von der er sagen kann: „Das ist die beste Führungskraft, die ich bislang kennen gelernt habe."
3. Erinnern Sie sich, welche Eigenschaften und Verhaltensweisen zu Ihrer positiven Einschätzung geführt haben. Entwickeln Sie einen „Katalog der Führungseigenschaften".
4. Tauschen Sie Ihre Gedanken mit den Gruppenmitgliedern aus. Einigen Sie sich auf die Eigenschaften, die für Sie als „Geführter" besonders wichtig waren, die Ihre Motivation und Neigung, für das Unternehmen oder für die Führungskraft arbeiten zu wollen, sehr gefördert haben.
5. Tragen Sie die ausgewählten Führungseigenschaften hier ein:

1.3 Übung: Auswahl einer Führungskraft

Stellen Sie sich vor, Sie sind Inhaber eines Unternehmens. Ihr Erfolg hängt u.a. von der Qualität Ihrer Führungskräfte ab. Was auch immer in Ihrer Firma geschieht, es geht um deren Zukunft, den Fortbestand, die Sicherheit der Arbeitsplätze und auch um Ihr Geld.

Stellen Sie sich vor, Sie hätten die Position einer Führungskraft auszuschreiben. Für das Auswahlverfahren stellen Sie die aus Ihrer Sicht wichtigsten Führungseigenschaften in einem Anforderungsprofil dar und gewichten diese. Nicht alles wird gleichwertig nebeneinander stehen können und müssen.

In der folgenden Matrix „Auswahl von Eigenschaften für Führungskräfte" finden Sie 13 Zeilen, in denen unter der Überschrift „Anforderungsprofil" jeweils ein Bündel von Führungseigenschaften aufgeführt ist.

1. Suchen Sie sich Partner für diese Übung – je mehr, desto besser.
2. Kopieren Sie die Matrix entsprechend der Teilnehmeranzahl und reservieren Sie eine Matrix für die Auswertung des Gruppenergebnisses.
3. Bewerten Sie nicht einzelne Aspekte, sondern jeweils eine ganze Zeile. Auch wenn es Ihnen schwierig erscheint: handeln Sie spontan. Tun Sie es einfach!
4. Sie haben für Ihre individuellen Bewertungen 15 Minuten Zeit. Entscheiden Sie sich intuitiv.
5. Die Punktvergabe:
   a. Jeder kann maximal 5 Punkte vergeben, um innerhalb der 13 Zeilen Schwerpunkte zu setzen.
   b. Jeder kann z.B. alle 5 Punkte auf eine Zeile setzen, 5 Zeilen mit je einem Punkt bewerten oder 2 Punkte auf diese und 3 Punkte auf eine andere setzen.
6. Nach Ablauf der 15 Minuten tragen Sie in der Gruppe die Bewertungen jedes Teilnehmers in die entsprechenden Zeilen der Spalte „Auswahl" ein, addieren die daraus resultierenden Gesamtpunktzahlen und ermitteln, welche Rangfolge (1. oder 2. Platz usw.) sich daraus ergibt.
7. Diskutieren Sie diese Rangfolge im Hinblick auf die von Ihnen in der vorangegangenen Übung („Der beste Chef, den ich kenne...") ermittelten Führungseigenschaften. Welche Übereinstimmungen oder Abweichungen ergeben sich?
8. Diskutieren Sie die Auswahl von Führungseigenschaften im Hinblick auf die Vorstellung, das Unternehmen gehöre Ihnen und in letzter Konsequenz gehe es immer um Ihr eigenes Vermögen. Welche Führungseigenschaften wären Ihnen unter diesem Gesichtspunkt besonders wichtig?

Auswahl von Eigenschaften für Führungskräfte

Nr.	Anforderungsprofil	Punkte	Rangfolge (nur für die Gruppenauswertung)
1.	– Konzeptionelle Fähigkeit – Phantasie – Kreativität – Originalität		
2.	– Analytisches Denkvermögen – Methodik – Systematik – Logik		
3.	– Ausdrucksvermögen – schriftlich – mündlich – durch Gestik		
4.	– Überzeugungsvermögen – Argumentation – Auftreten – Präsentation – Verhandlungsgeschick		
5.	– Urteilsvermögen – Blick für das Wesentliche – Blick für Zusammenhänge – Organisationstalent		
6.	– Stand- und Durchsetzungs-vermögen – Belastbarkeit – Beharrlichkeit – Zielstrebigkeit – Teamfähigkeit – Eigenständigkeit – Konzentrationsfähigkeit		
7.	– Sozialverhalten – Sensibilität – Toleranz – Flexibilität – Einfühlungsvermögen – Aufgeschlossenheit		

Nr.	Anforderungsprofil	Punkte	Rangfolge (nur für die Gruppenauswertung)
8.	– Ergebnisorientierung – Eigeninitiative – wirtschaftliches Denken – Engagement – Erfolgsstreben		
9.	– Verantwortungsbewusstsein – Selbständigkeit – Risikobereitschaft – Zivilcourage		
10.	– Zwischenmenschliche Beziehung – Kollegialität – Kommunikation		
11.	– Führungseignung – Charisma und Ausstrahlung – Motivation – Gerechtigkeitssinn		
12.	– Selbstdisziplin – Loyalität – Selbstkritik – Selbstkontrolle – Konsensfähigkeit – Sachlichkeit		
13.	– Berufsbild – Ausbildung – Erfahrung – Qualifikation		

ACHTUNG: BITTE LESEN SIE NICHT WEITER!

Erledigen Sie zuerst die Aufgabe.

Meine Wertung

Hier sehen Sie drei verschiedene Gruppenergebnisse (A, B, C). Tragen Sie Ihre Ergebnisse in die Spalte „Meine Wertung“ ein. Kennzeichnen Sie Übereinstimmungen Ihrer Wertung mit denen der anderen Gruppen.

Nr.	A	B	C	Meine Wertung
	Rangfolge	Rangfolge	Rangfolge	Rangfolge
1	3	7	10	
2	5	6	9	
3	6	10	9	
4	1	3	2	
5	2	2	1	
6	2	1	5	
7	1	5	6	
8	3	4	7	
9	4	9	11	
10	4	8	8	
11	3	4	4	
12	4	3	3	
13	6	7	10	

Auffällig ist, wie unterschiedlich die Gruppen A, B und C ihre Schwerpunkte gesetzt haben.

- Die Spannweite z.B. bei der Nr. 1 (konzeptionelle Fähigkeit) reicht vom dritten (Gruppe A) bis zum 10. Platz (Gruppe C).
- Das Sozialverhalten (Nr. 7) setzt die Gruppe A auf Rang 1 und die Gruppe C auf den 6. Platz.
- Bei der Ergebnisorientierung (Nr. 8) reicht die Einschätzung vom 3. bis zum 7. Platz.

Offensichtlich hatten die Gruppen Schwierigkeiten, eindeutige Prioritätensetzungen vorzunehmen. In der Gruppe A werden die zweiten und dritten Plätze mehrfach vergeben.

Als Inhaber der Firma werden Sie möglicherweise besonderes Augenmerk auf die Nr. 8 (Ergebnisorientierung) legen wollen oder müssen. Klar ist: Stimmen die Ergebnisse nicht, gerät das Unternehmen in Gefahr.

1.4 Schlüsselqualifikationen von Führungskräften

Das Schlüsselqualifikationskonzept wurde in den 1960er/70er Jahren im Rahmen der Reformphase des Bildungssystems entwickelt. Diese Zeiten waren geprägt durch den Abschied vom Taylorismus und der Schaffung neuer Betriebsstrukturen durch Arbeitsteilung und Lean Production, zunehmender Informationsflut und abnehmender Halbwertzeit des Fachwissens aufgrund der raschen technologischen Entwicklungen und der zunehmenden Bedeutung des Dienstleistungssektors.

In den 1990er Jahren wurde das Wort „Qualifikation" zunehmend durch „Kompetenz" ersetzt. Der Kompetenzbegriff fokussiert das Individuum, das die veränderten Lebensbedingungen zum Teil selbst mitgestalten kann, indem es sich Kompetenzen für die Gestaltbarkeit der Lebenslagen erwirbt. Schlüsselkompetenzen werden definiert als allgemeine, funktionsübergreifende und langfristig verwertbare Fähigkeiten, die es ermöglichen,

a) sich rasch selbständig Spezialgebiete zu erschließen,

b) sich eigenverantwortlich in neue Gebiete einzuarbeiten,

c) Probleme selbständig zu lösen und

d) befriedigend zu kommunizieren und zu kooperieren.

Diese Kompetenzen ermöglichen, das Gelernte flexibel anzuwenden, neue Handlungsalternativen zu erproben und zu integrieren, neu gelernte Fähigkeiten mit alten zu verknüpfen und das eigene Handeln und Verhalten zu reflektieren.

Die Handlungsfähigkeit steht somit auf drei Kompetenz-Pfeilern:

1. Sachkompetenz

Gemeint sind Fähigkeiten zum hypothetischen Denken und der Struktur-Erkennung und zur Verbindung von Theorie und Praxis, zur Aufgabenbewältigung und zur Entwicklung geeigneter Problemlösungsstrategien. Dazu gehören:

- selbständige Weiterbildungsbereitschaft, ständiges Dazulernen
- Fähigkeit zur Umsetzung des Wissens in Handlung
- Moderationstechniken
- Planungsmethoden, Vorausdenken

- Reflexion, Kontrollfähigkeit, Qualitätsbewusstsein
- Entscheiden, Problemlösungstechniken
- Systematisches und vernetztes Denken = Erkennen von Zusammenhängen
- berufsorientierte Allgemeinbildung
  - EDV-Kenntnisse
  - betriebswirtschaftliche und technische Grundkenntnisse
  - Sicherheit am Arbeitsplatz
  - Umweltwissen
  - Rhetorik in der jeweils erforderlichen Sprache
  - Fremdsprachenkenntnisse

Sozialkompetenz

Die Fähigkeit und Bereitschaft zur Kooperation, sich mit anderen verantwortungsbewusst auseinanderzusetzen und sich gruppen- und beziehungsorientiert zu verhalten, sind Merkmale von Sozialkompetenz. Diese gliedert sich in die Bereiche:

- Kommunikationsfähigkeit
  - Verständigungsfähigkeit
  - Konsensfähigkeit und Einfühlungsvermögen
  - Verhandlungsfähigkeit
  - Kontaktfähigkeit und Offenheit
  - positive Ausstrahlung
  - Verantwortungsbereitschaft
- Teamfähigkeit
  - Kommunikationsfähigkeit (aktives Zuhören, Feedback etc.)
  - Konfliktfähigkeit, Kritikfähigkeit (aktiv und passiv), Fairness
  - Kollegialität
  - Kompromissfähigkeit
  - Kooperationsbereitschaft
  - bereichsübergreifendes Denken
- Führungskompetenz
  - Fähigkeit, Ziele zu vereinbaren
  - Entscheidungsfähigkeit, Durchsetzungsfähigkeit
  - Fähigkeit zu planen, organisieren, kontrollieren, delegieren

2. Selbstkompetenz

Damit werden hier die Fähigkeit und Bereitschaft beschrieben, sich selbst zu entwickeln sowie die eigene Begabung, Motivation und Leistungsbereitschaft zu entfalten:

- Klarheit im persönlichen Rollenverständnis/Balance
  - Selbstkonzept
  - Balance zwischen Berufsrolle und Privatperson
  - Stabilität, Zivilcourage, Mitmenschlichkeit
  - etc.
- persönlichkeitsbezogene Fähigkeiten und Eigenschaften
  - Motivation und Stetigkeit
  - Selbstbeherrschung
  - Kreativität
  - Flexibilität
  - Offenheit
  - Selbsteinschätzung, Risikobereitschaft
  - Eigenständigkeit
  - Belastbarkeit und Zielstrebigkeit
  - Pünktlichkeit, Genauigkeit, Fleiß und Zuverlässigkeit

Eine klare Abgrenzung zwischen den drei Bereichen ist nicht möglich. Viele der Fähigkeiten und Fertigkeiten sind miteinander verbunden oder setzen einander voraus.

Die Probleme des Konzepts der Schlüsselkompetenzen oder -qualifikationen ergeben sich durch folgende Einschränkungen:

- Es gibt kein fest definiertes Idealbild menschlicher Eigenschaften.
- Es gibt keinen klar definierten Einheitstyp des Erfolgreichen.
- Es gibt kein fest definiertes Patentrezept für den Erfolg.
- Schlüsselkompetenzen bezeichnen Werte und Eigenschaften, die kaum objektiv messbar sind.

Schlüsselqualifikationen können nicht wie fachliche Fähigkeiten erworben bzw. erlernt, sondern nur durch die Auseinandersetzung mit konkreten Aufgabenstellungen entwickelt werden („learning by doing"). Von einer Führungskraft wird erwartet, dass sie

- motiviert ist und die Tätigkeit gewissenhaft ausübt,
- selbständig und problembewusst arbeitet, ohne dass jeder Handgriff einzeln angeordnet werden muss (Selbständigkeit und Problemlösungsfähigkeit),
- in der Lage ist, zu analysieren und zu planen (Denken in Zusammenhängen),
- sich während des gesamten Berufslebens auf technische Innovationen einstellt und mit ihnen umgehen kann (Lernen, Kreativität),
- mit anderen Menschen produktiv im Team zusammenarbeiten kann (Teamfähigkeit und Kommunikationsfähigkeit),
- ihre Flexibilität in allen Bereichen unter Beweis stellt.

Schlüsselqualifikationen oder -kompetenzen beschreiben Eigenschaften, die eine Führungskraft befähigen, verschiedene Positionen und Funktionen in Veränderungsprozessen einnehmen zu können.

> **Was sind Ihre wichtigsten Erkenntnisse aus dem Abschnitt 1.1 - 1.4 ?**

1.5 Übung: Blickwinkel

Mitarbeiter und Führungskräfte haben unterschiedliche Blickwinkel. Die Position des Anderen zu verstehen ist notwendig, um Prozesse und Ergebnisse beurteilen zu können. Der Volksmund kennt das Sprichwort „Sich in die Schuhe des Anderen stellen." Eine Situation mit den Augen das Anderen zu betrachten, kann neue Perspektiven aufzeigen und zu einer umfassenderen Situationsanalyse führen.

Lassen Sie uns das Beziehungsgeflecht zwischen Führungskraft und Mitarbeiter aus unterschiedlichen Perspektiven betrachten. Die Übung „Blickwinkel" können Sie sowohl mit Partnern als auch allein durchspielen. In der Gruppe wird es natürlich interessanter.

a. Kopieren Sie die folgende Vorlage für jeden Teilnehmer (TN).

b. Jeder TN schreibt zunächst seine Gedanken zu den Fragen in die Matrix (10 Minuten).

c. Anschließend machen Sie sich gegenseitig mit den Antworten der TN vertraut und diskutieren die Auffassungen.

d. Einigen Sie sich auf maximal drei Kernaussagen pro Fragestellung, die sie in die Rubrik „meine/ unsere Kernaussagen" übernehmen möchten.

Blickwinkel			
Fragen	meine Antworten	Antworten der TN	meine/unsere Kern-aussagen
Was erwarte ich von meinem Chef?			
Was erwartet mein Chef von mir?			
Als Chef möchte ich für meine Mitarbeiter Folgendes leisten:			

1.6 Wie wird man ein guter Chef? - 10 Tipps für Vorgesetzte

Führungserfolg hängt laut Renato Tagiuri, emeritierter Sozialwissenschaftler der Harvard Business School, nicht von der Persönlichkeit des Chefs ab, sondern von dessen konkretem Verhalten. Auch das viel beschworene Charisma ist auf lange Sicht ebenso wenig tragfähig wie ein autoritärer Führungsstil.

Während seiner gesamten wissenschaftlichen Tätigkeit hat sich Renato Tagiuri mit der Frage beschäftigt, was einen guten Vorgesetzten ausmacht. Er ist der Ansicht, ein guter und erfolgreicher Chef könne nur sein, wer genau wisse, worauf es ankommt und dieses

Wissen in geeigneter Form an seine Mitarbeiter weitergibt. Seine Studien über das Verhalten von Führungskräften führten zur Formulierung eines 10-Punkte-Katalogs, dessen Befolgung aus mittelmäßigen Chefs angeblich „great bosses" mache.

1. Ein erfolgreicher Vorgesetzter klärt unmissverständlich, welche Aufgaben erfüllt werden müssen.
2. Anschließend gibt er eine eindeutige Beschreibung dieser Aufgaben an seine Mitarbeiter. Dies bedeutet nicht, dass der Vorgesetzte den Mitarbeitern das Denken abnehmen soll. Er sorgt dafür, dass die Mitarbeiter die Art und den Umfang der Aufgabe unmissverständlich verstanden haben.
3. Er interessiert sich für die Meinung der Mitarbeiter und für ihre Vorschläge, wie eine Aufgabe bewältigt werden kann.
4. Er sorgt dafür, dass die für die Arbeitsaufgabe notwendigen Mittel zur Verfügung stehen.
5. Er hat klare Bewertungsmaßstäbe zur Beurteilung der Leistung
6. Ein guter Vorgesetzter lobt und belohnt gute Leistungen.
7. Er gibt einem erfolgreichen Mitarbeiter sofort Rückmeldung.
8. Er vermeidet persönliche Freundschaften mit Mitarbeitern.
9. Eigene Irrtümer und Fehler kann ein guter Vorgesetzter zugeben; er belügt seine Mitarbeiter nie.
10. Entscheidungen, die nur er selbst fällen kann, überlässt er niemals anderen.

Diese 10 Verhaltensweisen bilden ein geschlossenes System; die Vernachlässigung eines einzigen dieser Punkte kann einen Vorgesetzten in Probleme bringen, glaubt Tagiuri. Mitarbeiter müssen wissen, welche Prioritäten der Chef verfolgt und ob ihre Anstrengungen überhaupt wahrgenommen werden.

Bitte überlegen Sie:

a. Wie decken sich Tagiuris Empfehlungen mit dem, was sie als Geführter erlebt haben mit Chefs, Lehrern oder anderen Menschen, denen Sie unterstellt waren?

b. Wenn Sie bereits Mitarbeiter geführt haben oder demnächst führen werden: Welche Empfehlungen erscheinen Ihnen im Hinblick auf Ihre Führungstätigkeit besonders wichtig?

1.7 Führungsverhalten

Aufgaben- und Personenorientierung

"Sage mir, wen Du wie führst, und ich sage Dir, wer Du bist."

Das Verhalten von Führungskräften wird bestimmt von ihrer Einstellung hinsichtlich der Gewichtung zwischen der Aufgabe und der Person des Mitarbeiters.

Der aufgabenorientierte Vorgesetzte sieht die Mitarbeiter als „Werkzeuge", die der Erbringung einer Leistung zu dienen haben und ggf. auch unter Druck gesetzt werden können, um volle Leistung zu erbringen.

Der personenbezogene Vorgesetzte billigt den Mitarbeitern zu, dass sie Freude an ihrer Arbeit empfinden können und aus eigenem Antrieb in der Lage sind, Überdurchschnittliches zu leisten. Er geht auf die Interessen und Probleme der Mitarbeiter ein, bemüht sich um ihre individuelle Entwicklung, wirkt unterstützend und fördert seine Untergebenen nach Kräften.

Test: Wenn ich der Leiter einer Gruppe wäre

Die folgenden Aussagen beschreiben gewisse Aspekte Ihres Verhaltens als Leiter einer Arbeitsgruppe. Beantworten Sie die einzelnen Punkte in der Weise, wie Sie sich als Leiter einer Gruppe verhalten bzw. verhalten würden. Kreisen Sie bei Ihrer Antwort den Buchstaben ein, der für Sie zutrifft:

I = immer / H = häufig / G = gelegentlich / S = selten / N = nie

Wenn Sie die Fragen aufrichtig beantworten, wird die Auswertung Ihre Aufgaben- und Personenorientierung aufzeigen. Es gibt keine richtigen oder falschen Antworten.

Nr.	Wenn ich der Leiter einer Gruppe wäre,	ankreuzen				
1.	würde ich höchstwahrscheinlich als Gruppenleiter auftreten.	I	H	G	S	N
2.	würde ich den Mitgliedern der Gruppe vollständige Freiheit in der Ausführung ihrer Arbeit lassen.	I	H	G	S	N
3.	würde ich zur Einführung einheitlicher Arbeitsrichtlinien ermutigen.	I	H	G	S	N
4.	würde ich den Mitgliedern ihr eigenes Urteil bei der Lösung von Problemen erlauben.	I	H	G	S	N

Nr.	Wenn ich der Leiter einer Gruppe wäre,	ankreuzen				
5.	würde ich die Mitglieder zu größerem Einsatz anspornen.	I	H	G	S	N
6.	würde ich es den Mitgliedern überlassen, wie sie die ihnen gestellten Aufgaben ausführen.	I	H	G	S	N
7.	würde ich bei der Arbeitsdurchführung ein hohes Tempo einhalten.	I	H	G	S	N
8.	würde ich den Mitgliedern jegliche Freiheiten einräumen.	I	H	G	S	N
9.	würde ich Konflikte in der Gruppe dann lösen, wenn sie auftauchen.	I	H	G	S	N
10.	wäre ich nicht geneigt, den Mitgliedern Handlungsfreiheit einzuräumen.	I	H	G	S	N
11.	würde ich entscheiden, was und wie etwas getan werden soll.	I	H	G	S	N
12.	würde ich zur Produktivitätssteigerung anspornen.	I	H	G	S	N
13.	würde ich den Mitgliedern bestimmte Aufgaben zuweisen.	I	H	G	S	N
14.	wäre ich bereit, Änderungen durchzuführen.	I	H	G	S	N
15.	würde ich einen Arbeitsplan aufstellen.	I	H	G	S	N
16.	würde ich für meine Handlungsweisen keine Erklärungen abgeben.	I	H	G	S	N
17.	würde ich andere in der Gruppe davon überzeugen, dass meine Ideen zu ihrem Vorteil sind.	I	H	G	S	N
18.	würde ich der Gruppe erlauben, ihr Arbeitstempo selbst zu bestimmen.	I	H	G	S	N

Vgl.: Sergiovanni, T.J./Metzens, R./Burden, L.: „Toward a particularistic approach of to leadership Style: some findings"; in: American Educational Research Journal, 6. Jg., Heft 1/1969.

Auswertung des Fragebogens:

- kreisen Sie die folgenden Punkte ein: 1, 3, 9, 10, 11, 15, 16, 17.
- Schreiben Sie eine 1 vor die eingekreisten Punkte, die Sie mit S = selten und N = nie beantwortet haben.
- Schreiben Sie eine 1 vor die nicht eingekreisten Punkte, die Sie mit I = immer oder H = häufig beantwortet haben.
- Kreisen Sie die 1 ein, die Sie vor die folgenden Punkte geschrieben haben: 2, 4, 5, 6, 8, 10, 14, 16, 18.
- Zählen Sie die eingekreisten 1er. Die Summe reflektiert Ihre Personenorientierung.
- Zählen Sie die nicht eingekreisten 1er. Die Summe reflektiert Ihre Aufgabenorientierung.

Auswirkungen unterschiedlicher Gewichtungen von Mitarbeiter- und Produktionsorientierung auf das Führungsverhalten

Das "Managerial Grid"[2] von Robert R. Blake und Jane S. Mouton basiert ebenfalls auf der Annahme, dass Führungsverhalten auf die Sach- oder Produktionsorientierung und die Mitarbeiterorientierung ausgerichtet ist. Es besteht aus zwei Achsen, die in jeweils neun Stufen unterteilt sind. Theoretisch ergeben sich daraus 81 verschiedene Verhaltensmuster, von denen nur fünf als wesentlich betrachtet werden.

[2] Das Managerial Grind beruht auf Forschungsergebnissen der Ohio State University und wurde 1964 im Rahmen eines Führungstrainings für das Unternehmen Exxon Mobil von Robert R. Blake und Jane Mouton entwickelt.

Abbildung 1.1 Mangerial Grid

Die fünf wesentlichen Führungsverhaltensmuster sind:

9.9 Team-Management

Gilt als optimales Führungsverhalten, welches in jeder Führungssituation zum Erfolg führt. Die Führungskraft agiert der jeweiligen Situation angemessen und variantenreich. Die Mitarbeiter erbringen eine hohe Arbeitsleistung auf der Basis von Zielvereinbarungen. Vertrauen und gegenseitige Anerkennung kennzeichnen den Umgang miteinander.

9.1 Befehl-Gehorsam-Management

Der Fokus liegt auf den Arbeitsergebnissen. Diesen haben sich die Belange der Mitarbeiter unterzuordnen.

5.5 Organisationsmanagement

Es wird angestrebt, eine Balance zwischen hinreichender Arbeitsleistung und den Belangen der Mitarbeiter herzustellen. Die Mitarbeiter haben eine positive Grundeinstellung zur Arbeit, erbringen aber keine Spitzenleistungen. Es besteht die Gefahr, dass mittelmäßige Leistungen zum Standard erhoben werden.

1.1 Überlebensmanagement

Dieser Führungsstil ist unproduktiv und gefährlich, da weder die Arbeitsergebnisse noch die Belange der Mitarbeiter von Interesse sind. Es gibt keine oder nur eine geringe Einwirkung auf die Leistungsziele und die Mitarbeiter.

1.9 Glacéhandschuh-Management

Die Pflege der zwischenmenschlichen Beziehungen steht im Mittelpunkt dieses Führungsverhaltens. Die freundliche Arbeitsatmosphäre hat zur Folge, dass sich alle wohl fühlen, aber die intensive Auseinandersetzung mit den Zielen darunter leidet. Die Leistungsgeschwindigkeit und die Ergebniserreichung sind eher niedrig.

Der 9.9-Führungsstil gilt als optimal, die Formen im Bereich 5,9; 5,5; 9,5 als erstrebenswert.

1.7.1 Individuelles Verhalten und Führungstypologien

Angelehnt an das Managerial Grid lassen sich hinsichtlich des individuellen Verhaltens Entsprechungen zu der Führungsverhaltenstypologie ableiten. Es wird davon ausgegangen, dass individuelles Verhalten geprägt wird von den eigenen Motiven und Zielen der handelnden Person und der Bereitschaft, auf die Ziele anderer einzugehen. Dieses Verhaltensmodell zeigt auf der Abszisse die Aspekte „Ich/die Aufgaben" und auf der Ordinate „der Andere/Orientierung auf die Personen".

Die Verhaltenstypen des Koordinatensystems entsprechen in ihrer Charakteristik weitgehend den Mustern des Führungsverhaltens des Managerial Grids. Der Freundliche korrespondiert mit dem Typ 1.9 Glacéhandschuh-Management, der Integrierende gehört zum Typ 9.9 Team-Management, der Macher stimmt überein mit dem Typ 9.1 Befehl-Gehorsam-Management und der Analytiker findet sich wieder beim Typ 1.1 Überlebensmanagement.

Abbildung 1.2 Aufgaben- und Personenorientierung

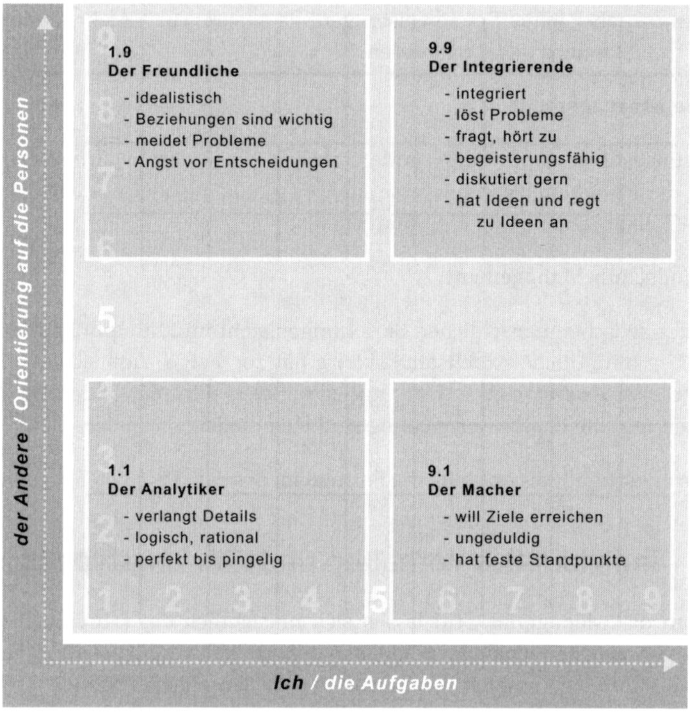

Dieses Modell ist hilfreich, sowohl sich selbst als auch Kommunikationspartner rasch einschätzen und das eigene Verhalten dementsprechend ausrichten zu können. Hat man es z.B. mit einem Analytiker zu tun, ist man gut beraten, Fakten und Details parat zu haben, um dessen Ansprüchen zu genügen. Bei einem Macher hingegen wird man sich tunlichst kurz und präzise ausdrücken und die Vorteile, die mit dessen Zielen verbunden sind, betonen, weil man ansonsten Gefahr läuft, Unwillen zu erregen; Zeit ist für ihn kostbar.

Kein Verhalten ist per se nur gut oder nur schlecht. Jedes Individuum ist mehr als nur einem Verhaltenstyp zuzuordnen. Welche Seite stärker zum Tragen kommt, ist situationsabhängig.

Wichtig ist:

- die Stärken und Schwächen des eigenen Verhaltens zu kennen,
- die Stärken und Schwächen des Anderen und seine Bedürfnisse zu erkennen,
- das eigene Verhalten darauf einstellen zu können.

1.7.2 Führungsstile

Als Führungsstil bezeichnet man ein langfristiges, relativ stabiles, von der Situation unabhängiges Verhaltensmuster der Führungsperson, das zugleich die Grundeinstellung den Mitarbeitern gegenüber zum Ausdruck bringt.[3]

Es gibt nicht den idealen Führungsstil. Der Führungsstil muss der jeweiligen Situation angepasst sein. In einer Krisensituation ist ein autoritärer Führungsstil häufig der einzig praktikable. Wird die Feuerwehr beispielsweise zur Brandbekämpfung gerufen, ist es wenig effizient, alle Feuerwehrleute im Sinne des kooperativen Führungsstils an der Entscheidungsfindung der Brandbekämpfungsstrategie zu beteiligen. In einer stabilen und geregelten Arbeitssituation hingegen würden insbesondere hochqualifizierte Mitarbeiter, gewohnt selbständig und eigenverantwortlich zu arbeiten, einen autoritäreren Führungsstil als unerträglich und demotivierend empfinden.

Ob autoritärer oder kooperativer Führungsstil, was zählt, ist einzig die Effizienz des Verhaltens einer Führungskraft, unter Wahrung ethischer und moralischer Grundwerte.

Traditionelle Führungsstile nach Max Weber (1864-1920)

Führungsstil	Merkmale
autokratisch/ patriarchalisch	– Unumschränkte Alleinherrschaft kennzeichnet den autokratischen Führungsstil. – Die Mitarbeiter werden an Entscheidungen nicht beteiligt. – Die Organisation ist streng hierarchisch ausgerichtet. – Die Führungskraft verlangt unbedingten Gehorsam und Disziplin.
charismatisch	– Die Persönlichkeit der Führungskraft steht an erster Stelle. – Ausstrahlung und Charisma sind Grundlage für Entscheidungen.
bürokratisch	– Die Funktion ist nicht an eine Person gebunden, sie ist verliehen und übertragbar. – Dienstanweisungen, Stellenbeschreibungen, usw. regeln die Zusammenarbeit.

[3] Staehle, Wolfgang: „Management", 7. Auflage, München, 1994, S. 314.

Klassische Führungsstile nach Lewin (1890-1947)

Führungsstil	Kennzeichen	Vorteile	Nachteile
autoritär	Die Führungskraft entscheidet autonom, die Mitwirkung der Gruppe ist ausgeschlossen, die Mitarbeiter arbeiten nur nach Anweisung, Eigeninitiative und innovatives Verhalten sind unerwünscht.	Schnelle Handlungsfähigkeit in kritischen Situationen.	Die Mitarbeiter werden demotiviert, Eigeninitiative erlahmt, sie handeln nur auf Anweisung. Wegen der Konzentration auf eine Person ist die Gefahr von Fehlentscheidungen groß.
demokratisch (oder auch kooperativ)	Entscheidungsprozesse sind für alle Mitarbeiter nachvollziehbar. Hoher Grad an Information, Kommunikation und Raum für Initiative und Kreativität.	Die Motivation der Mitarbeiter wird gefördert, weil die ihre Ideen und Vorschläge ernst genommen werden. Der Vorgesetzte kann delegieren.	Entscheidungen brauchen mehr Zeit. In seinem Bemühen es allen recht zu machten, kann sich der Vorgesetzte im Ernstfall nicht durchzusetzen.
laisser-faire	Die Mitarbeiter sollen in der Lage sein, von sich aus die richtigen Wege und Aufgaben zu erkennen, Entscheidungen und deren Überprüfung liegen in der Verantwortung der Gruppe.	Selbstbestimmtheit und großer Handlungsspielraum können eine motivierende Wirkung ausüben. Die Mitarbeiter können ihre persönlichen Stärken einbringen.	Nicht jeder Mitarbeiter kann mit dem hohen Maß an Freiheit umgehen. Ohne die ordnende Hand des Vorgesetzten tritt leicht Desorientierung auf.

Das **Führungskontinuum** ist ein 1958 von Tannenbaum und Schmidt entwickeltes Führungsmodell. Sie erstellten eine siebenstufige Typologie alternativer Führungsstile anhand des Kriteriums der Partizipation in Entscheidungssituationen. Sie nahmen die von Kurt Lewin entwickelten Führungsstile autoritär und demokratisch als Pole eines Kontinuums und fügten zwischen diesen Extrempunkten fünf Abstufungen ein.[4] Zwischen den Polen Autoritärer und Demokratischer Führungsstil ergeben sich weitere Ableitungen von Führungsverhalten wie im folgenden „Kontinuum der Führungsstile" nach Tannenbaum und Schmidt dargestellt:[5]

Abbildung 1.3 Kontinuum der Führungsstile

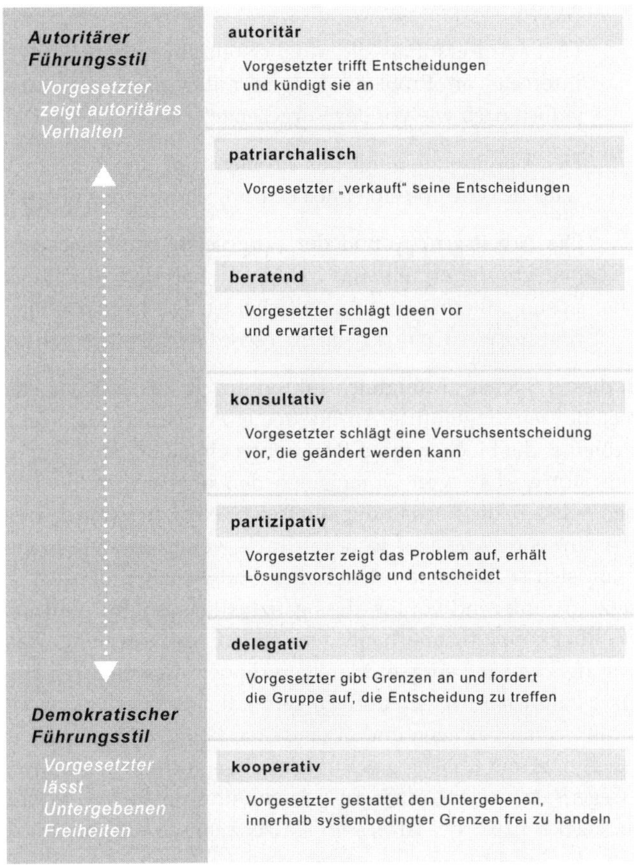

[4] Steyrer, Johannes: "Theorien der Führung", In: Kasper/Mayrhofer (Hrsg), Wien1996, S. 203.

[5] Tannenbaum, Robert/Schmidt, W.H.: „How to choose a leadership pattern", in: Harvard Business Review 35 (1958) Nr. 2, S. 96.

autoritär	Der Vorgesetzte trifft allein Entscheidungen, verkündet sie, setzt sie durch, kontrolliert häufig deren Durchführung und verlangt Gehorsam.
patriarchalisch	Der Vorgesetzte kalkuliert Widerspruch seitens seiner Untergebenen ein und kommt diesem zuvor, indem er seine Entscheidungen begründet.
beratend und konsultativ	Der Vorgesetzte gibt hier weiterhin Entscheidungen vor und bezieht zum Schein die Mitarbeiter ein, lässt Raum für Fragen und Diskussion, um sie ruhig zustellen, weiß jedoch im Grunde bereits vorher, wie er sich entscheiden wird.
partizipativ	Hier wird erstmals die Möglichkeit eingeräumt, dass die Mitarbeiter ihrerseits an Problemlösungen mitarbeiten, die Entscheidung trifft jedoch nach wie vor der Vorgesetzte.
delegativ	Der Vorgesetzte zeigt das Problem auf, im Rahmen klarer Grenzen wird der Gruppe eine Entscheidungskompetenz übertragen.
demokratisch	Die Arbeitsgruppe und der Vorgesetzte sind gleichberechtigt, die Arbeitsgruppe ergreift die Initiative, analysiert das Problem, entwickelt Lösungsalternativen und entscheidet. Die Grenzen der Entscheidungsfindung werden durch ein übergeordnetes System von außen gesetzt.

Dem Anspruch dieses Buches „Erfolgreich führen durch soziale Kompetenz" kommt der 2009 von Werner Boysen eingeführte Ansatz des enzymischen Managements sehr nahe. Enzyme sind Proteine, die biochemische Reaktionen einleiten, beschleunigen und lenken. Sie steuern beim Stoffwechsel von Organismen den überwiegenden Teil der biochemischen Reaktionen, wie z.B. die Verdauung, ohne sich selbst zu verändern oder zu verbrauchen. Enzymisch wirkende Manager fördern durch weiterführende Fragen und Impulse das Entstehen von sich selbst steuernden Teams und Arbeitsprozessen. Das enzymische Management setzt grundlegend voraus, dass ganzheitlich geführt wird und sich im Sinne der Kybernetik Rückkopplungsmechanismen bilden, die für eine Stabilisierung und Selbstregulierung der Systeme sorgen. Manager können dies dadurch bewirken, dass sie einen Orientierungsrahmen aufzeigen und ein verbindliches Regelwerk vorgeben, innerhalb dessen sich die Mitarbeiter bewegen und organisieren können. Diese Art der Führung wird im Sinne von Anregung und Coaching wahrgenommen, nicht aber als anweisend und kontrollierend. Im Gegensatz zu den „Machern", deren Führungsstil von Machtausübung, Vorgaben und Druck gekennzeichnet ist, lassen sich enzymisch arbeitende Manager von der Erkenntnis leiten, dass nicht sie selbst etwas bewegen, sondern die Prozesse und Dinge durch die katalytische Präsenz und Wirkung dieses Führungsstils möglich werden. Enzymisches Management fördert eine Vertrauenskultur, stärkt die Umsetzungskraft von Organisationen und führt so zu einer hohen Veränderungs- und Anpassungsfähigkeit.[6]

---

[6] Boysen, Werner: „Management Turnaround - Wie Manager durch Enzymisches Management wieder wirksam werden", Wiesbaden, 2009.

1.7.3 Übung: Die Ermittlung des persönlichen Führungsstils

Den optimalen Führungsstil gibt es nicht. Führung muss immer den jeweiligen Situationen angepasst werden. Ein geeigneter Führungsstil ist abhängig von

a) der Führungskraft,

b) der Situation,

c) der Aufgabe,

d) den Mitarbeitern.

Anhaltspunkte und Hinweise, ob ein angemessener Führungsstil praktiziert wird, kann die folgende Aufgabe geben. Im Test finden Sie 20 Sätze, von denen jeweils zwei unter einer laufenden Nummer zusammengefasst sind.

Gewichten Sie die Sätze. Jeder Satz kann 0-10 Punkte erhalten.

10 = höchste Gewichtung

0 = niedrigste Gewichtung

Die Summe der zusammengehörenden Sätze muss 10 Punkte betragen. Ratsam ist, die Beurteilung des Führungsstils sowohl von der Führungskraft als auch von den Mitarbeitern vornehmen zu lassen. Der Vergleich der Bewertungen kann erste Ansatzpunkte für Veränderungen oder ein Gespräch ergeben.

Test zur Ermittlung des persönlichen Führungsstils

Nr.	Thesen	Punkte
1.	a) Auch in für mich schwierigen Situationen ist leicht mit mir zu reden. b) Man muss sorgfältig den Zeitpunkt wählen, wann man mit mir reden will.	
2.	a) Ich frage manchmal nach Beiträgen, habe mich normalerweise aber schon vorher festgelegt. b) Ich versuche die Vorteile der Mitarbeiter-Beiträge zu verstehen, selbst wenn sie im Gegensatz zu meinen Ideen stehen.	
3.	a) Ich versuche meinen Mitarbeitern dabei zu helfen, die Ziele des Unternehmens zu verstehen. b) Ich lasse meine Mitarbeiter selbst herausfinden, welche Bedeutung die Unternehmensziele für sie haben.	

Nr.	Thesen	Punkte
4.	a) Ich versuche meinen Mitarbeitern Zugang zu allen Informationen zu geben, die sie wünschen. b) Ich gebe meinen Mitarbeitern die Informationen, von denen ich glaube, dass sie diese brauchen.	
5.	a) Ich neige dazu, meinen Mitarbeitern Arbeitsziele zu setzen und Anweisungen zu geben, wie diese erfüllt werden können. b) Ich beteilige meine Mitarbeiter bei der Lösung von Problemen und der Festlegung von Arbeitszielen.	
6.	a) Ich neige dazu, meinen Mitarbeitern von der Verwirklichung neuer Ideen abzuraten. b) Ich ermutige meine Mitarbeiter, neue Wege zu beschreiten.	
7.	a) Ich toleriere die Fehler der Mitarbeiter, solange sie daraus lernen. b) Ich lasse nur wenig Raum für Fehler, besonders, wenn sie mich selbst in Schwierigkeiten bringen.	
8.	a) Ich versuche hauptsächlich Fehler zu korrigieren und Wege zu entwickeln, um deren Wiederholung in Zukunft zu vermeiden. b) Ist etwas schief gegangen, neige ich dazu, den Schuldigen zu finden.	
9.	a) Meine Meinungen über Mitarbeiter und meine Erwartungen an sie schwanken. b) Ich habe eine hohe Meinung von den Mitarbeitern und erwarte viel.	
10.	a) Ich erwarte hohe Leistung und gebe Anerkennung, wenn sie erreicht ist. b) Ich erwarte angemessene Aufgabenerfüllung und sage nur dann etwas, wenn es schief gegangen ist.	

In die Auswertungstabelle werden die Ergebnisse der zehn Entscheidungssituationen eingetragen.

Erste Hinweise auf einen angemessenen Führungsstil sind gegeben, wenn die Punktzahl der rechten Spalte die der linken Spalte deutlich übersteigt. Eine grobe Orientierung könnten die folgenden Werte in der rechten Spalte geben:

51 – 58 = zufriedenstellender Führungsstil

59 – 66 = guter Führungsstil

67 – 74 = sehr guter Führungsstil

über 75 = das Ergebnis ist zu überprüfen; der Führungsstil kann zu Problemen führen.

Mehr als 75 Punkte in der rechten Spalte geben Hinweis auf einen widersprüchlichen Führungsstil, wie er z.B. in der Bewertung der Thesen 6 b/7 b oder 8 b/9b anklingt.

Auswertung

Nr.	These	Punkte	These	Punkte
1.	a		b	
2.	a		b	
3.	a		b	
4.	a		b	
5.	a		b	
6.	a		b	
7.	a		b	
8.	a		b	
9.	a		b	
10.	a		b	
Summe der Punkte:				

Im Anschluss an die Auswertung widmen Sie sich bitte folgenden Fragen:

- Welche Führungseigenschaften halten Sie bezogen auf sich selbst für wichtig?

- Welche Führungsstile oder Führungseigenschaften anderer sind für Sie mit negativen Empfindungen belegt?

- Formulieren Sie, welche Führungsgrundsätze Sie praktizieren wollen.

■ Beschreiben Sie in einigen Sätzen hier Ihr Führungsleitbild.

1.8 Führungsaufgaben

Die Hauptaufgaben der Führungskraft auf einen Blick:

Abbildung 1.4 Die Hauptaufgaben der Führungskraft

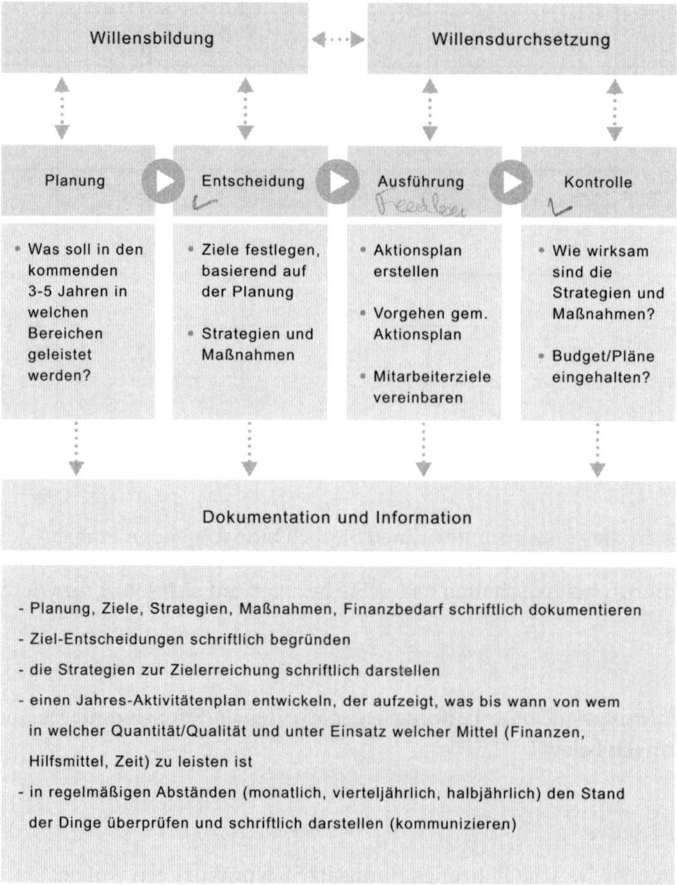

Management ist ein stetiger Prozess der Problemerkennung und Problemlösung. Die Bestandssicherung der Unternehmung, deren quantitatives und qualitatives Wachstum sowie die Sicherstellung einer angemessenen Rentabilität sind die klassischen Zielsetzungen der Managementtätigkeit.

In jeder Organisation müssen tägliche Routineaufgaben und neue Problemstellungen bearbeitet werden. Das Überleben und die weitere Entwicklung der Organisation sind abhängig von den Fähigkeiten der Manager, die richtigen Antworten auf sich ständig verändernde Problemstellungen zu finden.

Im Mittelpunkt stehen die Fragen:

- Wie können wir die derzeit anstehenden Aufgaben wirksam erfüllen?
- Welche Herausforderungen erwarten uns in der Zukunft?
- Wie können wir diesen Herausforderungen erfolgreich begegnen?
- Welche Ressourcen (Mitarbeiter, Finanzen, Betriebsmittel, Zeiträume) brauchen wir, um den Anforderungen gewachsen zu sein?

Diese und ähnliche Fragen werden von den Managern mithilfe unterschiedlicher Denk- und Führungsstile und Problemlösungstechniken bearbeitet. Die Führungsaufgaben umfassen drei wesentliche Bereiche:

Organisation

- Steuerung der gesamten Organisation
- Entwicklung und Optimierung der Arbeitsprozesse
- Personalplanung, Personalauswahl, Personalentwicklung
- Controlling usw.

Mitarbeiter

- informieren und kommunizieren
- Gespräche führen
- motivieren
- Hilfestellung geben, coachen, beraten
- auf die Einhaltung der Ziele und Regeln achten usw.

Arbeitsprozesse

- Ziele gemeinsam entwickeln und vereinbaren
- planen

- entscheiden
- Durchführung veranlassen
- kontrollieren
- bewerten
- Fachprobleme erkennen und lösen usw.

Führungsaufgaben im Führungskreislauf

Die Führungsaufgaben können wegen ihrer periodischen Abfolge im Sinne eines Aufgaben-Kreislaufs systematisch geordnet werden, in den sogenannten Führungskreislauf. Im Folgenden werden wir die Führungsaufgaben detailliert kennenlernen und ein praxisbezogenes Handlungskonzept für die Führungstätigkeit erarbeiten.

Abbildung 1.5 Aufgaben im Führungskreislauf

Die Führungsaufgaben umfassen diese Tätigkeiten:

1. Ziele entwickeln, diese mit den Mitarbeitern vereinbaren und somit dafür sorgen, dass sich die Mitarbeiter voll für deren Realisierung einsetzen.
2. Planen, mit welchen Strategien, Maßnahmen und Mitteln die Ziele erreicht werden sollen.
3. Delegieren der Aufgaben an die dafür befähigten Mitarbeiter.
4. Entwickeln und fördern der Mitarbeiter im Arbeitsprozess, sie begleiten, unterstützen und fördern. Teamarbeit veranlassen und fördern. Ein Informationssystem installieren, um sicherzustellen, dass die Mitarbeiter über alles informiert werden, was ihre Tätigkeit betrifft bzw. beeinflussen kann.
5. Kontrollieren der vereinbarten Arbeitsschritte und das Erreichen der Ziele in regelmäßigen und überschaubaren Zeiträumen (z.B. vierteljährlich), um Abweichungen rechtzeitig zu erkennen und ggf. Korrekturen vornehmen zu können.
6. Loben und Kritisieren sind Möglichkeiten, das Verhalten der Mitarbeiter entsprechend ihrer Leistung und ihres Verhaltens zu verstärken oder, falls notwendig, Korrekturen zu fordern und zu vereinbaren.
7. Konflikte beeinträchtigen die Zusammenarbeit und die Arbeitsergebnisse und müssen so früh wie möglich erkannt und bearbeitet werden.
8. Motivation ist die Energiequelle, die alle in die Lage versetzt, sich nachhaltig und konstruktiv für die gemeinsamen Ziele einzusetzen. Sie zu erhalten und Demotivierendes zu vermeiden, ist eine der wichtigsten Aufgaben der Führungskraft.
9. Kommunizieren ist in allen Schritten des Führungskreislaufs unerlässlich und beeinflusst die Grundstimmung aller Beteiligten entscheidend.

Der Vollzug der Führungsaufgaben geschieht in dem Beziehungsgeflecht von

- Menschen (Mitarbeitern und Führungskräften),
- Leitbildern, Zielen, Strategien, Plänen,
- Arbeitsaufgaben,
- Bemessungs- und Belohnungssystemen,
- Gruppen (Projektgruppen, Teams),
- Netzwerken (in- und externe Interessengruppen),
- Organisationsstrukturen (-kulturen),
- Werten, Normen, Kundenerwartungen.

Die Führungskraft muss dafür sorgen, dass diese Faktoren im Sinne des Unternehmens reibungslos und synergetisch zusammenwirken.

2 Ziele

Zielbildung, ob im Management oder im Privatleben, ist das Geheimnis des Erfolgs. Ohne klar definierte Ziele sollte man keine Arbeit beginnen. Das wäre Zeit- und Geldverschwendung.

Was haben Manager und Bildhauer gemeinsam? Ein Bildhauer entwickelt eine klare Vorstellung von der Skulptur, die er aus dem Stein herausmodellieren will. Hat er eine klare Vorstellung von seinem Ziel, besteht seine Arbeit „nur noch" darin, alles Überflüssige wegzuschlagen und die Figur aus dem Stein herauszumodellieren.

Nichts anderes macht der Manager. Er wird im Verlauf der Arbeitsprozesse mit vielen Handlungsoptionen konfrontiert. Vieles erscheint interessant, gar verlockend und naheliegend. Ob diese Optionen aber auch wirklich zielführend sind, ist eine zentral wichtige Frage. „Tun wir die richtigen Dinge und wenn ja, tun wir sie richtig?" Hat der Manager analog zum Bildhauer aufgrund sorgfältiger Analyse und Überlegungen eine klare Zielvorstellung entwickelt, wird er sicherer in der Entscheidung der zielführenden Strategien und Maßnahmen sowie in der Auswahl der Handlungsoptionen. Auch im Management liegt die Kunst im Weglassen überflüssiger und nicht zielführender Maßnahmen und Wege, in der Beschränkung und Konzentration auf den Aspekt, der die größtmögliche Wirksamkeit verspricht. Auch Manager brauchen in diesem Sinne die Fähigkeit des Weglassens und der Konzentration auf das Wesentliche - und in jedem Fall klare Ziele. Nur klare Zielsetzungen ermöglichen, dass der Erfolg objektiv messbar und Entwicklungen sichtbar werden.

Ohne Ziele keine Führung!

Führen bedeutet, gemeinsam mit Mitarbeitern zuvor vereinbarte oder gesetzte Ziele zu erreichen. Dabei sind vier Aspekte bedeutsam:

- Das gemeinsame Ziel
  muss eindeutig definiert und schriftlich fixiert werden. Die Klarheit der Zielsetzung ist von größter Bedeutung – sie entscheidet über den künftigen Erfolg oder Misserfolg eines Vorhabens. Keine Arbeit ohne eindeutig geklärte Ziele!
- Das Verhalten der Mitarbeiter
  entspricht *immer* deren persönlichen Zielsetzungen. Stimmen diese nicht mit den Zielen der Unternehmung überein, kommt es zu abweichenden Verhaltensweisen, die den Erfolg des Unternehmens und die Einstellung der Gruppe zur Arbeit negativ beeinflussen.
- Das Verhalten der Führungskraft
  ist eine unabdingbare Voraussetzung für den gemeinsamen Erfolg. Die Führungskraft muss das, was sie von anderen verlangt, jederzeit glaubhaft und beispielhaft vorleben; ihr Kommunikations- und Führungsstil müssen der jeweiligen Situation angemessen sein.

- Ein wechselseitiger Lernprozess
  verbindet Führungskraft und Mitarbeiter. Voraussetzung dafür sind Respekt, Akzeptanz, Toleranz und Offenheit auf beiden Seiten. Führungskräfte mit arroganter, rechthaberischer Einstellung sind für konstruktive Arbeitsprozesse ebenso unbrauchbar wie Mitarbeiter mit überzogenem Anspruchsdenken und innerer Schonhaltung, die ihre Arbeit lediglich als unliebsame Unterbrechung der Freizeit betrachten.

2.1 Fallbeispiel: Gipfelbesteigung

Ungeklärte oder nicht vorhandene Ziele sind die häufigste Ursache von Misserfolgen und Motivationsmangel. Welche Anforderungen sind an Zielformulierungen zu stellen? Wie kann man Ziele vereinbaren und dadurch die Motivation der Mitarbeiter lebendig erhalten? Wie sollten bearbeitungsfähige Ziele formuliert und vereinbart werden? Wie können wir die Motivation der Mitarbeiter fördern und wie Zielkonflikte vermeiden? Diesen Fragen werden wir uns jetzt zuwenden.

Sie machen Urlaub in den Bergen, lieben das Wandern und die Fernsicht von der Höhe der Gipfel. Gesundheitlich sind Sie fit und nehmen hin und wieder gern Herausforderungen an.

Fall A

Sie werden eingeladen, einen Berg zu besteigen, dessen Gipfel von einer dichten Wolkendecke verdeckt ist. Sie haben weder Informationen über die Höhe des Berges, die Beschaffenheit der Wege, die Art der notwendigen Ausrüstung, noch wissen Sie etwas über die erforderliche Zeit und die zu erwartenden Wetterbedingungen.

Fall B

Sie werden eingeladen, einen Berg zu besteigen, dessen Gipfel von einer dichten Wolkendecke verdeckt ist. In einem ausführlichen Gespräch mit dem Bergführer erörtern Sie die Rahmenbedingungen der Tour. Die Beschaffenheit der Wege entspricht Ihren bergsteigerischen Fähigkeiten. Der Aufstieg wird etwa fünf Stunden dauern. Hinzu kommt, dass die Wetterlage sich in wenigen Stunden entscheidend verbessern wird. Die erforderliche Ausrüstung stellt der erfahrene Bergführer. Aufgrund seiner Beschreibungen haben Sie eine Vorstellung gewonnen von der einmaligen Fernsicht, die Sie vom Gipfel aus als Lohn der Anstrengungen erwarten wird.

Aufgabe:

1. Für welche Bergtour hätten Sie sich entschieden? Begründen Sie Ihre Entscheidung.
2. Was hat Ihre Motivation an der Gipfelbesteigung teilzunehmen in dem einen Fall behindert und im anderen gefördert?
   a) Meine Motivation wurde behindert durch
   b) Meine Motivation wurde gefördert durch

> **Schreiben Sie bitte hier ein Ziel auf, welches Sie in der Zukunft erreichen wollen:**

Manchmal hört man auf die Frage nach einer Zielformulierung, die möglichst alle wichtigen Aspekte abdecken soll, einen Satz wie diesen:

„Ich möchte so schnell wie möglich so reich wie möglich werden."

Bei genauerer Betrachtung zeigt sich jedoch, dass wir hier nichts Verwertbares erfahren. Was bedeutet „so schnell wie möglich", was „reich" und dann auch noch „so reich wie möglich"?

Leider sind solche „Zielformulierungen" nicht ungewöhnlich. Im o.g. Beispiel handelt es sich nicht um ein Ziel, sondern um einen unpräzise geäußerten Wunsch. Die meisten Menschen haben leider keine klar definierten Ziele. Die Vermischung von Wünschen und Zielen, das Unvermögen, klare Ziele für sich und andere bestimmen zu können, sind eine häufige Ursache für Unzufriedenheit im privaten wie im beruflichen Bereich. Mark Twain wird die Aussage zugeschrieben: „Als sie ihr Ziel aus den Augen verloren hatten, verdoppelten sie ihre Anstrengungen." Vielleicht haben Sie das auch schon einmal erlebt: Sie arbeiten, strengen sich an und kommen nicht recht von der Stelle, sind unzufrieden mit sich und den anderen.

Sollte dies der Fall sein, wird es höchste Zeit, das zu ändern!

Lassen Sie uns überlegen, welche Aspekte in der Formulierung des *Falles B* der Gipfelbesteigung zu einer Zielformulierung gehören:

1. Es soll ein Berggipfel bestiegen werden, der eine einmalige Fernsicht gewährt. *(Was?)*
2. Die Besteigung wird Ihren Fähigkeiten entsprechen, die erforderliche Ausrüstung wird gestellt und die Wetterlage wird sich entscheidend verbessern. *(Qualität)*
3. Der Aufstieg wird etwa fünf Stunden dauern. *(Quantität)*

Um ein bearbeitungsfähiges und motivierendes Ziel zu formulieren, müssen die folgenden Aspekte definiert werden.

1. Was? (Um was handelt es sich, was soll erreicht oder bearbeitet werden?)
2. Quantität/Qualität? (In welcher Quantität oder Qualität (in manchen Fällen kann man nur das Eine oder das Andere beschreiben) soll es erreicht werden?
3. Wann? (Bis zu welchem Zeitpunkt soll das Ergebnis erreicht worden sein?)

Nur wenn diese drei Aspekte klar beschrieben sind, haben wir ein Ziel, das für alle Betroffenen verständlich ist und motivierende Kraft entwickelt. Fehlt auch nur ein Aspekt, handelt es sich um einen Wunsch und nicht mehr um ein bearbeitungsfähiges Ziel.

Versuchen Sie jetzt, den Wunsch: „Ich möchte so schnell wie möglich so reich wie möglich werden" in eine Zielformulierung umzuwandeln.

BITTE ERST DIE EIGENE ZIELFORMULIERUNG ERSTELLEN!

Hier noch einmal die Anforderungen an Zielformulierungen

Ziele müssen

- präzise und konkret formuliert werden,
- mit den Betroffenen gemeinsam entwickelt werden, um volle Akzeptanz sicherzustellen,
- realistisch sein,
- erstrebenswert und herausfordernd sein,
- inklusive möglicher Teilziele mit dem Gesamtziel vereinbar, in sich stimmig und einander ergänzend (förderlich) sein.

Musterlösung:

„Ich möchte bis zum 31.12. dieses Jahres 1.000 Euro zur freien Verfügung haben."

Analyse:

Zu 1.	Was?	=	Geld
Zu 2.	Quantität	=	1.000,-
	Qualität	=	Euro und zur freien Verfügung
Zu 3.	Zeitpunkt	=	31.12. dieses Jahres

Die drei erforderlichen Zielaspekte sind definiert.

2.2 Zielsysteme - Zielbeziehungen

Ziele werden entsprechend der Bedeutung für das Unternehmen in strategische, taktische und operative Ziele eingeteilt. Daraus entsteht eine Hierarchie der Ziele, die sich in der Positionierung der Mitarbeiter widerspiegelt: je höher die Position, umso mehr Verantwortung für höhere Zielebenen.

Strategische Ziele sind aus dem Leitbild und den Wertvorstellungen eines Unternehmens abgeleitet und auf einen zeitlichen Rahmen von 5 bis 10 Jahren ausgerichtet.

Taktische Ziele leiten sich aus den strategischen Zielen ab, konkretisieren deren Realisierung und beschreiben konkrete wirtschaftliche Aspekte.

Operative Ziele sind kurzfristig angelegt (ein Jahr) und auf die Realisierung der taktischen Ziele fokussiert.[7]

Die Begriffe *Zielsetzung, Zielstellung und Zielvorgabe* entsprechen in ihrer Charakteristik den Begriffen Macht, Vorschrift, Befehl, Druck oder Zwang.

Die *Zielvereinbarung* dagegen erfordert Dialog, Diskussion und Vereinbarung zwischen Führungskraft und Mitarbeiter.

Mit den Begriffen *Zielsetzung und Zielvereinbarung* sind unterschiedliche Führungsstile assoziiert, die wir noch eingehender betrachten werden. Ob autoritärer oder partizipativer (beteiligender) Führungsstil, die Führungsentscheidung und -verantwortung kann der Vorgesetzte weder teilen noch delegieren. Er kann mit seinen „Mit-Arbeitern" die Grundlagen der Entscheidung klären, Pläne erstellen und Maßnahmen beschließen. Aber er kann

[7] Diese Aspekte werden im Kapitel " Von der Idee zur Planung" ausführlich behandelt.

und darf sich nicht hinter einer Gruppenentscheidung verstecken und versuchen, im Falle des Misslingens die Verantwortung auf seine Mitarbeiter abzuwälzen.

Viele Menschen und auch Unternehmen arbeiten mit enormem Aufwand und sind dennoch nur mäßig erfolgreich. Wichtig ist nicht, wie viel man arbeitet - nicht der bloße Zeiteinsatz[8] macht erfolgreich, sondern zu erkennen, an welchen Stellen man seine Energien einsetzen muss, um mit angemessenem Einsatz der Mittel eine maximale Wirkung zu erzielen. Dies ist Aufgabe der Strategieentwicklung und zugleich ein entscheidender Faktor für die Zielbildung.

Ein *Zielsystem* koordiniert die verschiedenen Ziele eines Unternehmens so, dass Kollisionen und Beeinträchtigungen möglichst ausgeschlossen werden können. Hat ein Unternehmen sich z.B. zum Ziel gesetzt, von einem Produkt für eine sehr exklusive Zielgruppe große Mengen abzusetzen, wird man feststellen, dass Exklusivität und Quantität konkurrierende Aspekte sind, deren Verfolgung zu wirtschaftlichen Verlusten führt.

Ein Zielsystem veranlasst Führungskräfte und Mitarbeiter, sich ständig mit zukünftigen Entwicklungen, Trends, Megatrends und dem unternehmensrelevanten Umfeld im Sinne eines Frühwarnsystems zu befassen und die Erkenntnisse im Hinblick auf die Unternehmensziele auszuwerten.

Die Szenario-Technik und die SWOT-Analyse[9] (Strength-Weakness-Opportunities-Threads) sind geeignete Werkzeuge zur Überprüfung der mittel- und langfristigen Planung sowie zur Einschätzung der Chancen und Risiken. Das Einschätzen und Überprüfen der Ziele und Handlungen ist eine wichtige Managementaufgabe, die regelmäßig wahrgenommen werden muss.

Ein auf diese Weise gepflegtes Zielsystem ermöglicht vorausschauendes Verhalten, ermöglicht Aktion statt Reaktion. Es reicht nicht, die richtigen Dinge zu tun, der richtige Zeitpunkt ist mindestens ebenso wichtig.

Ziele schaffen automatisch Ordnungsprinzipien und Prioritätensetzungen für alle Mitarbeiter. Bewährt hat sich die Einteilung in die folgenden drei Kategorien:

1. *Formale Ziele* werden gewöhnlich als Hauptziele der Unternehmungen definiert:

   - Gewinnziele
   - Renditenziele
   - Kostenziele
   - Umsatzziele

---

[8] Diesen Menschentyp beschrieb Wilhelm Busch wie folgt: Ohne ihn war nichts zu machen. Keine Stunde hatt' er frei! Gestern, als sie ihn begruben, war er, richtig, auch dabei!

[9] Detailliert dargestellt im Kapitel "Von der Idee zur Planung".

- Marktanteilziele
- Kapitalziele

2. *Materielle Ziele* beziehen sich auf Absatzgüter und das hierfür benötigte Produktionspotential:
   - Produkte
   - Produktqualität
   - Differenzierung der Produkte
   - Verfolgung technischer Perfektion
   - Lieferservice

3. *Soziale Ziele* beziehen sich auf den Menschen, den Arbeitsprozess und die Arbeitsumgebung:
   - Sicherung der Arbeitsplätze
   - Gestaltung des Betriebsklimas
   - Fürsorge und Vorsorge für die Mitarbeiter
   - Aus- und Weiterbildungskonzepte
   - Streben nach Mitverantwortung und Mitentscheidung
   - Streben nach sozialem Aufstieg

Zielsysteme

Zwischen den Zielen, die ein Unternehmen verfolgt, gibt es insbesondere drei Beziehungen:

a) komplementär
Die Realisierung eines Zieles wirkt sich positiv auf die Realisierung eines anderen Zieles aus.

b) konkurrierend
Realisierung eines Zieles schließt die Realisierung eines anderen Zieles aus oder beeinflusst den Grad der Zielerreichung negativ.

c) indifferent (neutral)
Keine Einflüsse auf die Realisierung eines anderen Zieles.

Das Management muss die Zielbeziehungen definieren und entsprechende Prioritäten setzen. In der Praxis hat sich folgende Vorgehensweise bewährt:

- Erarbeiten der Geschäftsgrundsätze
- Suche nach adäquaten Zielen
- Strukturieren eines Zielsystems
- Quantifizierung der Ziele
- Zielinhalt (was?)

- Zielausprägung (wie viel oder in welcher Qualität?)
- Zielzeit (wann?)
- Zielperson (wer?)
- Analyse der Zielbeziehungen
- Bereinigung der Zielkonflikte
- Zielentscheidung
- Planungssystem
- Erarbeiten eines effizienten Organisationssystems
- Fixieren eines Kontrollsystems
- Zielrevision

Zusammenfassung

Eindeutig formulierte Ziele – Was soll in welcher Quantität oder Qualität bis zu welchem Zeitpunkt erreicht werden? – sind der Schlüssel zu produktivem und motivierendem Arbeiten. Die Motivation der Mitarbeiter wird gestärkt, wenn sie an der Zielbildung mitwirken können und wenn die Ziele im Konsens vereinbart werden. Fremdbestimmte Ziele sind immer Anlass für Unzufriedenheit und Demotivation. Ohne klar definierte Ziele beginne keinen Arbeitsprozess. Es ist darauf zu achten, dass die Ziele einander ergänzen und im besten Falle synergetisch in ihrer Wirkung verstärken. Ein wirksames Zielsystem sorgt für die regelmäßige Überprüfung aller Aspekte und ermöglicht, negative Abweichungen rechtzeitig zu erkennen und Gegenmaßnahmen einzuleiten.

2.3 Fallstudie: Ziele bestimmen das Verhalten

Wie kann der Manager das Verhalten der Mitarbeiter im Sinne der gemeinsamen Zielsetzungen nachhaltig beeinflussen? Wie kann man in Führungsprozessen soziale Macht ausüben, ohne die Würde des Anderen zu verletzen, ohne den Anderen zu manipulieren?

Das wichtigste Führungswerkzeug ist der Dialog zwischen Mitarbeiter und Manager.

Psychologische Motivationen menschlichen Verhaltens und damit verbundene Möglichkeiten nachhaltig wirkender Verhaltensänderung durch Zielvereinbarungen stehen im Mittelpunkt dieses Abschnitts.

Die Situation: Ein Paar unterhält sich während einer Mahlzeit. Der Mann hat starkes Übergewicht. Seine Frau will ihn motivieren, abzunehmen.

Dialog 1

Frau: „Liebling, offensichtlich schmeckt's dir!"

Mann: „Ja, und wie! Herrlich, danke!" (kurze Pause)

„Aber innerhalb eines Jahres habe ich 20 kg zugenommen! So kann das nicht weitergehen."

Frau: „Es reicht! Hör' auf, immer so viel zu essen, du wirst das noch bereuen!"

Mann: „Ja, ja, stimmt schon. Reich' mir doch noch mal den Käse rüber!"

Dialog 2

Frau: „Liebling, offensichtlich schmeckt's dir!"

Mann: „Ja, und wie! Herrlich, danke!" (kurze Pause)

„Aber innerhalb eines Jahres habe ich 20 kg zugenommen! So kann das nicht weitergehen."

Frau: „Du fühlst dich nicht mehr wohl in Deiner Haut?"

Mann: „Schlepp' du mal täglich 20 kg, zwei volle Wassereimer, immer mit dir herum. Das macht müde und schlapp."

Frau: „Und?"

Mann: „Abnehmen! – Ist aber leichter gesagt als getan."

Frau: „Was willst Du erreichen?"

Mann: „Die 20 kg will ich wieder loswerden!"

Frau: „Bis wann?"

Mann: „Von heut' auf morgen geht das natürlich nicht. In einem Jahr will ich die wieder weghaben."

Frau: „Also: 20 kg abnehmen in einem Jahr ab heute?"

Mann: „Genau!"

Frau: „Das ist jetzt dein Ziel?"

Mann: „Ja, das ist jetzt mein Ziel!"

Frau: „Wie willst Du das erreichen?"

Mann: „Alleine schaffe ich das nicht; ich melde mich bei einer dieser Diät-Gruppen an und mach' da mit. Das funktioniert bestimmt."

Frau: „Ich begleite dich. Mir würde das auch gut tun. Wann wollen wir gehen?"

Mann: „Gleich morgen. Nach der Arbeit!"

Frau: „Gut, ich mach' mit."

In beiden Fällen hat der übergewichtige Mann zunächst das Ziel, die Kochkünste seiner Frau zu genießen.

Fragen:

1. Was unterscheidet die Dialoge 1 und 2 voneinander?

2. In welchem Dialog scheint die erwünschte Verhaltensänderung wahrscheinlicher?

3. Welches Verhalten der Frau unterstützt den Partner in seiner Absicht abzunehmen?

Analyse

Im *Dialog 1* bringt die Frau unumwunden ihr Missfallen zum Ausdruck und versucht, ihn durch eine Art Appell und die Vorhersage gesundheitlicher Beeinträchtigungen zu gemäßigtem Essverhalten zu bewegen. Er hat dies zur Kenntnis genommen, verlangt aber nach dem Käse, statt sich zu mäßigen. Botschaft angekommen, aber nicht akzeptiert. Das Genussziel bleibt unverändert bestehen und die 20 kg werden wohl bald Gesellschaft bekommen.

Im *Dialog 2* reagiert die Frau auf die Äußerung des Mannes bezüglich seines Übergewichts. Sie verbalisiert sein Unbehagen und regt ihn durch weiteres geschicktes Fragen an, sein neues Ziel selbst zu formulieren. Mit der Anmeldung in der Diät-Gruppe wird der erste konkrete Schritt zum Ziel getan.

Eine dauerhafte Verhaltensänderung ist nur im Falle des Dialogs 2 zu erwarten. Hier hat der Mann sich entschieden, sein „Genussziel" zugunsten der Gewichtsreduktion zu verändern und bereits konkrete Maßnahmen geplant.

Anhand des Beispiels des Essverhaltens hier die Darstellung der grundsätzlichen Wirkungsmechanismen, die Verhalten steuern und Verhaltensänderungen bewirken können:

Abbildung 2.1 Wirkungsmechanismus: Motiv - Ziel - Verhalten

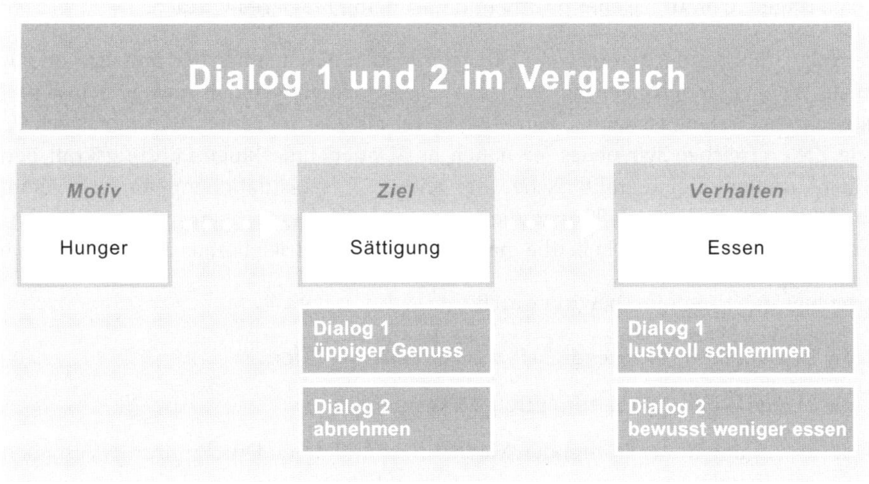

2.4 Führen durch Zielvereinbarung

Vereinbarte Ziele sind eine unerlässliche Voraussetzung für erfolgreiche Mitarbeiterführung. Verhalten wird stets beeinflusst durch die Ziele, die eine Person verfolgt. Diese Tatsache muss uns immer dann besonders bewusst werden, wenn wir das Verhalten einer Person kritisieren. Sind wir mit dem Verhalten einer Person nicht einverstanden, ist unser erster Gedanke: „Der Mensch soll sich ändern!" Sie kennen das aus anderen Lebenssituationen: „Iss nicht so viel, iss langsamer, gib das Rauchen auf" usw. Die so kritisierten Personen verändern ihr Verhalten in der Regel nur kurzfristig und werden rückfällig. Warum? Weil ihr bislang praktiziertes Verhalten mit ihrer Zielsetzung übereinstimmt. Jede Kritik an ihrem Verhalten „kratzt nur an der Oberfläche" und bewirkt auf Dauer nichts.

Es ist sinnlos, das Verhalten einer Person zu kritisieren. Eltern, Lehrer und Führungskräfte begehen diesen Kardinalfehler regelmäßig und häufig. Es bringt auf Dauer gar nichts außer Frustration für alle Beteiligten. Verändert die Person ihre Ziele nicht, ist eine Verhaltensänderung höchst unwahrscheinlich. Nur wenn die Ziele verändert werden, kann auch eine entsprechende Änderung des Verhaltens erwartet werden. Diesen Wirkungsmechanismus muss ein Manager kennen und anwenden können. Im Bereich der Mitarbeiterführung können wir versuchen, Verhaltensänderungen auf zwei Wegen durchzusetzen:

a) Aus der Führungsfunktion heraus Macht ausüben und verändertes Verhalten verlangen (anordnen, befehlen)

b) Reden, überzeugen, die Ziele des Mitarbeiters und des Unternehmens in Einklang bringen auf dieser Basis neues Verhaltens bewirken

Welche Methode wirksamer ist? Sie brauchen nur auf Ihre innere Stimme zu hören und sich zu fragen, worauf Sie eher positiv und nachhaltig reagieren würden.

Wer fragt, führt! Anordnungen und Befehle sind nur scheinbar der kürzeste und wirksamste Weg Veränderungen zu bewirken. Das Miteinanderreden und gemeinsame Vereinbaren von Zielen erscheinen zeitaufwendiger als das Anordnen, aber nur durch veränderte Ziele erreichen wir neues Verhalten auf Dauer. Eine kluge Führungskraft befiehlt nicht (Ausnahmen sind militärische oder andere Krisensituationen), sondern veranlasst Mitarbeiter, durch Fragestellungen die Lösung des Problems eigenständig zu finden und gemeinsam Ziele zu entwickeln, die man aus eigenem Antrieb heraus erreichen möchte.

Verhaltensänderung wird bewirkt durch

1. die Einsicht in die Notwendigkeit zur Veränderung (Motiv)
2. das eigene Wollen, diese zum Erfolg zu bringen (Ziel)
3. die Festlegung der zielführenden Maßnahmen und deren Durchführung (Verhalten)
4. Begleitung, Unterstützung (Coaching) und Erfolgskontrolle

Was möchten Sie in Ihrem Leben oder Arbeiten verändern?

Formulieren Sie jetzt Ihr Ziel und die dazugehörigen Maßnahmen.

3 Planen

Planen bedeutet, Ziele und Strategien aufeinander abzustimmen und Maßnahmen zu entwickeln, um auf dem kürzesten Weg und mit angemessenem Aufwand festgelegte Ziele zu erreichen.

Die folgenden Fragen sind hilfreich, den Zielbildungs- und Planungsprozess zu strukturieren:

- Worum geht es? Was wissen wir über die gegenwärtige Situation?
- Wie sieht der künftige Idealzustand aus? Was wollen wir erreichen?
- Woran werden wir erkennen, wann und ob der gewünschte Zustand erreicht worden ist?
- Wie ist die Differenz zwischen dem gegenwärtigen und dem angestrebten Zustand?
- Was könnten wir wie tun (Strategien), um den gewünschten Zustand zu erreichen?
- Welche Alternativen ergeben sich aus den gesammelten Ideen?
- Welche Alternativen können entsprechend den unter Punkt zwei aufgestellten Kriterien den angestrebten Idealzustand am besten fördern?
- Welche Schwierigkeiten sind bei der Durchführung der geplanten Maßnahmen zu erwarten? Was können wir vorbeugend unternehmen?
- Welche Aktionen müssen von wem bis wann durchgeführt werden?

3.1 Übung: Die Wohnungsrenovierung[10]

Bitte stellen Sie sich vor, Sie leben mit (X) weiteren Personen in einer Wohngemeinschaft und wollen nach fünf Jahren der Nutzung eine gründliche Neugestaltung und Renovierung durchführen. Versuchen Sie, sich in dieses fiktive Szenario hineinzuversetzen und die ersten drei Fragen des Zielbildungsprozesses schriftlich zu beantworten:

1. Worum geht es? Was wissen wir über die gegenwärtige Situation?

[10] Das Thema dieser Übung muss nicht zwingend bearbeitet werden. Gerne können Sie auch eigene Themen verwenden.

2. Wie sieht der künftige Idealzustand aus? Was wollen wir erreichen?

3. Woran werden wir erkennen, wann und ob der gewünschte Zustand erreicht worden ist?

Formulieren Sie jetzt auf der Grundlage Ihrer Antworten auf die Fragen der Punkte 2 und 3 Ihr Ziel.

Bitte beachten Sie: Um ein bearbeitungsfähiges und motivierendes Ziel zu formulieren, müssen die folgenden Aspekte definiert werden.

- *Was?* (Um was handelt sich, was soll erreicht oder bearbeitet werden?)
- *Quantität/Qualität?* (In welcher Quantität oder Qualität (in manchen Fällen kann man nur das Eine oder das Andere beschreiben) soll es erreicht werden?)
- *Wann?* (Bis zu welchem Zeitpunkt soll das Ergebnis erreicht worden sein?)

Die Ziele sind maßgeblich für die Auswahl der Strategie und die daraus resultierende Planung.

Der Begriff Strategie steht für ein zielorientiertes ganzheitliches Vorgehen. In einem strategischen Konzept wird beschrieben, auf welche Art und Weise ein Vorhaben am wirkungsvollsten zu realisieren ist.

Im Falle der Wohnungsrenovierung muss natürlich keine langfristige strategische Planung entwickelt werden, aber die Fragen 4 – 8 des Zielbildungs- und Planungsprozesses geben auch hier Orientierung. Bitte versuchen Sie nun, diese Fragen bezogen auf das fiktive Szenario der Wohnungsrenovierung oder auf Ihre eigenes Thema schriftlich zu beantworten:

4. Wie ist die Differenz zwischen dem gegenwärtigen und dem angestrebten Zustand?

5. Was könnten wir wie tun (Strategien), um den gewünschten Zustand zu erreichen?

6. Welche Alternativen ergeben sich aus den gesammelten Ideen?

7. Welche Alternativen können entsprechend den unter Punkt zwei aufgestellten Kriterien den angestrebten Idealzustand am besten fördern?

8. Welche Schwierigkeiten sind bei der Durchführung der geplanten Maßnahmen zu erwarten? Was können wir vorbeugend unternehmen?

Sie haben jetzt die Ziele und die Maßnahmen zu deren Realisierung schriftlich fixiert.

Bitte bearbeiten Sie zum Abschluss des Planungsprozesses die neunte Frage:

9. Welche Maßnahmen müssen von wem bis wann durchgeführt werden?

Erstellen Sie eine Matrix (s. Beispiel) und fixieren Sie darin Ihre Ziele und Maßnahmen. Diese einfache Form der Maßnahmenübersicht zeigt unmissverständlich auf, welches Ziel mit welchen Maßnahmen von wem bis zu welchem Zeitpunkt zu bearbeiten ist. Für das Delegieren von Aufgaben ist diese Arbeitsweise unerlässlich.

Beispiel:

Ziel	Maßnahmen	Wer?	Bis wann?
WG-Partner im Monat XX von der Notwendigkeit der Renovierung überzeugen.	– Zum Meeting einladen – Das Vorhaben erörtern – Renovierungsumfang klären	MM	XX. XX. XXXX

Hier noch einmal die Fragen des Zielbildungs- und Planungsprozesses im Überblick:

- Worum geht es? Was wissen wir über die gegenwärtige Situation?
- Wie sieht der künftige Idealzustand aus? Was wollen wir erreichen?
- Woran werden wir erkennen, wann und ob der gewünschte Zustand erreicht worden ist?
- Wie ist die Differenz zwischen dem gegenwärtigen und dem angestrebten Zustand?
- Was könnten wir wie tun (Strategien), um den gewünschten Zustand zu erreichen?
- Welche Alternativen ergeben sich aus den gesammelten Ideen?
- Welche Alternativen können entsprechend den unter Punkt zwei aufgestellten Kriterien den angestrebten Idealzustand am besten fördern?
- Welche Schwierigkeiten sind bei der Durchführung der geplanten Maßnahmen zu erwarten? Was können wir vorbeugend unternehmen?
- Welche Aktionen müssen von wem bis wann durchgeführt werden?

3.2 Fallstudie: Planungsmeeting im Fremdspracheninstitut

Besprechungen (Meetings) sind ein wichtiges Instrument der Arbeitsorganisation und der Führungstechnik. In Besprechungen werden

- Informationen ausgetauscht,
- Problemlösungen gemeinsam erörtert,
- Ziele, Strategien und Planungen entwickelt.

In der folgenden Fallstudie erleben wir ein Planungsmeeting, in dem der Manager (M) des Fremdspracheninstituts (FI) mit seinen drei Mitarbeitern (Frau A und den Herren B und C) über die künftige Entwicklung des FI redet. Die Struktur des Meetings orientiert sich an den Fragen des Zielbildungs- und Planungsprozess. Die Wiedergabe des Meetings ist stark verkürzt und auf das Wesentliche beschränkt.

Begrüßung	M	Liebe Kollegin, liebe Kollegen, heute wollen wir uns mit der Planung für das kommende Geschäftsjahr (GJ) befassen. Wir haben zwei Stunden Zeit für dieses Meeting. Ziel ist, die grundlegende Ausrichtung unserer Tätigkeiten für das kommende GJ festzulegen. Herr B, können Sie bitte einmal darstellen, wie die Geschäftsentwicklung bis zum heutigen Tage verlaufen ist.
Worum geht es?	B	Wir haben im dritten Quartal dieses GJ planmäßig die angestrebte Schülerzahl von 1.500 erreichen können. Allerdings liegt die Kündigungsquote insgesamt bei 38%. Das ist eindeutig zu viel. Wir haben unser Ziel nur erreichen können, weil die Neukundengewinnung besser funktioniert hat als angenommen. Der kürzlich durchgeführte Tag der offenen Tür hat uns mit 320 Besuchern einen neuen Rekord beschert. Von diesen 320 Besuchern haben bis heute, drei Wochen danach, 185 Interessenten einen Vertrag mit uns abgeschlossen. Das ist ebenfalls ein sehr gutes Ergebnis und spricht für das Zusammenspiel aller, die am Tag der offenen Tür mitgewirkt haben. Unsere wirtschaftlichen Ziele haben sich in Anlehnung an die Schülerzahlentwicklung ebenfalls positiv gestaltet. Lediglich beim Promotionbudget liegen wir sieben Prozent über dem Planungsansatz und müssen nun überlegen, wo wir bis Ende des GJ kürzer treten sollten.

Was wollen wir erreichen?	M	Danke, Herr B, für diesen Überblick. Lassen Sie uns nun überlegen, woran wir im kommenden GJ arbeiten müssen und welche Ziele wir uns vornehmen wollen.
	A	Die Kündigungsquote ist eindeutig zu hoch, die muss gesenkt werden!
	B	Der Branchenvergleich sagt, dass im Durchschnitt für das dritte Quartal 17% erreicht worden sind.
	C	Woran liegt es, dass wir schlechter sind?
	M	Eine wichtige Frage. Lasst uns aber zunächst entscheiden, welche Zielmarke wir uns für das neue GJ vornehmen wollen.
	B	Um weiterhin bei steigenden Kosten Profit zu machen, dürfen wir im gesamten GJ, wohlgemerkt: *im gesamten GJ*, die Marke 25% nicht überschreiten. Nicht jedes Jahr haben wir so ein Glück wie in diesem!
	M	Damit ist klar: Wir müssen erreichen, dass die Kündigungsrate 25% im gesamten GJ nicht übersteigt. Wie denken Sie, liebe Kollegen? Schaffen wir das?
	A	Wir müssen! Aber wir müssen auch Ursachenforschung betreiben.
	C	Da muss ich gar nicht lange forschen. Wir haben fünf neue Dozenten, zwei davon aus Osteuropa. Speziell diese Kollegen haben offenbar von Kundenorientierung und Kundenzufriedenheit noch nichts gehört. Bei denen geht es zu wie in der Klippschule. Forscher Umgangston und Drill.
	B	Das mögen unsere Kunden ja besonders gern!
Woran werden wir erkennen, ob der gewünschte Zustand erreicht worden ist?	M	Lassen Sie uns nachher bei der Maßnahmenplanung überlegen, wie wir das in den Griff bekommen. Kann ich davon ausgehen, dass wir alle der Meinung sind, die 25% Kündigungsquote im gesamten neuen GJ wird nicht überschritten? Ist das Konsens?
	Alle	Ja, das müssen wir schaffen!

Was könnten wir wie tun, um den gewünschten Zustand zu erreichen?	M	Danke! Nun: Wie?
	A	Die Kündigungsquote für jeden Dozenten bewusst machen. Wenn die Kollegen das nicht wissen, gehen sie natürlich davon aus, dass alles bestens läuft. Jeden Monat einen Ausdruck mit der Jahreszielquote und dem derzeitigen Ist-Stand ausdrucken und ins Fach legen. Da kann sich jeder selbst einordnen und ein Gefühl für seine Leistung entwickeln.
	C	Das ist gut, aber wir müssen auch mit den extremen „Abweichlern" reden, sonst besteht die Gefahr, dass die das zur Kenntnis nehmen, ohne dass sich etwas ändert.
	B	Das ist ganz wichtig und wir sollten auch gegenseitig unseren Unterricht besuchen, um einander zu sensibilisieren, auf eingeschliffene Verhaltensweisen zu achten, die wir gar nicht mehr wahrnehmen, sich aber negativ auf die Motivation unserer Kunden auswirken können.
	M	Wenn ich Sie richtig verstanden habe, denken wir derzeit an folgende Maßnahmen: Wir wollen mit jedem Dozenten eine Zielvereinbarung treffen hinsichtlich der nicht zu überschreitenden Kündigungsquote, wir wollen diese über einen monatlichen Soll-Ist-Abgleich bewusst machen und „extreme Abweichler" durch Gespräche zur Verhaltensänderung veranlassen?
	Alle	Richtig!
	M	Wir wollen gegenseitig Unterrichts-Hospitationen durchführen, um Verhaltensweisen aufzuspüren und zu entschärfen, die unsere Kunden demotivieren können?
	Alle	Genau!
Zielklärung und -vereinbarung	M	Derzeit haben wir 1.500 Schüler und bis zum Ende des GJ in drei Monaten sollen es 1.650 sein. Offenbar, Herr B, können wir das erreichen?
	B	Das sehe ich so.
	M	Also sind 1.650 Schüler die Basis für die Planung des kommenden GJ. Wie viele Schüler wollen wir bis Ende des kommenden GJ in unserem FI haben?

	B	Ich habe schon mal ein wenig hin- und hergerechnet und denke, wenn es uns gelingt, die Kündigungsquote von 25% nicht zu überschreiten, ist eine Steigerung der Schülerzahl in Höhe von 10 % möglich. Also reden wir über 1.815 Schüler!
	M	Sagen wir 1.800 bis Ende des GJ?
	Alle	Ja, warum nicht?
	M	Gut! 1.800 Schüler bis Ende des kommenden GJ und die Kündigungsquote nicht über 25 %. Das sind unsere neuen Ziele.

An dieser Stelle verlassen wir das Meeting und wenden uns der Analyse zu. Wie verhält sich der Manager in welchem Abschnitt des Meetings? Wodurch führt er? Beschreiben Sie in Stichworten das Führungsverhalten des Managers in der Spalte „Führungsverhalten Manager".

Verlauf des Meetings	Führungsverhalten Manager (M)
Begrüßung	
Worum geht es?	
Woran werden wir erkennen, ob der gewünschte Zustand erreicht ist?	
Was könnten wir tun, um den gewünschten Zustand zu erreichen?	
Zielklärung und -vereinbarung	

Musteranalyse:

Verlauf des Meetings	Führungsverhalten Manager (M)
Begrüßung	Stellt Arbeitsatmosphäre her, eröffnet den „Gesprächsraum", fixiert den zeitlichen Umfang, gibt das Ziel des Meetings bekannt und delegiert eine Aufgabe an B.
Worum geht es?	Lässt B über Ist-Stand und Abweichungen berichten, hört zu.
Woran werden wir erkennen, ob der gewünschte Zustand erreicht ist?	Führt durch offene Fragen das Gespräch, veranlasst die Kollegen zum Mitdenken, moderiert die Diskussion, strafft und fokussiert das Thema, bewirkt Konsens bezüglich der Obergrenze der tolerierbaren Kündigungsquote.
Was könnten wir tun, um den gewünschten Zustand zu erreichen?	Fasst zusammen, was er hinsichtlich der Diskussion über die Reduzierung der Kündigungsquote verstanden hat, wiederholt dabei den Kern des bereits Gesagten und lässt sich die Richtigkeit von allen bestätigen. Durch seine präzisierenden Fragen bereitet er die Zielbildung und Zielvereinbarung vor.
Zielklärung und -vereinbarung	M führt durch Anknüpfen an das Besprochene sowie geschlossene und offene Fragen einen Konsens herbei über die zu erreichende Schülerzahl unter Berücksichtigung der Kündigungsquote. Die Zielbildung ist gemeinsam und einvernehmlich erfolgt.

Erarbeitet der Manager in der gezeigten Art und Weise – vorzugsweise gemeinsam mit den Mitarbeitern – die Antworten auf die relevanten Fragen, kann er Konsens hinsichtlich der Zieldefinitionen bewirken und alle zur Mitarbeit motivieren.

3.3 Besprechungen leiten

Nicht immer verlaufen Besprechungen so konzentriert und ergebnisorientiert. Fakt ist, dass Meetingteilnehmer häufig frustriert sind, das Gefühl haben, Zeit in Meetings zu verlieren und wenig Konkretes zu erfahren, beispielsweise immer dann, wenn einer (der Vorgesetzte) lange redet und andere (die Mitarbeiter) zuhören müssen. Frustration stellt sich ein, wenn kein Dialog stattfindet, wenn nur gelegentlich ein Mitarbeiter aufgefordert wird sich zu äußern, wenn es keine Interaktion gibt und das Meeting eine kommunikative

Einbahnstraße ist. Der Managerwitz „Wenn Du einsam und frustriert bist, gehe in ein Meeting, Du triffst dort viele Gleichgesinnte" drückt die Resignation und Verärgerung über Zeitverschwendung und mangelnde Ergebnisorientierung aus.

Wie können wir es also besser machen? Erinnern wir uns: Keine Arbeit ohne Klärung der Ziele!

Um ein Meeting zu einem motivierenden Erlebnis für alle Teilnehmer werden zu lassen, muss Klarheit über folgende Aspekte gewonnen werden:

- Welches sind die Ziele dieses Meetings?
- Was soll warum in welcher Zeit mit wem geklärt werden?
- Wer wird das Meeting moderieren (leiten)? Hierzu gehören Aspekte wie z.B.
  - Vorstellung der Themen und Meetingziele
  - Zeiten einhalten, das Wort erteilen oder ggf. entziehen
  - Gespräche initiieren, Diskussionen leiten, Abweichungen vom Thema vermeiden
  - Standpunkte zusammenfassen, vergleichen, gegenüberstellen
  - Ergebnisse zur Entscheidung bringen
  - Vereinbaren, was von wem bis zu welchem Termin erledigt werden soll
  - Visualisierung der Ergebnisse (klassisches Protokoll oder Mind Mapping)
- Mit welchen Methoden können wir arbeiten?
  - *strukturierte Diskussion* (zuvor Vereinbarungen treffen hinsichtlich der Ziele, Problemstellungen, Themen, Spielregeln und des zeitlichen Rahmens)
  - *Mind Mapping*[11] zur einfachen und wirksamen Erfassung, Strukturierung und Dokumentation der Diskussionsergebnisse
  - *Meta Plan-Technik* (es wird „schriftlich diskutiert" mit Hilfe sog. Moderationskarten). Es bedarf einer zuvor festgelegten „Dramaturgie" (Moderationskonzept), um den Prozess strukturiert zum Ergebnis zu führen (s.a. den entsprechenden Abschnitt in diesem Buch). Diese Methode aktiviert alle Teilnehmer gleichermaßen, bremst Vielredner und Selbstdarsteller aus, sorgt für nachvollziehbare Ergebnisse, vernetzt Gruppenmitglieder und Moderator, nutzt das Erfahrungspotential aller, hält das Interesse wach, eignet sich für Lernprozesse, Problemlösungs- und Planungsprozesse aller Art.

Die folgende Matrix ist zugleich Einladung und Ablaufplan für das Meeting. Das Thema, das Ziel, die Teilnehmer, der zeitliche Umfang, wer dieses Thema als Leiter moderieren wird, mit welcher Methode gearbeitet werden soll, sind auf einen Blick ersichtlich.

[11] Vgl. Mind Mapping und Meta Plan-Technik unter www.gabler.de beim Buch.

Die Spalte „Ergebnisse“ verspricht, dass etwas Konkretes bei diesem Meeting herauskommen wird. Die Leiter der Themen sind verantwortlich für die Durchführung, das Einhalten des Zeitplans und die Dokumentation der Ergebnisse.

Wechselnde Leitungspersonen beugen Monotonie vor und fördern die Beteiligung aller Teilnehmer. Hier kündigt sich zielbewusstes Arbeiten an, das beruhigt jeden potentiellen Teilnehmer. Auch ist wichtig zu wissen, wann das Meeting beendet sein wird – endlos sich dahin schleppende Meetings demotivieren.

Einladung zum Meeting am ... (Datum) von ... bis ... (Uhrzeit) Raum: Agenda Teilnehmer: Meier, Müller, Schule, Musterfrau, Weniger und Vielredner (zeitweise)						
Thema	**Ziel**	**Teilnehmer**	**Zeit**	**Leitung**	**Methode/ Medien**	**Ergebnisse**
Werbekampagne Herbst 2007	Entwicklung der Grundideen für das Briefing der Agentur	Meier Müller Schulze Musterfrau	50′	Musterfrau	Meta Plan Pinwände und Karten	*Hier werden die Ergebnisse und Beschlüsse stichwortartig festgehalten. Ein Protokoll wird überflüssig.*
Gewinn/ Verlust im 3. Quartal	Soll-Ist-Vergleich gem. Jahresplan prüfen	Meier Müller Schulze Musterfrau Vielredner	20′	Weniger (Leiter Finanzabteilung)	Vortrag Beamer	
Preiserhöhung	Strategie entwickeln, um die Preiserhöhung erfolgreich den Kunden zu vermitteln	Meier Müller Schulze Musterfrau Weniger	40′	Vielredner	Meta Plan	

Wird ein Meeting auf diese Weise vorbereitet, ein strukturierter Handlungs-Ablauf aufgezeigt, der für alle nachvollziehbar ist, mit der Meta Plan-Technik, Pinwänden und Moderationskärtchen gearbeitet, verhindert dies die Entfaltung folgender Typen, die Arbeitsgruppen als Feld der Selbstdarstellung verstehen, sich unproduktiv verhalten und anderen die Zeit stehlen:

- *Ideenkiller,* die versuchen, jede Idee abzuschießen, unbrauchbar erscheinen zu lassen oder zu korrigieren;
- *Diven,* die versuchen die Höhe ihres hierarchischen Ranges auszuspielen, Einfluss auf jede Entscheidung zu nehmen und die Teilnehmer fühlen zu lassen, dass das, was sie sagen, ihrer Meinung nach doppelt zähle;
- *Experten,* die sich arrogant verhalten, stets die letzte Erkenntnis für sich beanspruchen und alles andere nicht gelten lassen wollen;
- *Vielredner, die* versuchen, die Runde durch Dauerreden zu dominieren und die Führung an sich zu reißen.

4 Delegieren

Sind die Ziele, Strategien und Maßnahmen zur Umsetzung geplant, müssen Teilziele, Teilaufgaben und die dafür notwendigen Handlungskompetenzen von der Führungskraft auf geeignete Mitarbeiter übertragen werden. Einerseits entlastet sich die Führungskraft und andererseits kann sich die Delegation von Verantwortung und Aufgaben positiv auf die Motivation der Mitarbeiter auswirken. Ihr Selbstwertgefühl, ihre Eigenverantwortung und ihre Identifikation mit dem Unternehmen werden gestärkt. Infolge dessen, davon ist im Regelfall auszugehen, steigt die Leistungsbereitschaft und Leistungsfähigkeit der Mitarbeiter.

Erstaunlicherweise sind insbesondere ständig überarbeitete Manager zurückhaltend, Aufgaben an ihre Mitarbeiter zu delegieren. Von Ihnen kann man Gedanken wie diese hören: „Delegation? Wenn das so einfach wäre! Meine Aufgaben kann mir keiner abnehmen. Ehe ich das jemandem erklärt habe, mache ich es lieber gleich selbst. Dann weiß ich wenigstens, dass es getan worden ist und muss nicht immer hinterher laufen und Angst haben, dass etwas doch nicht so richtig funktioniert. Was ich selbst getan habe, weiß ich und ich bin dann viel entspannter. Wem kann man schon trauen?" Manche Manager fürchten, durch Delegation sich selbst zu schaden. Nicht nur mangelndes Vertrauen in die Fähigkeiten der Mitarbeiter, sondern auch das Gegenteil, die Befürchtung, dass jemand es ebenso gut oder besser machen könnte als man selbst, führt zur Ablehnung von Delegation.

Wie bereits zuvor angedeutet, kann Delegation viel Positives bewirken, wenn man die richtige Einstellung dazu findet und den Delegationsprozess korrekt gestaltet.

Die positiven Wirkungen korrekter Delegation aus Sicht der Führungskraft sind, dass man mehr Zeit für die wesentlichen Führungsaufgaben hat, weniger Stress empfindet und mit den Mitarbeitern bessere Arbeitsergebnisse erreicht.

Delegieren aus Sicht der Führungskraft ist also zugleich Führungsaufgabe und Führungsinstrument, eine wirksame Möglichkeit, Mitarbeiter verantwortlich mitarbeiten zu lassen und sich als Führungskraft zu entlasten. Das heißt allerdings nicht, jemandem eine Aufgabe zu übertragen und anschließend den Fall zu vergessen, weil man ja „delegiert" hat. Der Verantwortung für die delegierten Aufgaben kann sich die Führungskraft nicht entziehen. Durch klare Kompetenzverteilung, Übertragung eines Teils der Verantwortung auf Mitarbeiter, die eigenverantwortlich die Aufgaben erfüllen, begleitende Überprüfung und Hilfestellung muss die Führungskraft sicherstellen, dass der Stand der Bearbeitung der übertragenen Aufgaben und mögliche Abweichungen jederzeit transparent sind und die Delegation zum Erfolg führt.

Mitarbeiter werden sich fragen, ob sie in der Lage sind, der übertragenen Verantwortung gerecht zu werden und ob sie auch die notwendigen Informationen und Kompetenzen erhalten. Ihnen ist klar, dass die Übernahme von Verantwortung auch mit höherem Druck einhergehen wird. Manch einer wird es u.a. aus diesen Gründen ablehnen, mehr Verantwortung zu übernehmen.

Beim korrekten Delegieren sind diese „W-Fragen“ zu beachten:

Was?

- Welche Ziele sollen erreicht werden?
- Welche Aufgaben können übertragen werden?

Wer?

- Welche persönlichen und fachlichen Voraussetzungen werden gebraucht?
- Wer könnte dafür geeignet sein und Freude an der Übernahme haben?
- Wer könnte unterstützend (beratend, fortbildend) mitwirken? Wie?
- Welche Maßnahmen sollen die Zielerreichung bewirken?
- Welche Vorschriften oder Verfahren sind zu beachten?
- Welche anderen Stellen sollten informiert oder einbezogen werden?

Womit?

- Welche Mittel (Geld, Ausrüstungen, Werkzeuge, Unterlagen, Dokumentationen) werden benötigt?

Wann?

- Bis zu welchem Zeitpunkt soll die Arbeit fertiggestellt sein?
- Wann muss die Arbeit begonnen werden?
- An welchen Zwischenterminen soll über den Stand der Ausführung berichtet werden?

Empfehlenswert ist,

- dem Mitarbeiter die Aufgabe und das Ziel genau zu beschreiben und sich diese Zusammenhänge noch einmal mit dessen eigenen Worten erklären zu lassen, um Missverständnisse auszuschließen.
- gemeinsam mit dem Mitarbeiter zu überlegen, wie und mit welchen Hilfsmitteln (z.B. Fortbildung) die Aufgabe am besten erledigt werden kann. Dadurch werden seine Kenntnisse und Fähigkeiten einbezogen, das Selbstwertgefühl gestärkt und die Motivation gefördert.
- dem Mitarbeiter die Sicherheit zu geben, bei eventuell auftauchenden Schwierigkeiten jederzeit um Rat und Unterstützung fragen zu können.
- Zwischen- und Endergebnisse der Arbeit zu überprüfen, erfolgreiche Ausführung zu loben und Mängel oder Misserfolge konstruktiv zu kritisieren.

Delegationsprozesse misslingen, wenn Aufgaben angeordnet werden, ohne die Ziele zu erklären und die erforderlichen Kompetenzen zu übertragen. Ständiges Eingreifen und pedantisches Kontrollverhalten wirken demotivierend.

Nicht erlaubt ist, im Falle des Misslingens einer übertragenen Aufgabe, dem eigenen Vorgesetzten gegenüber sich der Verantwortung zu entziehen und den Mitarbeiter zu beschuldigen.

4.1 Fallbeispiel: Delegieren einer Wohnungsrenovierung

Was?	– Welche Ziele sollen erreicht werden? – Welche Aufgaben können übertragen werden?	– Die Mietwohnung soll innerhalb von drei Wochen mit Laminat in den Wohnbereichen, Fliesen im Flur, Gäste-WC und Badezimmer ausgestattet sein. – Materialauswahl und Einkauf durch Eigentümer (ET). – Firma für Bodenbelaggestaltung (BBG) finden (ET).
Wer?	– Welche persönlichen und fachlichen Voraussetzungen werden gebraucht? – Wer könnte dafür geeignet sein und Freude an der Übernahme haben? – Wer könnte unterstützend (beratend, fortbildend) mitwirken?	– Fachfirma für Bodenbelaggestaltung (Laminat, Fliesen) – Endreinigung Mieter (M)
Wie?	– Welche Maßnahmen sollen die Zielerreichung bewirken? – Welche Vorschriften oder Verfahren sind zu beachten? – Welche anderen Stellen sollten informiert oder einbezogen werden?	– Kostenvoranschläge einholen, Aufträge erteilen (ET) – Teppichböden entfernen und entsorgen (BBG) – Laminat liefern und aufbringen (BBG) – Fliesen aussuchen und anliefern lassen (ET und BBG) – Die alten Fliesen überkleben. – Umweltgerechte Entsorgung der Altmaterialien – – Information der Mitbewohner und des Hausverwalters über die Arbeiten.

Womit?	– Welche Mittel (Geld, Ausrüstungen, Werkzeuge, Unterlagen, Dokumentationen) werden benötigt?	– Kosten gem. Kostenvoranschlag und Auftragserteilung. – Wohnungsgrundriss für Flächenberechnung bereithalten. – Parkbereich vor dem Haus für die Handwerkerfahrzeuge vom Ordnungsamt sperren lassen.
Wann?	– Bis zu welchem Zeitpunkt soll die Arbeit fertig gestellt sein? – Wann muss die Arbeit begonnen werden? – An welchen Zwischenterminen soll über den Stand der Ausführung berichtet werden?	– Fertigstellung der Renovierungsarbeiten bis 44. KW. – Baubeginn: 41. KW. – Jeweils Ende der KW 41, 42, 43.

4.2 Übung: Mein eigenes Projekt

Versuchen Sie im Rahmen der folgenden Übung den Delegationsprozess für eines Ihrer eigenen Projekte realitätsnah zu simulieren.

Was?	– Welche Ziele sollen erreicht werden? – Welche Aufgaben können übertragen werden?	
Wer?	– Welche persönlichen und fachlichen Voraussetzungen werden gebraucht? – Wer könnte dafür geeignet sein und Freude an der Übernahme haben? – Wer könnte unterstützend (beratend, fortbildend) mitwirken?	

Wie?	– Welche Maßnahmen sollen die Zielerreichung bewirken? – Welche Vorschriften oder Verfahren sind zu beachten? – Welche anderen Stellen sollten informiert oder einbezogen werden?	
Womit?	– Welche Mittel (Geld, Ausrüstungen, Werkzeuge, Unterlagen, Dokumentationen) werden benötigt?	
Wann?	– Bis zu welchem Zeitpunkt soll die Arbeit fertig gestellt sein? – Wann muss die Arbeit begonnen werden? – An welchen Zwischenterminen soll über den Stand der Ausführung berichtet werden?	

4.3 Fallstudie: Rückdelegation verhindern

Manager und Mitarbeiter besprechen ein Projekt, klären die Ziele und der Mitarbeiter übernimmt die Aufgabe, innerhalb einer Woche einen entsprechenden Aktions- und Maßnahmenplan zu entwickeln. Nach drei Tagen spricht der Mitarbeiter den Manager an:

> „Also, ich habe mich jetzt eingehender mit dem Projekt beschäftigt und festgestellt, dass hinsichtlich der Ablauforganisation des Kongresses noch erhebliche Unklarheiten bestehen. Ich komme deswegen gar nicht weiter. Sie haben solche Projekte ja schon mehrfach durchgeführt – was soll ich Ihrer Meinung nach in diesem speziellen Fall in den Plan einsetzen? Was raten Sie mir?"

Achtung: Wer fragt, der führt! Hier wird auf subtile Weise versucht, die Aufgabe an die Führungskraft zurückzugeben. Diesen Vorgang bezeichnet man als Rückdelegation. Der Versuch wird mit der offenen Frage "Was raten Sie mir?" eingeleitet. Der Mitarbeiter appelliert zuvor an das Selbstwert- und Akzeptanzgefühl des Managers mit der Botschaft: „Sie haben solche Projekte ja schon mehrfach durchgeführt." Er fragt aus der Perspektive des Hilfesuchenden: „Was soll ich Ihrer Meinung nach in diesem speziellen Fall in den Plan einsetzen? Ich komme hier nicht weiter. Was raten Sie mir?" Der Stimulus "Ich bin schwach und Du bist klug und erfahren." soll den Manager milde und hilfsbereit stimmen.

Der Manager geht darauf ein, weil er sich anerkannt fühlt und in diesem Fall auch gerne hilft, hat er doch tatsächlich Ähnliches bereits mehrfach durchgeführt. Hinzu kommt, dass es ihm zeitsparend und effizient erscheint, das mal eben rasch selbst zu erledigen. Außerdem kann dann ja auch nichts mehr schief gehen. Er sagt:

> „Gut, dann lassen Sie uns mal sehen, was hier zu tun ist."

Achtung: Der Manager hat die Rückdelegation der Aufgabe zugelassen, er hat sie angenommen.

Ab jetzt arbeitet der Manager für den Mitarbeiter, der seinen Manager in dieser Situation durch offene Fragen führt und zum Arbeiten veranlasst. Der Manager reflektiert laut die Arbeitsschritte, die sein Mitarbeiter fleißig mitschreibt. Am Ende des Denkprozesses fasst der Mitarbeiter zusammen: „Also, Chef, ich habe Folgendes verstanden..." Der Mitarbeiter wiederholt präzise die Äußerungen seines Chefs, die dieser mit Zufriedenheit bestätigt; hat doch der Mitarbeiter aufmerksam zugehört und nichts vergessen.

Nach geraumer Zeit stellt der Chef fest, dass etwas nicht richtig läuft und fragt den Mitarbeiter:

> „Sagen Sie, warum läuft es in dem Projekt nicht so richtig rund?"
>
> „Nicht rund? Ich habe nur das ausgeführt, was Sie gesagt haben, erinnern Sie sich?" entgegnet der Mitarbeiter.

Achtung: Hier liegt das Problem. Der Mitarbeiter hat die Äußerungen seines Chefs als „Evangelium" in die Planung übernommen. Er hat sich nicht genügend mit den Rahmenbedingungen und Hintergründen des Projektes befasst, um rechtzeitig Fehlentwicklungen einschätzen zu können. Der Chef ist jetzt in einer misslichen Lage, denn der Mitarbeiter beruft sich darauf, alles so ausgeführt zu haben, wie es der Chef seinerzeit geäußert und auch nach Rückfragen des Mitarbeiters bestätigt hat.

Was ist zu tun? Wie können wir diese subtile Art der Rückdelegation vermeiden?

Ich habe mir angewöhnt, jeden Mitarbeiter, der mich auf diese Weise anspricht, in Begleitung eines großen schwarzen Gorillas zu sehen, der neben ihm steht und mich freundlich und erwartungsvoll angrinst. Dem Mitarbeiter „unterstelle" ich, dass er den Gorilla, der sein ungelöstes Problem verkörpert, am liebsten bei mir lassen würde, auf dass ich mich fortan um ihn kümmere und mich somit seines Problems annehme. Ich achte sehr darauf, dass jeder Mitarbeiter seinen „Gorilla" wieder mit an seinen Schreibtisch nimmt, ihn selbst füttert und unterhält. Hören wir uns an, wie der Versuch der Rückdelegation verhindert werden kann:

Der Mitarbeiter fragt aus der Perspektive des Hilfesuchenden:

Mitarbeiter:	„Was soll ich Ihrer Meinung nach in diesem speziellen Fall in den Plan einsetzen? Ich komme hier nicht weiter. Was raten Sie mir?"

Manager: „Was haben Sie bislang unternommen?"

Mitarbeiter: „Ich habe viel überlegt, mir vergleichbare Projekte angeschaut, aber das hat alles nichts gebracht. Deswegen ... bevor ich hier noch lange herumsuche, frag' ich doch rasch Sie. Dann wird's auch gleich richtig."

Manager: „Lassen Sie bitte mal sehen, was Sie bisher notiert haben."

Mitarbeiter: „Notiert habe ich natürlich noch nichts, ich bin ja nicht weiter gekommen!"

Manager: „Hm, damit Sie weiterkommen, machen Sie bitte folgendes: reden Sie mit den Kollegen oder mit qualifizierten Leuten von außen und bringen Sie in Erfahrung, was andere in ähnlichen Fällen erfolgreich praktiziert haben. Notieren Sie auf einer DIN-A4-Seite Ihre Erkenntnisse zu folgenden Punkten:

1. derzeitige Lage im Projektbereich
2. unsere Ziele mit diesem Projekt
3. Ideen zur Realisierung
4. Welcher Ihrer Ideen würden Sie Vorrang geben?
5. Mit welchen Maßnahmen würden Sie diese bis wann umsetzen?

Dieses Papier nehmen wir als Gesprächsgrundlage. Bis wann können Sie das fertig haben?

Mitarbeiter: „Ich denke, in drei Tagen sollte ich das schaffen."

Manager: „Gut, wann wollen wir also miteinander reden?"

Mitarbeiter: „Am Mittwoch um 10.00 Uhr?"

Manager: „Gern, das passt auch mir sehr gut.

Analyse:

1. Wodurch hat der Manager die Rückdelegation verhindert?
2. Womit hat der Manager geführt?
3. Wie hat er den Abwehrversuch des Mitarbeiters erfolgreich pariert und ihn zum Handeln gebracht?
4. Welche Vereinbarung haben beide geschlossen?

5 Entwickeln und fördern

5.1 Die verschiedenen Rollen einer Führungskraft[12]

Die Bewältigung der Rollenvielfalt, mit der sich eine Führungskraft konfrontiert sieht, ist herausfordernd. Verschiedene Situationen erfordern ein unterschiedliches Verhalten. Je nach Situation muss die Führungskraft mal als einfühlsamer Coach handeln, der seine Mitarbeiter berät, mal als Leitwolf, der sagt, wo es langgeht, mal als Löwenbändiger, der mit der Peitsche droht usw.

Die Führungskraft ist mithin nicht nur als *Fachexperte* gefragt, der sich mit dem Gegenstand auskennt, an dem gearbeitet wird, sondern darüber hinaus als

- *Manager,* der die Arbeit anderer Experten anleitet und koordiniert, und der die Fäden in der Hand hält, ohne selbst in den fachlichen Details sicher zu sein,
- *Mitarbeiter-Coach,* der seine Mitarbeiter in schwierigen Situationen begleitet, indem er zuhört und berät,
- *Teamentwickler,* der die Fähigkeit der Zusammenarbeit im Team zu verbessern sucht, der Konflikte im Team erkennt und den Mitarbeitern hilft, sie zu klären,
- *Verantwortlicher,* der die Last der Verantwortung für Entscheidungen und für die Arbeitsergebnisse seines Teams trägt,
- *Löwenbändiger,* der auch mal ein Machtwort spricht, Konsequenzen aufzeigt und sie nötigenfalls zieht,
- *Leitwolf,* der Vorbild für seine Mitarbeiter ist und ihnen neue Wege aufzeigt, auch klar sagt, wo's langgeht,
- *Angestellter,* der sich selbst seinem Vorgesetzten gegenüber zu verantworten hat und Angestellter des Unternehmens ist.

Zur Vielfalt der Führungsaufgaben gehört auch eine pädagogische Komponente. Die Mitarbeiter verfügen über unterschiedliche Vorkenntnisse, sind unterschiedlich lange und intensiv mit dem Unternehmen und den Arbeitsabläufen vertraut. Je nach individuellem „Reifegrad der Mitarbeiter" im Unternehmen brauchen sie Aufmerksamkeit, Anleitung oder Hilfestellung seitens des Vorgesetzten. Je erfahrener Ihre Mitarbeiter sind, desto weniger Zuwendung müssen Sie für deren Betreuung aufwenden.

---

12 Vgl. Schulz v. Thun, F./Ruppel, J., Stratmann, R.: „Miteinander reden – Kommunikationspsychologie für Führungskräfte", S. 25 f., Hamburg, 2000.

Die Kenntnis der Stärken und Förderpotentiale der Mitarbeiter muss die Führungskraft bereits im Delegationsprozess richtig einschätzen können, sonst besteht die Gefahr, dass Mitarbeiter über- oder unterfordert werden, was sich in jedem Fall nachteilig auf deren Motivation auswirken wird.

Ihr Delegations- bzw. Anleitungsstil muss sich dem Reifegrad der Mitarbeiter flexibel anpassen, um Unter- oder Überforderung zu vermeiden und nicht als pingelig, misstrauisch oder kleinlich wahrgenommen zu werden – das demotiviert die Mitarbeiter.

Abbildung 5.1 Entwicklung des Reifegrades von Mitarbeitern in Verbindung mit der Art der Anleitung[13]

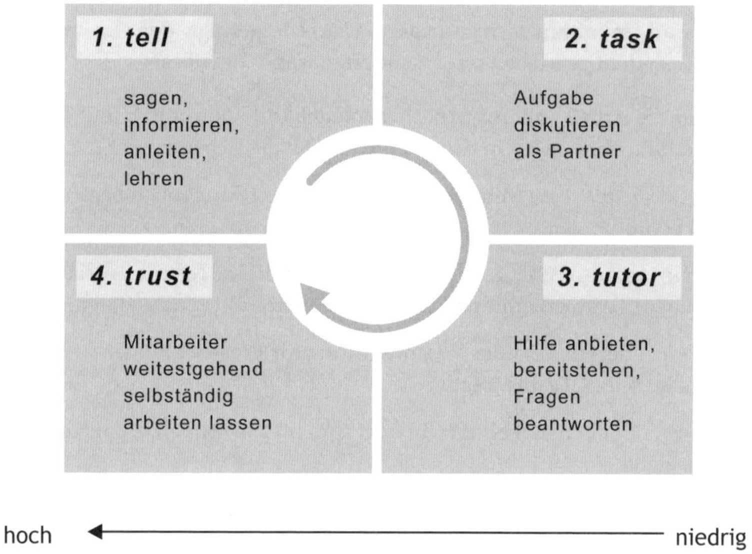

Die Reihenfolge 1. bis 4. zeigt von rechts nach links die Entwicklungsstufen des Reifegrades bzw. der Arbeitsfähigkeit der Mitarbeiter auf:

1. **tell** – Mitarbeiter, die neu in einer Organisation sind, brauchen Informationen und konkrete Anweisungen, um mitarbeiten zu können. Ihre Arbeit muss regelmäßig kontrolliert werden, um rechtzeitig korrigieren zu können und Misserfolgserlebnisse des Mitarbeiters zu vermeiden.

2. **task** – Eine kleine Herausforderung anbieten, die Durchführung der Aufgabe diskutieren, um die Denkweise des Mitarbeiters kennenzulernen und ihn ggf. anzuleiten

[13] Vgl.: Czichos, R.: Change Management, S. 510.

3. **tutor** – In dieser Stufe greift die Führungskraft nur ein, wenn der Mitarbeiter es verlangt oder Beratung erforderlich ist.

4. **trust** – Es sollte das Ziel jeder Führungskraft sein, möglichst viele Mitarbeiter in diese Stufe des Vertrauens und Zutrauens zu bringen. Einerseits hat man dann motivierte und qualifizierte Mitarbeiter und andererseits kann man relativ unbesorgt an diese delegieren, weil man sich aus Erfahrung auf deren zuverlässiges und umsichtiges Arbeiten verlassen kann.

5.2 Hilfe bei Problemlösungen

Häufig erleben wir, dass Mitarbeiter, wie in der Fallstudie "Rückdelegation verhindern" beschrieben, uns ihr Problem schildern und um unsere Meinung oder Rat bitten. Am liebsten hätten sie es, wenn wir ihnen ein Problemlösungsrezept ausstellen würden. Wie können Sie jemandem helfen, sein Problem zu lösen? Gewiss nicht, indem Sie ihm rasch einen Rat geben. Gehen Sie getrost davon aus, dass jeder, der Ihnen sein Problem schildert, tief im Inneren bereits die Lösung kennt. Diese im Unbewussten schlummernde Problemlösung bewusst werden zu lassen, ist das Ziel des folgenden Vorgehens.

Bevor Sie diese Methode bei anderen anwenden, machen Sie einen Selbstversuch. Beantworten Sie unter Bezugnahme auf irgendein eigenes Problem die folgenden Fragen schriftlich und halten Sie sich genau an das vorgegebene Muster.

Machen Sie sich zunächst Ihr Problem in aller Ruhe bewusst. Stellen Sie es sich plastisch und in allen relevanten Einzelheiten vor. Haben Sie den Eindruck, für die Fragen bereit zu sein, beginnen Sie damit, Ihre Antworten aufzuschreiben.

Falls Sie eine andere Person in diesem Prozess begleiten möchten, lassen Sie sich zuerst das Problem ausführlich schildern. Haben Sie den Eindruck, dass Ihr Partner sich „leergeredet" hat, beginnen Sie, ihn mit Hilfe dieser Fragen anzuleiten, die Lösung seines Problems *selbst* zu finden:

Abbildung 5.2 Fragen zur Hilfe bei Problemlösungen

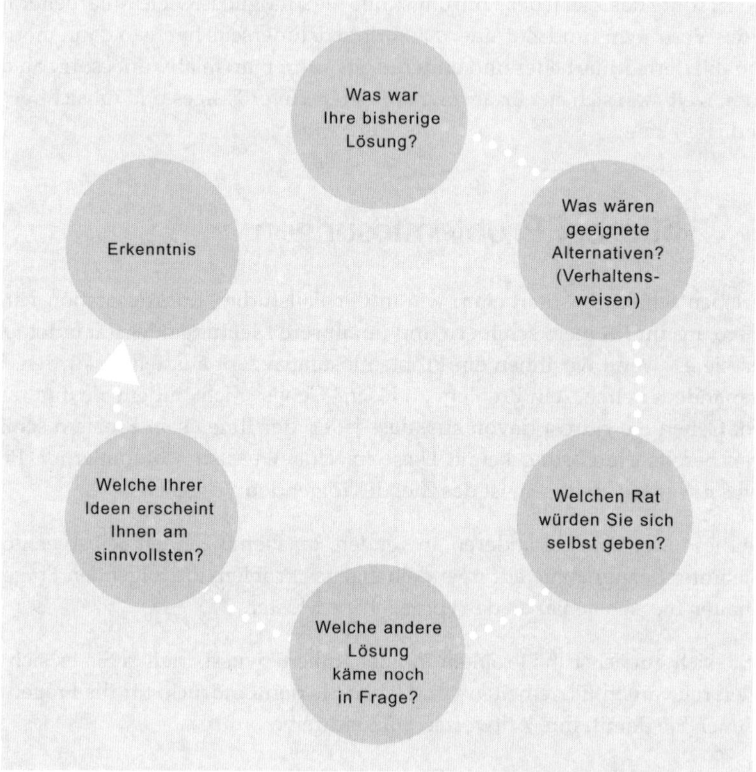

5.3 Probleme werden zu Zielen

Diese aus sechs einfachen Fragen bestehende Methode können Sie zur Bearbeitung eigener Probleme oder in Anleitungssituationen mit anderen anwenden. Verwandeln Sie das Problem in eine Zielformulierung – eine simple und sehr wirksame Methode. Gehen Sie die Schritte der Reihenfolge nach durch und die Person, mit der Sie auf diese Weise arbeiten, wird anschließend ein bearbeitungsfähiges Ziel für sich gefunden haben. Noch einmal: Vertrauen Sie darauf, dass jeder die Lösung seiner Probleme bereits in sich trägt, also selber weiß, was eigentlich zu tun wäre.

Im Verlauf eines strukturierten Gesprächs suchen wir gedanklich systematisch Stationen auf, die es ermöglichen, unsere Lösung zu erkennen, sie zu artikulieren und uns im Sinne einer selbst gewählten Verpflichtung das Ziel und die dazugehörigen Realisierungsschritte vergegenwärtigen. Lesen Sie zunächst die Fragen aufmerksam durch und lassen Sie diese in Ruhe auf sich wirken. Konkretisieren Sie die Anwendung dieser Fragen, indem Sie bereits an das eine oder andere Problem denken, welches Sie mithilfe der Fragen bearbeiten könnten.

Zielrahmen bestimmen:

Fragen	Antworten
– Was wollen Sie erreichen, wie wollen Sie werden? (positiv formuliert, ohne Steigerungen und Vergleiche, in der eigenen Kontrolle liegend)	
– Was müssen Sie dafür aufgeben?	
– Was ist der Preis? Sind Sie bereit, diesen Preis zu zahlen?	
– Falls „Nein": Wie können Sie das Risiko so reduzieren, dass Sie bereit sind, es einzugehen?	
– Wie können Sie Ihr ursprüngliches Ziel so abändern, dass der Preis für Sie bezahlbar erscheint?	
– Welche Veränderung ist jetzt wichtig? Suchen Sie nach Wegen, bei denen Sie Ihre persönlichen Stärken optimal einsetzen können, ehe Sie völlig neue Kompetenzen aufzubauen versuchen.	

Vom Problem zum Ziel

1. Formulieren Sie das Problem neu und zwar als Ziel, das Sie statt des Problems ins Auge fassen. (Ziele geben die Richtung an, um unsere Kräfte zu bündeln und gerichtet einzusetzen. Klar definierte Ziele entfalten eine starke Anziehungskraft.)
2. Stellen Sie sich das Ziel und die damit verbundenen positiven Auswirkungen so plastisch wie möglich vor. Versuchen Sie, sich in den angestrebten Zustand einzufühlen, so

als sei er bereits erreicht. (Sie werden erleben, dass dies bereits eine belebende Wirkung auf Ihre Motivation zur Veränderung ausübt, weil Sie eine klare Vorstellung des Neuen gewonnen haben und nun wissen, wonach Sie streben und, dass es sich lohnen wird, den Weg zu gehen.)

3. Formulieren Sie das Ziel positiv, ohne Verneinungen, ohne Steigerungen oder Vergleiche.

Beachten Sie bitte:

Formulieren Sie das Ziel so, dass die Anderen ihr Verhalten beibehalten und nur Sie selbst Ihr Verhalten verändern.

Das Ziel muss in der eigenen Kontrolle und Verantwortungsspanne liegen. Mit anderen Worten: die Mittel zum Erreichen des Ziels müssen im Bereich Ihres eigenen Verhaltens und nicht in dem der Anderen liegen.

Erkunden Sie in der neuen Situation den eigenen Handlungsspielraum, experimentieren Sie mit neuem Verhalten und verlassen Sie Ihre innere Komfortzone.

Tipps zur Vermeidung von Denk- und Arbeitsblockaden:

Einfach, kurz und gut!
Halten Sie Ihre Veränderungslust frisch. Gestalten Sie lieber einen überschaubaren Zeitraum, z.B. drei Monate, und bleiben Sie dran.

Lösungsorientiert denken:
Was könnte ich als erstes tun, damit es mir besser geht? Denken Sie vor allem in Lösungsansätzen. Stoppen Sie, wenn Sie merken, dass Sie im Problemkreislauf sind. Schauen Sie nach vorn.

Zuversichtlich denken:
Gehen Sie hoffnungsvoll an Ihre Ziele heran. Werten Sie Probleme und Rückschläge als neue Informationen und nutzen Sie die Gelegenheit, eine verbesserte Variante zu finden.

Beweglich denken:
Es gibt „entweder – oder“, „weder – noch“ und „sowohl – als auch“. Das sind schon drei Möglichkeiten. Mit jeder weiteren Lösungsmöglichkeit steigen Ihre Chancen, **die** Lösung zu finden.

Experimentieren
Sie mit den verschiedenen Möglichkeiten. Überprüfen Sie, welche Vorschläge am besten zu Ihnen passen.

5.4 Fallbeispiel: Überlastet

„Seit Monaten habe ich zuviel Arbeit auf dem Tisch. Ich weiß gar nicht mehr, wo mir der Kopf steht. Was soll ich zuerst machen, was hat noch Zeit? Wenn das so weiter geht, breche ich zusammen."

Zielrahmen bestimmen:

Fragen	Antworten
– Was wollen Sie erreichen, wie wollen Sie werden (positiv formuliert, ohne Steigerungen und Vergleiche, in der eigenen Kontrolle liegend)?	Ich will innerhalb der Arbeitszeit alles, was für den Tag anlag, geschafft haben, will mit gutem Gefühl in den Feierabend gehen und meine Freizeit genießen.
– Was müssen Sie dafür aufgeben?	Ich muss lernen, nicht mehr auf alles, was im Laufe des Tages auf mich zukommt, sofort zu reagieren.
– Was ist der Preis? Sind Sie bereit, diesen Preis zu zahlen?	Vielleicht hält man mich für unflexibel oder für weniger engagiert. Das kann ich aber auch sachlich begründen und vertreten.
– Falls „Nein": Wie können Sie das Risiko so reduzieren, dass Sie bereit sind, es einzugehen?	Ich sehe in diesem Fall kein „Nein".
– Wie können Sie Ihr ursprüngliches Ziel so abändern, dass Ihnen der „Preis" akzeptabel erscheint?	Der „Preis" ist für mich o.k.
– Welche Veränderung ist jetzt wichtig? Suchen Sie nach Wegen, bei denen Sie Ihre persönlichen Stärken optimal einsetzen können, ehe Sie völlig neue Kompetenzen aufzubauen versuchen.	Ich muss meine Arbeit genau analysieren und mit Prioritäten (a–b–c) versehen. In unklaren Fällen rede ich mit meinem Chef über die jeweiligen Prioritäten und stimme mich mit ihm ab. Ich halte meinen Weg konsequent durch.

Vom Problem zum Ziel

1. Formulieren Sie das Problem neu und zwar als Ziel, das an die Stelle des Problems tritt:

   „Innerhalb eines Monats bin ich frei von Überlastung. Ich kann klare Prioritäten in meiner Arbeit setzen und mache meine Arbeit wieder mit Freude. Ich kann akzeptieren, dass ich nicht jeden Tag alles schaffe, aber ich habe den Überblick und weiß, wann was geschafft werden kann und wird."

2. Stellen Sie sich das Ziel und die damit verbundenen positiven Auswirkungen so plastisch wie möglich vor. Versuchen Sie, sich in den angestrebten Zustand einzufühlen, so als sei er bereits erreicht.

   „Wenn ich meinen Arbeitstag beende, liegt kein Vorgang mehr auf dem Tisch. Alles ist sauber abgelegt. Mein einfaches und effizientes Ablagesystem hilft mir, alles in kürzester Zeit zur Hand zu haben. Keine endlose Suchcrci mehr und ein unbelasteter Start in jeden Arbeitstag wird möglich! Abends blicke mit Zufriedenheit auf meinen Schreibtisch, weil ich weiß, dass ich alles, was ich mir für den Arbeitstag vorgenommen hatte, geschafft habe. Mit einem guten Gefühl verlasse ich meinen Arbeitsplatz und freue mich auf einen entspannten Feierabend, an dem ich nur das tue, was mir Freude bereitet. Komme ich am nächsten Tag wieder an meinen Arbeitsplatz, empfängt mich ein aufgeräumter, sauberer Schreibtisch. Ich setze mich gerne daran, weil ich ganz entspannt an die Arbeit gehen kann. Alles ist gut organisiert."

3. Formulieren Sie das Ziel ohne Verneinungen, ohne Steigerungen und Vergleiche.

   „Im nächsten Monat wird es mir gelingen, innerhalb der täglichen Regelarbeitszeit von 7 1/2 Stunden meine Arbeit dauerhaft so erledigen, dass ich keine Termine versäume und stets die mit der Unternehmensleitung vereinbarten Ziele realisiere."

Das ursprüngliche Überlastungsproblem wurde erfolgreich in ein bearbeitungsfähiges Ziel umgewandelt.

Mithilfe dieses Gesprächsmusters können Sie Mitarbeitern und sich selbst helfen, problematische Situationen aufgrund eigener Erkenntnis und eigenen Wollens konstruktiv zu bearbeiten.

> **Welches Problem wollen Sie mithilfe dieser Technik bearbeiten?**
>
> Beginnen Sie und erleben Sie, wie einfach das geht!

5.5 Führungsfehler vermeiden

Fehler sind Lernchancen. Trotz guter fachlicher Qualifikation unterlaufen uns hin und wieder Fehler. Als Führungskraft kann man nicht immer einen Kollegen, einen Vorgesetzten und schon gar nicht einen Mitarbeiter oder den Betriebsrat aufsuchen, um kritische Entwicklungen qualifiziert zu diskutieren.

Hier finden Sie eine Anleitung, Ihr Verhalten zu reflektieren, nach Lösungen zu suchen und Handlungsalternativen zu entwickeln.

Übung

- Denken Sie an eine Situation in der Sie mit Ihrem Verhalten als Führungskraft unzufrieden waren.
- Gehen Sie schrittweise die Fragestellungen durch.
- Notieren Sie Ihre Gedanken und Antworten.
- Halten Sie Ihre Erkenntnisse schriftlich fest und entscheiden Sie, was Sie künftig wie anders und besser machen werden.

Aktion	**Notizen**
– Denken Sie an eine Situation im Zusammenhang mit Ihrer Führungstätigkeit, mit der Sie im Nachhinein unzufrieden sind und die Sie als Fehlschlag betrachten.	
– Notieren Sie alle Gründe, die zu dem Fehlschlag geführt haben könnten.	
– Wenn die gleiche Situation wieder käme, wie würden Sie diese erfolgreich bewältigen?	

Aktion	Notizen
– Malen Sie sich Ihr neues Verhalten in der Zukunft aus.	
– Reflektieren Sie für sich oder im Gespräch mit einem Vertrauten Ihre Situation, um daraus zu lernen und künftig ähnliche Problemstellungen zu vermeiden.	

6 Kontrollieren

Unverzichtbarer Aspekt des Delegationsprozesses ist das Vereinbaren von Kontrollterminen. Regelmäßig müssen die Planvorgaben (Soll) und der Stand der Realisierung (Ist) überprüft werden, um Abweichungen, Mehr– oder Minderleistungen rechtzeitig zu erkennen. Die Ursachenforschung kann Planungsfehler, eine falsche Gewichtung von Fakten, die Auswirkungen unvorhersehbarer Ereignisse sowie Fehlentscheidungen oder Fehlverhalten aufdecken.

Die Kontrolle zeigt, ob wir uns für die richtigen Ziele, Strategien und Maßnahmen entschieden haben und das als richtig Erkannte korrekt ausgeführt haben. Für manche ist das Wort Kontrolle mit negativen Emotionen verbunden, mit Stress und autoritärer Machtausübung. Was wäre, wenn wir auf jegliche Kontrolle verzichteten? Woran könnten wir messen, wer gut oder hervorragend gearbeitet hat? Wie könnten wir nachvollziehbar darstellen, wessen Leistung Lob rechtfertigt und wer der Förderung durch konstruktive Kritik bedarf? Fakt ist: Ohne Ziele und Kontrolle verlieren wir die Orientierung und die Möglichkeit, zu lernen und uns weiterzuentwickeln. In diesem Sinne ist Kontrolle kein Ausdruck des Misstrauens gegenüber den Mitarbeitern, sondern Beleg dafür, dass deren Leistung bewusst wahrgenommen und gewürdigt wird. Positive oder negative Zielabweichungen können eine Vereinbarung von Korrekturmaßnahmen zur Folge haben, die als neue Erkenntnis in den weiteren Arbeitsprozess einfließen.

Die Kontrolle kann sich auf Arbeitsbedingungen, Aufgabenerledigung, Wirtschaftlichkeit (Einhaltung von Budgets) sowie persönliches und soziales Verhalten der Mitarbeiter beziehen. Entscheidend ist, dass man auf der Grundlage klar definierter und vereinbarter Ziele agiert und offen anspricht, was gut oder nicht so gut gelaufen ist. Der respektvolle Umgang miteinander muss stets gewährleistet sein.

6.1 Fallbeispiel: Kontrollgespräch im Fremdspracheninstitut

Im Kapitel 3.2 haben wir das Fallbeispiel "Planungsmeeting im Fremdspracheninstitut" kennengelernt. Wir erleben erneut den Manager (M), Frau C und die Herren A und B, die nach Ablauf des ersten Quartals des neuen Geschäftsjahres unter Bezug auf die seinerzeit im Planungsmeeting vereinbarten Ziele in einem Kontrollgespräch den Stand der Entwicklungen erörtern.

M Liebe Kollegin, liebe Kollegen, lassen Sie uns in den folgenden 60 Minuten die Ergebnisse des ersten Quartals diskutieren. Herr B, können Sie bitte einmal darstellen, wie die Geschäftsentwicklung bis zum heutigen Tage verlaufen ist?

B Unsere Ziele bis zum Ende des GJ sind:
1.800 Schüler,
Kündigungsquote maximal 25%,
Zielvereinbarungen treffen mit jedem Dozenten hinsichtlich der individuellen Kündigungsquote und der zu erreichenden Schülerzahl und die Entwicklung durch den monatlichen Soll-Ist-Vergleich bewusst machen, monatlich regelmäßige Unterrichtshospitationen, um voneinander zu lernen und negative Routinen zu vermeiden.
Vorweg hier noch einmal die Planzahlen:

Ist	Ziel	Steigerung	%
1650	1800	150	9

Kündigungen	%	neue Schüler
424	25	574

	neue Schüler	Kündigungen	%	Schülerzahl
1. Quartal	92	62	3,75	1680
2. Quartal	141	126	7,5	1695
3. Quartal	172	127	7,5	1740
4. Quartal	169	109	6,25	1800
Gesamt	574	424	25	1800

Um vom Stand des Vorjahres (1.650 Schüler) auf unser neues Ziel (1.800 Schüler) zu kommen, also um 150 zu steigern, müssen wir unter Berücksichtigung der Kündigungsquote von 25% damit rechnen, dass 424 Schüler kündigen werden und wir 574 neue Schüler brauchen, um das Ziel 1.800 zu erreichen. Gemäß Plan müssen wir im ersten Quartal 92 neue Schüler werben und dürfen eine Kündigungsrate von 3,75% nicht überschreiten. Aktuell haben wir 110 neue Schüler und die Kündigungsquote liegt bei 3,5%. Damit liegen wir deutlich über den Zielvorgaben. Zurückzuführen ist dieses Ergebnis auf den sensationell gut gelaufenen Tag der offenen Tür und das Interview, welches Frau C im Fachblatt gegeben hat. Das hat viele Anfragen eingebracht und den Tag der offenen Tür wirkungsvoll unterstützt. Das Promotionbudget haben wir allerdings leicht überschritten, da müssen wir jetzt vorsichtig sein, sonst läuft uns das aus dem Ruder.

M Danke, Herr B, für diesen Überblick. Frau C, wie weit sind wir im Hinblick auf den 3. Punkt, Zielvereinbarungen mit den Dozenten?

C Das Bild ist uneinheitlich. Von unseren 12 Dozenten haben sich zwei bis heute geweigert, die Zielvereinbarung abzuschließen. Sie wollen sich nicht dem Stress durch monatliche Soll-Ist-Vergleiche und den „endlosen Diskussionen" über das Wieso, Weshalb, Warum aussetzen. Die restlichen zehn machen mit und man kann auch sagen, dass unser Berichtssystem gut angenommen wird. Der Eine oder Andere hat sich doch sehr über seine hohe Kündigungsrate gewundert.
Die haben natürlich vorher keine Ahnung gehabt, wie hoch die Zahl der Kündigungen tatsächlich ist und welche Auswirkungen das auf das Unternehmen haben kann. Aber inzwischen sind sie sensibilisiert und ziehen mit. Ich denke, das wird jetzt jeden Monat etwas besser. Die aktuelle Kündigungsrate von 3,5% ist möglicherweise ein erstes Indiz dafür, dass unsere Maßnahmen Wirkung zeigen.

M Gut! Und was machen wir mit den beiden Abweichlern?

C Tja, das ist komplex. Der Herr X macht einen sehr guten Unterricht und hat null Kündigungen in diesem Quartal. Der sagt mir: „Was willst Du denn, bei mir ist doch alles super!" Ist halt ein recht merkwürdiger Zeitgenosse. Wir nennen ihn auch den "Eigenwilligen". Herr Y hingegen ist einer unserer Problemkandidaten, relativ hohe Kündigungsrate schon im ersten Quartal und häufig kommt es zu „Missverständnissen" mit seinen Schülern, die im Büro anrufen und wir müssen das dann mühsam wieder glätten.

A Das ist der Gleiche, der sich auch weigert, Kollegen in seinem Unterricht hospitieren zu lassen. Er macht ja alles richtig und braucht keine neugierigen Spione, ... sagt er.

B Ausgerechnet der! Hat offenbar von Kundenorientierung und Kundenzufriedenheit noch nichts gehört. Bei dem geht es zu wie in der Klippschule. Forscher Umgangston und Drill.

A Das können wir so nicht hinnehmen. Wir müssen alle gleichbehandeln. Keine Ausnahmen oder Privilegien! Sonst bekommen wir auch Probleme mit den anderen Kolleginnen und Kollegen.

C Schon, aber was sollen wir machen?

M Frau C, was müssen Sie tun, um mit Herrn Y ins Reine zu kommen?

C Ich komme wohl nicht umhin, mit ihm ein paar deutliche Worte zu wechseln.

M Deutliche Worte?

C Ich werde mit ihm darüber reden, dass bei ihm eben nicht alles in bester Ordnung ist, wie er immer behauptet, dass seine Kündigungsquote unannehmbar hoch ist und wir regelmäßig genervte Schüler von ihm am Telefon haben.

B Wenn er sich nicht in unser System einfügen will oder kann, müssen wir uns von ihm eben trennen!

C Ja, das ist wohl so. Wer sich außerhalb der Teamregeln stellt und sein eigenes Ding machen will, der kann nicht bei uns bleiben.

M Was wollen Sie bis wann konkret unternehmen, um diesen Fall zu klären, Frau C?

C Ich werde am kommenden Mittwoch, dann ist er wieder im Hause, im Anschluss an seinen Unterricht mit ihm das klärende Gespräch führen und darauf hinweisen, dass er sich entscheiden muss zwischen der Mitarbeit im Team und der Einhaltung unserer Regeln oder dem Verlassen unserer Schule.

M Sie haben meine volle Unterstützung für dieses Vorgehen. Bedenken Sie bitte, fair und respektvoll dieses Gespräch zu führen. Im Anschluss an Ihr Gespräch informieren Sie uns bitte über das Ergebnis, damit wir auch in der Lage sind es in- und extern zu erklären und zu vertreten. Wir können dieses eigenwillige Verhalten nicht dulden. Entweder der Kollege schwenkt auf unsere Linie ein oder wir müssen uns von ihm trennen. Und wie gedenken Sie, mit Herrn X zu verfahren?

C Obwohl Herr X eine sehr gute Leistung bringt, können wir auch bei ihm keinen Sonderstatus akzeptieren. Für ihn gelten die gleichen Regeln.

A Genau!

M Ja, auch er muss die Regeln einhalten.

B Das sehe ich ebenso.

M Fragen Sie bitte beide zunächst danach, was sie davon abhält, mit uns am gleichen Strang zu ziehen. Finden Sie heraus, welche Ziele die beiden verfolgen und ob es Gemeinsamkeiten gibt oder nicht. Vielleicht gelingt es Ihnen ja doch noch, die beiden für unsere Vorstellung von zielorientierter Zusammenarbeit zu gewinnen. Das wäre natürlich das Beste.
Ich danke Ihnen allen sehr für Ihre engagierte Arbeit im ersten Quartal! Bitte lassen Sie uns diese „Erfolgsstory" in den vor uns liegenden drei Monaten fortsetzen.

B Das nächste Meeting wäre dann am ersten Mittwoch im zweiten Quartal um 10:00 Uhr?

M Danke! Ich wünsche Ihnen eine erfolgreiche Woche!

Fragen zum Fallbeispiel:

- Wie verhält sich der Manager (M) während des Kontrollmeetings seinen Mitarbeitern gegenüber?
- Wodurch und wie (Stil) führt der Manager seine Mitarbeiter?
- Wie hoch in % schätzen Sie die Anteile seines Redens und Zuhörens?

Tragen Sie Ihre Erkenntnisse zu dem Fallbeispiel in die freie linke Spalte zu den jeweiligen Personen ein.

BITTE JETZT DIE FRAGEN ZUM FALLBEISPIEL UNTERSUCHEN.

Analyse

Der Manager

- moderiert das Meeting, erteilt das Wort, stellt Fragen, hört aufmerksam zu, gibt Unterstützung und berät. Seinen Mitarbeitern gegenüber verhält er sich offen und kollegial.
- führt durch offene Fragen und aktiviert dadurch die Mitarbeiter. Wer fragt, führt!
- äußert sich 10 Mal in diesem Meeting. Insgesamt gibt es 26 Redebeiträge unterschiedlicher Länge. Acht Redebeiträge bestehen aus recht kurzen Fragen oder Statements. Lediglich gegen Ende des Meetings macht der Manager zwei längere Ausführungen. Statisch betrachtet hätten seine 10 Redebeiträge einen Anteil von 38,5% an der gesamten Kommunikation. In Relation zum Umfang der Beiträge der Mitarbeiter ist sein Anteil wesentlich geringer, salopp formuliert: gefühlte 20%.

7 Loben

„Gegen Angriffe kann man sich wehren, gegen Lob ist man machtlos.“

[Sigmund Freud, Tiefenpsychologe, 1856-1939]

Laut kracht die Hand des Chefs auf die Schulter des Mitarbeiters. Kumpelhaft, mit breitem Lächeln und dröhnender Stimme sagt der Chef: „Gut gemacht, Mustermann, weiter so!“ Ehe Mustermann sich äußern kann, ist der Chef schon weitergegangen.

Wer lobt eigentlich wen?

Der Mensch lebt nicht vom Brot allein. Natürlich freuen wir uns, wenn unsere Leistung anerkannt wird. Wir fühlen Wertschätzung und unser Selbstwertgefühl wird bestätigt. Würde hingegen alles, was wir tun als selbstverständlich hingenommen, wir verlören die Lust und auch das Selbstvertrauen, weil wir keine befriedigende Resonanz finden. Und da soziale Akzeptanz der maßgebliche Antrieb für unser Handeln ist, brauchen wir Zustimmung und Anerkennung wie die Luft zum Atmen.

„Du sollst deinen Mitarbeiter mindestens einmal täglich loben.“ So oder ähnlich lauten die Empfehlungen aus der Trickkiste der „Minuten-Manager“ oder anderer Motivierungskünstler. Da ist die Rede von Lobintervallen, Lobkonten und Lob-Defiziten. „Nicht kritisiert, ist schon genug gelobt“, hört man manchen knorrigen Manager alten Schlages murmeln. Lobt der Vorgesetzte selten oder niemals, sind die Mitarbeiter unzufrieden. Wird zu häufig und bei jeder Gelegenheit gelobt, kann dies als inflationärer Einsatz von Lob ebenfalls kritisch bewertet werden. Ein Dilemma. Wie man es auch macht, man macht es falsch!?

Lob verstärkt erwünschte Verhaltensweisen, zeigt Orientierungslinien auf und basiert auf zuvor getroffenen Absprachen hinsichtlich eines konkreten Verhaltens oder der Erbringung einer Leistung. Lob gibt es nur gegen erwünschtes Verhalten oder Leistungserfüllung und kann somit zum Instrument der Konditionierung werden.

In der Regel lobt der Höhergestellte den Untergebenen. Es lobt also derjenige, der glaubt, überlegen zu sein. Er dokumentiert im Lob seine höhere Position und übt Macht aus. Solcher Umgang mit Lob ist nicht ungefährlich. Es kann eine asymmetrische Eltern-Kind-Beziehung entstehen, die zur Abhängigkeit von Lob führt, und zwar derart, dass die Person ihre Handlungen primär darauf ausrichtet, regelmäßig ein Maximum an Lob zu erhalten und die Ziele nebensächlich werden. Solche Menschen bringen auch nicht den Mut auf, unangenehme Nachrichten zu übermitteln, weil sie sich dafür Unwillen oder Kritik einhandeln könnten. Wer auf die höchstmögliche Lobfrequenz programmiert ist, beraubt sich seines eigenen Blickes auf die Dinge, wird unselbständig und formbar durch andere.

Selbständige und selbstbewusste Menschen hingegen widmen sich mit vollem Einsatz ihren Zielen und Aufgaben, weil sie diese als notwendig und richtig erkannt haben. Sie sind überzeugt von der Bedeutung Ihres Handelns und weitgehend unabhängig von der zustimmenden Bewertung durch andere. Sie handeln aus eigenem Antrieb und nicht für eine in Aussicht gestellte Belohnung (oder Bestrafung).

7.1 Häufige Fehler beim Loben

Es gibt Vorgesetzte, die ihre Mitarbeiter ignorieren. Kein freundliches Wort. Das fröhliche Guten-Morgen der Mitarbeiter wird nicht erwidert. Sie werden schlicht übersehen. Zusammenhänge der Arbeit werden nicht erklärt und Informationen nur weitergegeben, wenn es sich nicht umgehen lässt. Hat jemand wirklich gut und engagiert gearbeitet, kommt kein Wort der Anerkennung von diesen Vorgesetzten, kein Lächeln, kein aufmunterndes Kopfnicken, einfach nichts. Höchstens ein kritischer Kommentar, weil ein kleines unbedeutendes Detail noch perfekter hätte gestaltet werden können. Also eher Kritik, aber keine Spur von Wertschätzung. Solche Vorgesetzten kommen in der Praxis vor und leider nicht als singuläre Erscheinung. Sie selbst sind sehr lobabhängig, unsicher und reagieren empfindlich, wenn man ihnen nicht genügend Aufmerksamkeit entgegenbringt. Managern höheren Ranges begegnen sie mit ausgesuchter Höflichkeit, um auf der Karriereleiter zügig voranzukommen.

Eine Auflistung häufiger Fehler ohne Anspruch auf Vollständigkeit:

- mangelnde Anerkennung der Leistung des Mitarbeiters getreu dem Motto „Nicht geschimpft ist genug gelobt!"
- Lob zum falschen Zeitpunkt
- Lob am falschen Ort
- zu allgemeines Lob, d.h. nicht auf eine bestimmte Leistung oder ein bestimmtes Verhalten bezogen loben
- inflationäres Loben
- floskelhaftes Lob (identische Wortlaute)
- übertriebenes Lob
- zu spät Anerkennung aussprechen
- undifferenzierte Anerkennung einer Leistung
- vergleichbare Leistungen unterschiedlich anerkennen
- lieber gar nicht loben, als von der Leistung des Mitarbeiters abhängig zu erscheinen, er könnte auf die Idee kommen, mehr Gehalt zu verlangen

- Lob mit ironischem Unterton: „Ja, aber ..." und Anerkennung unmittelbar mit Kritik verbinden
- Lob vor anderen (von ganz bestimmten Ausnahmen abgesehen)

7.2 Angemessen loben

Zuwendung, Freundlichkeit, Aufmerksamkeit, Respekt, Wahrnehmung und Feedback sind die Verhaltensweisen, die Motivation, Leistungsbereitschaft, Identifikation und Loyalität fördern. Verbale und nonverbale Zuwendung sind ebenso wichtig wie aufrichtiges Interesse an der Person des Mit(menschen)arbeiters. Dieses Verhalten wird sensibel wahrgenommen und im Sinne eines wechselseitig wirkenden Motivationskreislaufs gespiegelt.

Vermeiden Sie, bei jeder Gelegenheit zu loben. Ein Lob sollte einer wirklich besonderen Leistung vorbehalten sein und vor allem niemals allgemein und pauschal erfolgen. Loben Sie bezogen auf eine konkrete Situation und benennen Sie diese auch ausdrücklich. Lassen Sie nicht zu viel Zeit zwischen der zu lobenden Leistung und dem Zeitpunkt des Lobes verstreichen. Motivierendes Lob muss zeitnah und der Situation angemessen erfolgen. Als Ausdruck der Wertschätzung empfiehlt es sich, das Gespräch unter vier Augen zu führen und Zeitdruck zu vermeiden. Eine angemessene Sprachebene wird dem Mitarbeiter helfen, die Botschaft entspannt und aufmerksam aufnehmen zu können.

Struktur eines Lobgespräches

Diese Vorgehensweise hat sich als hilfreich erwiesen:

- Geben Sie einen allgemeinen Hinweis auf die anzuerkennende Leistung.
- Beschreiben Sie die Leistung anhand von Beispielen. Was genau war gut am Verhalten des Mitarbeiters?
- Fragen Sie den Mitarbeiter, wie er die Situation erlebt hat.
- Betonen Sie den Nutzen der Leistung für die Abteilung oder das Unternehmen und danken Sie dem Mitarbeiter für sein Verhalten und seinen Einsatz.

Stellen Sie sich eine Situation vor, in der Sie jemanden loben möchten.

Befolgen Sie die vier Punkte und formulieren Sie Ihre Botschaft.

7.2.1 Fallstudie - „Die Perfekte“

Situation: Frau A hat den Jahreskongress Ihrer Abteilung mit ca. 150 Teilnehmern und 20 Dozenten hervorragend organisiert. Teilnehmer und Dozenten haben sich geradezu überschwänglich über die umsichtige Art Ihrer Kollegin, Frau A, geäußert. Sie hat einen allseits akzeptierten Tagungsort gefunden, die Zimmer und die Verpflegung haben alle zufriedengestellt. Diese Grundstimmung der Beteiligten hat unter anderem auch die insgesamt positive Wahrnehmung Ihres Kongresses unterstützt. Man war allgemein der Meinung, so etwas Herausragendes könne eben doch nur Ihr Unternehmen bieten, die Mitbewerber könnten sich daran ein Beispiel nehmen. Aber ohne Frau A sei das wohl auch schwierig zu erreichen. Dieser gute Geist habe ja sogar abends immer bis 22:00 Uhr in der Lobby einen kleinen Infostand besetzt und jedem Kongressteilnehmer mit Rat und Tat bereitwillig geholfen.

Übung: Entwickeln Sie schriftlich das Gespräch zwischen Manager und Frau A.

Verwenden Sie die vier Punkte der zuvor dargestellten Vorgehensweise "Struktur eines Anerkennungsgespräches".

Musterversion: Die Perfekte - ein Lob- und Motivationsgespräch

Gesprächsverlauf	Gesprächsinhalte	
Geben Sie einen allgemeinen Hinweis auf die anzuerkennende Leistung.	Manager:	„Frau A, viele Teilnehmer und Dozenten unseres Jahreskongresses haben sich sehr zufrieden über die Veranstaltung geäußert."
	Frau A:	„Das freut mich!"
	Manager:	„Der Tagungsort wurde von allen gelobt, das Ambiente, die Zimmer und das Catering wurden recht häufig als rundum gut genannt."
	Frau A:	„Ja, das habe ich auch hin und wieder gehört. Es war ja in diesem Jahr nicht einfach, das Hotel zu buchen. Aber wenn man sich rechtzeitig entscheidet, dann klappt's auch."

Gesprächsverlauf	Gesprächsinhalte	
Beschreiben Sie die Leistung anhand von Beispielen. Was genau war gut am Verhalten des/der Mitarbeiters(in).	Manager:	„Frau A, aus den Rückmeldungen der Kongressteilnehmer können wir schließen, dass die Veranstaltung ganz wesentlich die positive Wahrnehmung der Leute uns gegenüber verstärkt hat. Von Anfang an gab es da so eine positive Grundstimmung, die sich auch bis zum Ende gehalten hat. Sie waren so etwas wie der ‚gute Geist' des Ganzen. Häufig habe ich Sie abends noch gegen 22.00 Uhr an dem Infostand in der Lobby gesehen, wie Sie Teilnehmer betreut haben. Das ist wirklich ein vorbildlicher Einsatz!"
Fragen Sie den Mitarbeiter, wie er/sie die Situation erlebt hat.	Manager: Frau A:	„Wie haben Sie den Kongress erlebt?" „Tja, das war schon ein Stückchen Arbeit, aber es hat auch Spaß gebracht, die Teilnehmer zu betreuen und zu spüren, wie gut die Stimmung insgesamt war. Und wenn sich das dann so auswirkt, dass die Leute gerne zu uns kommen und das auch draußen weitererzählen, das freut mich schon sehr. Zu merken, dass wir damit auf dem richtigen Weg sind .... toll!"
Betonen Sie den Nutzen der Leistung für die Abteilung oder das Unternehmen und danken Sie dem Mitarbeiter für sein Verhalten und seinen Einsatz.	Manager: Frau A:	„Frau A, man hat betont, nur wir könnten so etwas Herausragendes auf die Beine stellen. Ihr Einsatz hat sehr dazu beigetragen hat, dass unser Unternehmen und vor allem unsere Abteilung so positiv wahrgenommen werden. Dafür vielen Dank!" „Vielen Dank! Das freut mich wirklich sehr."

8 Kritisieren

Der Begriff Kritik stammt aus dem Griechischen. Kritik wird verstanden als die Kunst der Beurteilung von Leistungen und Behauptungen auf der Grundlage von Fakten und nachvollziehbarer Maßstäbe.

Kritik kann unterschiedliche Ausrichtungen haben:

- positiv = Lob
- negativ = Tadel
- konstruktiv = Verbesserung
- destruktiv = Vernichtung
- selbst = Selbstüberprüfung

Auf den Heiligen Benedikt von Nursia geht der Begriff Correctio Fraterna zurück. Gemeint ist die Pflicht der "Brüderlichen Zurechtweisung", Glaubensbrüder (und Glaubensschwestern) von Verfehlungen und Sünde abzuhalten. Die Correctio Fraterna wird im helfenden Sinne ausgesprochen, nicht als harsche Kritik. Papst Benedikt XVI. ermahnte im Jahre 2005, die "Brüderliche Zurechtweisung" gut zu üben: „Die brüderliche Korrektur ist ein Werk der Barmherzigkeit. Keiner von uns sieht sich selbst gut, sieht gut seine Fehler. Und so ist es ein Akt der Liebe, einander zu helfen, sich besser zu sehen, einander zu korrigieren. Ich denke, dass es eine der Funktionen der Kollegialität ist, sich zu helfen, (...) die Mängel zu erkennen, die wir selbst nicht sehen wollen (...) uns zu helfen, damit wir offen werden und diese Dinge sehen können."

8.1 Häufige Fehler beim Kritisieren

Landläufig wird unter Kritik das Aufzeigen von Fehlern oder Missständen verstanden verbunden mit der Aufforderung, diese abzustellen. Im Kapitel über das Loben finden wir dieses Beispiel für eine hierarchische Interaktion: Der Chef schlägt dem Mitarbeiter kumpelhaft auf die Schulter und sagt: „Gut gemacht, Mustermann, weiter so!" Könnte der Mitarbeiter das Gleiche zum Chef sagen? Wohl kaum. Täte er es dennoch, würden sehr wahrscheinlich erhebliche Irritationen die Folge sein. Das Kriterium der Umkehrbarkeit (Reversibilität) zeigt, ob eine Aussage hierarchisch oder partnerschaftlich gemeint ist. Verläuft die Kommunikation auf Augenhöhe, sind die Aussagen des Einen auch vom Anderen denkbar, ohne dass es zu Störungen in der Beziehung kommt. Beim Loben wirkt die hierarchische Struktur nicht so störend, weil wir uns über Lob freuen und uns wohlfühlen. Wird jedoch Kritik harsch und anmaßend aus einer unangemessenen hierarchischen Position geäußert, kommt es sehr rasch zu negativen Reaktionen und erheblichen Beeinträchtigungen der Motivation.

Die mit Lob und Tadel verbundene Hierarchisierung lässt sich vermeiden, indem man seine Anmerkungen reversibel, also „umkehrbar" formuliert. Das gelingt durch die Begründung der Aussage: „Mir hat Ihre Präsentation gut gefallen, weil ...". Diese Aussage ist ebenso reversibel wie: „Mir hat Ihre Präsentation nicht besonders gefallen, weil ...". Beides kann der Mitarbeiter zu seinem Chef ebenso sagen wie der Chef zum Mitarbeiter oder der Kollege zum Kollegen.

Eine Auflistung häufiger Fehler ohne Anspruch auf Vollständigkeit:

- persönlich werden
- laut werden
- öffentlich kritisieren
- nur Dampf ablassen, statt gemeinsam die Ursachen zu ergründen
- ungleich behandeln
- unverhältnismäßiges Kritisieren
- zu undeutlich kritisieren (ohne konkreten Bezug), zu spät kritisieren (Fehler bereits „verjährt")
- Fehler „sammeln"
- ironisierende Kritik
- Überheblichkeit demonstrieren
- verallgemeinern
- dem Mitarbeiter keine Gelegenheit zur Stellungnahme geben
- eigenes Fehlverhalten ausblenden
- überzogene Erwartungen oder unrealistische Ziele äußern
- keine Chance zum Verbessern von Fehlern geben
- Mitarbeiter hinter ihrem Rücken kritisieren

Auch wenn Sie sich korrekt und partnerschaftlich verhalten haben, müssen Sie damit rechnen, dass die kritisierte Person sich unerwartet verhält. Hier einige der üblichen Verhaltensmuster und empfehlenswerte Reaktionen.

1. Der Mitarbeiter bezweifelt den Sachverhalt, reklamiert, dass Dritte beteiligt waren, startet einen Gegenangriff gegen Kollegen oder den Vorgesetzten.

   – Nicht von berechtigter Kritik abbringen lassen.
   – Zusagen, die Fehler anderer ebenfalls zu prüfen.
   – Im Falle von Kritik an Kollegen oder Vorgesetzten, die nicht anwesend sind, entweder die Betroffenen hinzuholen oder einen neuen Termin arrangieren, an dem al-

le teilnehmen können. Lassen Sie nicht zu, dass man Sie zum Komplizen macht und sich bei Ihnen über Abwesende auslässt. Man wird Ihnen ansonsten unterstellen, dass Sie jedem die Möglichkeit geben, über Andere negativ zu reden.

2. Der Mitarbeiter schiebt anderen die Verantwortung zu.
   - Auf die gemeinsame Zielvereinbarung verweisen und die Flucht aus der Verantwortung nicht zulassen.
3. Der Mitarbeiter bleibt stur und zeigt sich uneinsichtig.
   - Prüfen, weshalb der Mitarbeiter nicht einsichtig sein will oder kann.
   - Notfalls die Konsequenzen ziehen: Ggf. Abmahnung oder in letzter Konsequenz die Kündigung aussprechen.

8.2 Angemessen kritisieren

Kritik soll bewirken, dass

- künftiges Fehlverhalten vermieden wird,
- Mitarbeiter befähigt werden, eigenes Fehlverhalten zu erkennen und sich zu verändern,
- Mitarbeiter ermutigt werden, eigene Lösungsansätze zur Korrektur ihres Verhaltens zu entwickeln.

Es ist erstaunlich, wie selbstkritisch die meisten Menschen sind. Viele sind willens und in der Lage, eigenes Fehlverhalten zu erkennen. Selbsterkenntnis ist und bleibt der wirksamste Weg zur nachhaltigen Verhaltensänderung. Geben wir den Mitarbeitern die Möglichkeit, sich selbst zu beurteilen und ihre eigenen Lösungen zu artikulieren, die sie in den allermeisten Fällen insgeheim bereits kennen. Sie brauchen manchmal nur etwas Zeit und einen Gesprächspartner, der ihnen zuhört und ermöglicht, die Gedanken während des Redens zu klären.

Struktur eines Kritikgesprächs:

1. Beschreiben Sie aus Ihrer Sicht die Sachlage präzise hinsichtlich des beobachteten Fehlverhaltens oder der mangelnden Leistung.
2. Begründen Sie, warum Sie betroffen sind und bitten Sie den Mitarbeiter um Mithilfe bei der Lösung des Problems.
3. Suchen Sie gemeinsam nach den Ursachen des Problems (Den Erklärungen des Mitarbeiters genau zuhören!).
4. Entwickeln Sie gemeinsam Lösungsmöglichkeiten.
5. Entscheiden Sie, welche konkreten Maßnahmen ergriffen werden sollen. Machen Sie Ihre Erwartungen deutlich, aber vermeiden Sie Drohungen.

6. Vereinbaren Sie einen Termin für ein Folgegespräch und beenden Sie das Gespräch harmonisch; drücken Sie Ihre Hoffnung und Erwartung auf die konstruktive Wirkung des heutigen Gesprächs aus. Ermutigen Sie!

8.2.1 Fallstudie - „Der Unzuverlässige"

Situation: Sie haben Ihrem engsten Mitarbeiter, einem sehr qualifizierten Sachbearbeiter, die Organisation eines wichtigen Meetings übertragen. Die Teilnehmer müssen aus drei verschiedenen europäischen Ländern nach Berlin anreisen. Insgesamt werden inklusive Ihrer internen Mitarbeiter 12 Personen teilnehmen.

Das Meeting soll drei Tage dauern, es sind demzufolge Übernachtungen, der Konferenzraum, die Arbeitsmedien und die Verpflegung zu organisieren. Ihr Mitarbeiter, Herr A, ist ein erfahrener, intelligenter und selbständig arbeitender Kollege. Normalerweise arbeitet er ausgezeichnet, wenn er nicht hin und wieder aufgrund von Problemen im privaten Bereich unkonzentriert ist und dann auch Dinge einfach vergisst. Bereits zwei Mal haben Sie diese Erfahrung machen müssen und nur unter großen Anstrengungen ist es gelungen, die Veranstaltungen noch zu retten und Imageschaden von Ihnen und der Abteilung abzuwenden.

Vier Wochen vor dem Meeting in Berlin führen Sie ein Kontrollgespräch mit Herrn A und erfahren, dass er bis zum heutigen Tag noch nichts organisiert hat. Sie sind verärgert und haben Anlass, ein Kritikgespräch zu führen.

Ihr Ziel ist, den Kollegen endlich auf Kurs zu bringen, ihm zu vermitteln, dass die gemeinsame Arbeit nicht von privaten Problemen beeinträchtigt werden darf und zu erreichen, dass dergleichen nicht noch einmal wieder vorkommt.

Aufgabe: Schriftliche Simulation des Gesprächs zur Fallstudie „Der Unzuverlässige"

Bitte schreiben Sie basierend auf dieser Situationsbeschreibung aus Sicht der Führungskraft das Gespräch zwischen dem Manager und dem Mitarbeiter in Dialogform auf, entsprechend den Beispielen, die Sie in diesem Material bisher kennengelernt haben. Das Schreiben erfordert einen überlegten Gebrauch der Worte und hat überdies den zusätzlichen Vorteil der Überprüfbarkeit und Veränderbarkeit.

Versuchen Sie, sich während des Schreibens in jede Person entsprechend Ihrer Erfahrung und Vorstellungskraft so authentisch wie möglich einzufühlen und deren Belange zu vertreten. Diese Übung wird Ihnen helfen, sich besser in die Gefühlswelt und Denkweise potentieller Gesprächspartner zu versetzen und mögliche Verhaltensszenarien gedanklich durchzuspielen. Eine Vorbereitung dieser Art ist insbesondere für kritische Situationen äußerst hilfreich. Haben Sie sich auf diese Weise sorgfältig vorbereitet, sind Sie ziemlich gut vor unliebsamen Überraschungen geschützt, weil Sie gedanklich bereits jedes argumentative „Mauseloch" kennengelernt haben, sich vorstellen können, was der Andere denken, fühlen und sagen könnte. Ihre jeweiligen Reaktionen darauf haben Sie ebenfalls durchgespielt. Sie gehen gelassen auch an schwierige Fälle heran.

Noch einmal zur Absicherung: Ihr Ziel ist, den Kollegen endlich auf Kurs zu bringen, ihm zu vermitteln, dass die gemeinsame Arbeit nicht von privaten Problemen beeinträchtigt werden darf und ihn zum engagierten und zuverlässigen Mitarbeiten zu bewegen.

Auf Ihr Modell-Szenario können Sie sich mit diesen Fragen vorbereiten:

1. Was will ich besprechen? (Thema festlegen)
2. Was will ich erreichen? (Ziel festlegen)
3. Wie gehe ich vor? (Verfahren festlegen)
   a. Eröffnung planen (direkt/indirekt/je nach Bedarf und Situation)
   b. Ablauf planen, Fragen stellen (offene/geschlossene), aktiv zuhören, argumentieren
   c) Abschluss planen (zeitlich, zielbezogen, keine vorschnellen Verpflichtungen eingehen)

> Bitte schreiben Sie Ihre Version jetzt und vergleichen Sie diese später mit der Musterversion.

Sie werden festgestellt haben, dass es nicht einfach ist, solch ein Gespräch schriftlich darzustellen. Die Musterversion zeigt nur eine Möglichkeit. Bitte verstehen Sie diese als Angebot und nicht als „die" Lösung.

Die Musterversion folgt der unter 9.2.1 beschriebenen Struktur eines Kritikgespräches, die sich als „roter Faden" bewährt hat.

Vorüberlegungen zur Musterversion

Zu 1. Thema festlegen: *Was will ich besprechen?*

- Die erneut verspätete Meetingorganisation.

Zu 2. Ziel festlegen: *Was will ich erreichen?*

- Herr A soll aus eigenem Antrieb zuverlässig mitarbeiten.

Zu 3. Verfahren festlegen: *Wie gehe ich vor?*

- Eröffnung planen (direkt oder indirekt, je nach Bedarf und Situation). Auf die derzeitige Lage eingehen und den Stand der Dinge aus Sicht des Managers beschreiben.
- Ablauf planen (Fragen stellen {offene/geschlossene}, Aktiv Zuhören, argumentieren = mit offenen Fragen und Aktivem Zuhören die Hintergründe für das unzuverlässige Verhalten des Mitarbeiters erfahren, ihn zur Einsicht bewegen, dass weiteres Fehlverhalten nicht akzeptabel ist und er sich anstrengen muss, seine Aufgaben korrekt zu erfüllen.)

Abschluss planen (zeitlich, zielbezogen, keine vorschnellen Verpflichtungen eingehen). Nach spätestens einer Stunde muss er sich mit einer Selbstverpflichtung und klarer Zielausrichtung für sein weiteres Verhalten und Mitarbeiten in der Abteilung erklärt haben.

Musterversion zur Fallstudie „Der Unzuverlässige“

1. Beschreiben Sie aus Ihrer Sicht die Sachlage präzise hinsichtlich des beobachteten Fehlverhaltens oder der mangelnden Leistung.	Vorgesetzte(r):	„Herr A, in einem Monat soll in Berlin das europäische Meeting stattfinden. Der Stand von heute ist, dass Sie noch nichts unternommen haben. Wir haben weder ein Tagungshotel, noch ist irgendetwas anderes geklärt oder auf den Weg gebracht. Das Meeting ist gefährdet.
2. Begründen Sie, warum Sie betroffen sind, und bitten Sie den Mitarbeiter um die Mithilfe bei der Lösung des Problems.		Wie Sie wissen, ist der Erfolg solcher Veranstaltungen sehr von dem Zusammenspiel aller Elemente wie Zimmer, Ambiente, Tagungsraum usw. abhängig. Kommen wir wieder einmal zu spät mit unserer Buchung, müssen wir mit dem vorlieb nehmen, was noch am Markt verfügbar ist. Es ist ja leider nicht das erste Mal, dass Sie viel zu spät die Dinge in Angriff nehmen. Wir müssen jetzt nicht nur diese Konferenz unter Dach und Fach bekommen, sondern erreichen, dass Sie in Zukunft absolut zuverlässig Ihren Job machen. Wir müssen uns blind auf Sie verlassen können. Wie sehen Sie die Situation und was muss aus Ihrer Sicht geschehen, damit wir diese Ziele erreichen?“
3. Suchen Sie gemeinsam nach den Ursachen des Problems. Den Erklärungen des Mitarbeiters genau zuhören.	Herr A: Vorgesetzte(r):	„Ich habe ja schon einige Voranfragen bei Hotels gestartet und warte noch auf deren Reaktion. Und die Einladung an die Teilnehmer kann ich ja erst dann schicken, wenn die Eckdaten klar sind, vorher macht das wenig Sinn.“ „Herr A, versetzten Sie sich bitte einmal in die Lage der Teilnehmer. Die haben auch alle viel auf dem Tisch und müssen ihre Abläufe planen. Warum sind die noch nicht zumindest über den Termin informiert? Das geht doch auch vorerst ohne genaue Hotelangabe. Die Teilnehmer müssen den Termin doch auch intern reservieren.“

	Herr A:	„Na ja, vier Wochen sind's noch hin, das sollte doch ausreichen!"
	Vorgesetzte(r):	„Bereits vor zwei Wochen habe ich Sie gebeten, mit der Organisation unverzüglich zu beginnen. Was hat Sie davon abgehalten?"
	Herr A:	„Ich hatte noch so viele andere Vorgänge auf dem Tisch und von Ihrem Kollegen kam auch noch etwas hinzu. Und eilig ist hier bei uns ja ohnehin immer grundsätzlich alles."
	Vorgesetzte(r):	„Wenn Sie von anderen noch Arbeit bekommen und demzufolge Ihr Schreibtisch ‚zuwächst', was müssen Sie dieser Situation tun, was hatten wir diesbezüglich vereinbart?"
	Herr A:	*[zögerlich]* „Na ja, mit Ihnen über die Gewichtung der Arbeiten reden, was zuerst und was danach."
	Vorgesetzte(r):	„Sie haben nicht mit mir geredet."
	Herr A:	„Sie waren ja auch viel unterwegs."
	Vorgesetzter:	„Unterwegs?"
	Herr A:	„Ja, die ganze letzte Woche."
	Vorgesetzte(r):	„Sie wissen, wie ich per Mobiltelefon oder Email immer zu erreichen bin. Das kann ich nicht akzeptieren. Herr A, wir hatten so eine Situation schon einmal. Sie haben Besserung gelobt, und jetzt stehen wir wieder dem gleichen Problem gegenüber. Was werden Sie tun, um die anstehende Konferenz zum Laufen zu bringen und was, damit wir uns in Zukunft hundertprozentig auf Sie verlassen können?"
4. Entwickeln Sie gemeinsam Lösungsmöglichkeiten	Herr A:	*[leise und nachdenklich]* „Ich werde gleich die Orga-Checkliste, die wir seinerzeit erstellt haben, zügig abarbeiten."
	Vorgesetzte(r):	„Ich brauche jetzt täglich von Ihnen eine Meldung über den Stand der Dinge."

	Herr A:	„OK, ich schreibe Ihnen jeden Abend, wenn sich Neues ergeben hat, eine Mail mit dem aktuellen Stand der Dinge."
	Vorgesetzte(r):	„Gut! Mit der Checkliste und den täglichen Zwischenstandsberichten sollte das funktionieren. Sprechen Sie mich gerne jederzeit an, sollten Sie meine Meinung oder Unterstützung brauchen. *[Pause]* Und wie lösen wir das generelle Problem?"
	Herr A:	„Es tut mir leid, dass ich Sie so enttäuscht habe. In Zukunft will ich Ihnen und der Abteilung die zuverlässige Unterstützung geben, die Sie mit Recht von mir erwarten."
	Vorgesetzte(r):	„Wie wollen Sie das erreichen?"
	Herr A:	„Ich werde ab sofort immer eine Projektphasenplanung erstellen und die mit Ihnen abstimmen. Basierend darauf werde ich die Orga-Checkliste verwenden und auf dem Server für Sie zugänglich machen. Jeden Tag trage ich dort die Entwicklungen ein und außerdem werde ich Erinnerungsmarkierungen setzen, die mich morgens beim Start des PC an die Schritte des jeweiligen Tages erinnern. Durch die abgestimmte Vorplanung und die professionellen Orga-Tools sollte keinerlei Unsicherheit mehr entstehen."
5. Entscheiden Sie, welche konkreten Maßnahmen nun ergriffen werden. Machen Sie Ihre Erwartungen deutlich, aber vermeiden Sie Drohungen.	Vorgesetzte(r):	„Das überzeugt mich, Herr A. Genauso machen wir es. Ich erwarte, dass wir solche misslichen Situationen in Zukunft ausschließen können. Und bitte: Zögern Sie nicht, mich jederzeit anzusprechen. Je regelmäßiger wir uns informieren und abstimmen, desto größer die Sicherheit."

6. Vereinbaren Sie einen Termin für ein Folgegespräch und beenden Sie das Gespräch harmonisch; drücken Sie Ihre Hoffnung und Erwartung auf die konstruktive Wirkung des heutigen Gesprächs aus. Ermutigen Sie!	Vorgesetzte(r):	„Wann setzten wir uns wieder zusammen zum Zwischen-Check?“
	Herr A:	„Montag kommender Woche?“
	Vorgesetzte(r):	„Von 10.00–10.30 Uhr?
	Herr A:	„Ja!“
	Vorgesetzte(r):	„Herr A, ich gehe davon aus, dass Sie ab jetzt alles tun werden, unsere Projekte konsequent zu verfolgen und die Zeitpläne einzuhalten. Wir brauchen Ihre Unterstützung!“
	Herr A:	„Ich werde mich sehr bemühen.“
	Vorgesetzter(r):	„Danke für das konstruktive Gespräch.“
	Herr A:	„Ich danke ebenfalls!“

Vergleichen Sie Ihre Version mit der Musterversion.

1. Welche Gemeinsamkeiten stellen Sie fest?

2. Worin unterscheidet sich Ihre Version?

3. Was gefällt Ihnen an der Musterlösung gut und was evtl. nicht?

4. Was gefällt Ihnen bei Ihrer Version besser?

5. Was wäre Ihre Idealversion? Was würden Sie nach Kenntnis der beiden Gesprächsverläufe eventuell anders oder besser machen?

8.3 Test: Welcher Kritiker-Typ sind Sie?

Füllen Sie den nachfolgenden Fragebogen aus. Je ehrlicher Sie dabei zu sich selbst sind, desto größer wird Ihr Nutzen sein.

Aussagen	Nein 1 Punkt	Zum Teil 2 Punkte	Ja 3 Punkte
1. Mir fällt es schwer, Kritik offen auszusprechen.			
2. Meine Mitarbeiter scheuen sich, mich auf Fehler aufmerksam zu machen.			
3. Vor einem Kritikgespräch habe ich immer feuchte Hände oder andere körperliche Anzeichen von Nervosität.			
4. Ich schiebe Kritikgespräche gerne hinaus, manchmal erübrigen sie sich dann.			
5. In meinen Kritikgesprächen kommt es oft zu Streitigkeiten.			
6. Meine Mitarbeiter kennen meine aufbrausende Art.			
7. Das Verhalten meiner Mitarbeiter ändert sich nach dem Kritikgespräch kaum.			
8. Wenn in einem Restaurant das Essen nicht gut ist, spreche ich das nicht offen an, weil das doch nur Ärger gibt.			
9. Ich brause sehr leicht auf, wenn etwas nicht so läuft, wie ich es will.			
10. Wenn ein Mitarbeiter im Gespräch laut wird, weiche ich lieber etwas von meiner Meinung ab, damit der Streit nicht eskaliert.			
11. Ich bin es gewohnt, mich durchzusetzen, koste es, was es wolle.			
Summe			
Gesamtsumme			

Testauswertung:

11-18 Punkte: Ihnen fällt es nicht schwer, Kritik auszusprechen und in der Regel verändern Ihre Mitarbeiter auch ihr Verhalten.

18-33 Punkte: Wenn Sie die **Fragen 1, 3, 4, 8 und 10** eher mit „Ja" als mit „Nein" beantwortet haben (mehr als 10 Punkte), sollten Sie an Ihrer Konfliktfähigkeit arbeiten. Sie brauchen sich wahrscheinlich keine Gedanken darüber zu machen, dass Sie Ihre Mitarbeiter zu viel kritisieren oder sie durch unbedachte Formulierungen verletzen, denn Sie sind ein sensibler und feinfühliger Mensch. Trotzdem denken Sie immer daran: Kritik zu vermeiden, ist letztlich ein Zeichen von Führungsschwäche.

Haben Sie die **Fragen 2, 5, 6, 9 und 11** eher mit „Ja" beantwortet (mehr als 10 Punkte), müssen Sie an Ihrem Dominanz-Verhalten arbeiten. Sie sprechen kritisch Dinge sofort und ohne Umschweife an. Das ist gut und wichtig. Denken Sie aber daran, dass es effizienter ist, wenn Sie nicht immer mit dem Kopf durch die Wand gehen, und vermeiden Sie es, die Mitarbeiter durch zu große Härte zu verletzen.

9 Konflikte

Konflikte sind allgegenwärtig. In privaten Situationen, am Arbeitsplatz, in der Freizeit, überall da, wo Menschen aufeinandertreffen und miteinander zu tun haben, können Konflikte entstehen. Gemeinhin wird davon ausgegangen, dass Konflikte schädlich und unproduktiv sind. In der Regel denkt man an die heiße Auseinandersetzung, die mit Streit oder gar Tätlichkeiten einhergeht. Immer scheint es darum zu gehen, dass einer gewinnt und ein anderer verliert. Aus diesem Grunde wird der Konflikt gescheut. Andererseits können Konflikten, wenn sie richtig genutzt werden, auch positive Aspekte zugeschrieben werden. Konstruktive Konfliktaustragung kann zur Lösung von sachlichen Problemen führen, neue Perspektiven eröffnen, kreatives Verhalten stimulieren, kann Veränderungen von Personen, von Wertvorstellungen und letztendlich der Gesellschaft bewirken.

Die Anlässe für Konflikte im Berufsleben sind zahlreich. Da wird eine Organisationsstruktur neu konzipiert, ein neuer Arbeitsplatz mit neuen Kollegen zugewiesen, eine neue Sitzordnung angeordnet, eine andere Aufgabenverteilung vorgenommen, neue Vorgesetzte eingeführt usw. Oder Mitarbeiter wollen sich in einem Meeting nicht auf einen Kurs einigen, die Situation eskaliert und die Führungskraft ist als Konfliktmoderator gefordert. Zwei Mitarbeiter können sich aus irgendwelchen Gründen nicht ausstehen und führen ihre Privatfehde auf Kosten des Unternehmens und auf dem Rücken der Kollegen. Konflikte sind unsere ständigen Begleiter und keine Ausnahmeerscheinung. Allerdings sind wir nicht gut vorbereitet, mit solchen Spannungen konstruktiv umzugehen. Die Konfliktvermeidung ist für viele Führungskräfte und Mitarbeiter ein häufig praktizierter Verdrängungsmechanismus.

Voraussetzungen für das Entstehen eines Konfliktes sind

- mindestens zwei Parteien
- gemeinsame Berührungspunkte
- unterschiedliche Ansichten hinsichtlich der
  - Ziele
  - Wege
  - Verteilung von Ressourcen
  - Gestaltung von Beziehungen
- unterschiedliche Rollendefinitionen
- unterschiedliche Beziehungserwartungen
- Gefühle
- Gestaltungsabsichten

Ursachen für Konflikte sind u.a. begründet in Verhaltensweisen wie z.B. Unterschätzung oder Geringschätzung. Missverständnisse, Stress und generelle Überforderung können weitere negative Impulse setzen. Häufig entstehen innerbetriebliche Konflikte wegen mehr oder weniger offen ausgetragener Machtkämpfe, Machtansprüchen, Konkurrenzdenken und Antipathien, die sehr viel Energie binden und die Produktivität der Betroffenen stark mindern

Konflikte entstehen aus unzureichend abgestimmten Zielen, unterschiedlichen Erwartungen, ungeklärten Aufgaben und Abläufen, aus Eitelkeiten und gekränktem Selbstwertgefühl. Schuldzuweisungen, Unterstellungen und Konkurrenzkämpfe sind die Folge und führen zu erhöhter Konfliktbereitschaft.

Wirkungen von Konfliktsituationen zeigen sich u.a. in schlechtem Arbeitsklima, unproduktivem Verhalten, in Fehltagen, Gewaltausübung (physisch/psychisch) und Motivationsmangel. Im schlimmsten Fall können sich Krankheiten und Depressionen einstellen aufgrund von Stressgefühlen, Entfremdung, Neid, Ängsten und Minderwertigkeitsgefühlen.

Lösungen von Konfliktsituationen können Gespräche bringen, in denen durch aktives Zuhören eine Klärung der Beziehungs- und Inhaltsebenen erfolgt, die auf der Grundlage sozialer Akzeptanz und Toleranz für klare Regeln und Hierarchien sorgen. Viele Konflikte könnten vermieden werden, wenn die Beteiligten einander zuhörten und den Versuch unternähmen zu verstehen, worum es eigentlich geht, anstatt gleich mit vollem Einsatz dagegen zu halten. In seltenen Fällen muss die Entlassung von Mitarbeitern als letztes Mittel in Erwägung gezogen werden. Es kann nicht akzeptiert werden, dass Mitarbeiter innerbetriebliche Regeln und Hierarchien auf Dauer ignorieren oder sich durch ihr Verhalten außerhalb der Gemeinschaft bewegen.

9.1 Konflikte bearbeiten

- *Der Ausschluss* ist häufig das Ergebnis eines „Kampfes auf Leben und Tod". Die Standpunkte haben sich so polarisiert und verhärtet, dass jede Partei versucht, die andere von der Zusammenarbeit auszuschließen. Die erste Reaktionsstufe ist häufig die Verlagerung von Befugnissen und die Vermeidung persönlicher Kontakte. Die Endstufe dieses Vorgehens ist in der Regel die Kündigung des Arbeitsverhältnisses.
- *Die Unterwerfung* des Anderen ist die am häufigsten versuchte Methode der Konfliktbewältigung. Der „Gegner" wird möglichst klein gemacht oder „fix und fertig", bis er nicht mehr wagt zu widersprechen.
- *Der Kompromiss* wird gesucht, wenn beide Gegner in etwa gleich stark sind. Jeder muss dabei auf etwas verzichten. Hier liegt aber häufig der Grund für neue Konflikte. Es wird nachgegeben, um die Aktionsfähigkeit der Organisation zu erhalten.
- *Die Integration* ist die anzustrebende Form der Konfliktbewältigung. Die Parteien vereinigen ihre Vorstellungen und suchen einen Weg, der jede Partei zufriedenstellt. Die gemeinsame Problemlösung übertrifft die Güte der einzelnen Vorschläge. Anlässe für weitere oder neue Konflikte sind weitgehend ausgeschlossen.

Verhalten in Konflikten

- Nehmen Sie einen Konflikt, der im Zusammenhang mit der Arbeit entsteht, nach Möglichkeit nicht persönlich. Angriffe, die der Sache gelten, sollten Sie nicht auf sich selbst beziehen.
- Versuchen Sie aufrichtig, sich in die Situation des Anderen hineinzuversetzen.
- Reagieren Sie nicht übereilt, sondern nehmen Sie sich grundsätzlich Zeit, die Lage zu überdenken.
- Es muss eine „Einigkeit im Konflikt" angestrebt werden. Hier kann der Hinweis auf die Philosophie, auf gemeinsame Ziele oder das Leitbild des Unternehmens hilfreich sein.
- Achten Sie darauf, dass die sachliche Differenz nicht das Vertrauen in die Integrität des Anderen und Ihre Achtung vor dessen fachlicher Kompetenz beeinträchtigt.
- Betonen Sie immer den festen Vorsatz, um der Sache willen eine konstruktive Lösung anzustreben.

9.1.1 Konfliktaufbau und Konfliktlösung

Die folgende Darstellung zeigt Verhaltensweisen, die den Aufbau von Konflikten fördern und welches Verhalten zur Konfliktlösung führen kann.

KONFLIKTAUFBAU	
Person 1	**Person 2**
schildert Fakten	nimmt die Schilderung auf und bewertet diese
emotionalisiert	reagiert darauf spiegelbildlich
fühlt sich in seiner Annahme bestätigt, verstärkt den Druck	geht in „Verteidigungsstellung" und hält dagegen
Die Auseinandersetzung beginnt	Stresssituation: Flucht oder Kampf?
Abbruch der Kommunikation	Abbruch der Kommunikation
KONFLIKTLÖSUNG	
schildert Fakten	hört zu

verstärkt den Angriff, lädt die Situation emotional auf	gibt Feedback: „Ich habe verstanden ...“ Was ist unser gemeinsames Ziel?
Formuliert, was aus ihrer Sicht Ziel sein sollte.	Formuliert, was aus ihrer Sicht Ziel sein sollte.
festlegen der gemeinsamen Schnittmengen	Was hindert uns daran, diese Gemeinsamkeiten in Zukunft anzustreben?
Aufspüren der Hinderungsgründe	Was können wir tun, um diese Hinderungsgründe zu beseitigen?
Absprachen zur Eliminierung der Hinderungsgründe	Bestätigung der Vereinbarungen
Was wollen wir bis wann erreicht haben?	gemeinsame Zielvereinbarungen
BEZIEHUNG GEKLÄRT	

Dieses Schema wird anhand des Beispiels aus der Praxis verständlicher.

Zwei Kolleginnen unterhalten sich darüber, wie man eine Regelung finden könnte, die Verpflichtung zu erfüllen, das Büro am Freitag bis 17.00 Uhr mit mindestens einer Person besetzt zu halten. Die Regelung soll niemanden benachteiligen.

KONFLIKTAUFBAU	
Person 1	**Person 2**
Schildert Fakten: „Es muss endlich eindeutig geregelt werden, wer von uns wann den Freitagsdienst zu übernehmen hat."	Nimmt die Schilderung auf und bewertet diese: „In der Tat! Bislang habe <u>ich</u> mich in der Regel an den Freitagen hier aufgehalten."
Emotionalisiert: „In der Regel! Da hab' ich aber eine andere Sicht!"	Reagiert darauf spiegelbildlich: „Das glaub' ich gern. Würde ich an Ihrer Stelle auch so sagen!"
Fühlt sich in seiner Annahme bestätigt, verstärkt den Druck: „Sie haben sich nun wirklich wahrlich nicht gedrängelt, den Freitagsdienst zu übernehmen."	Geht in „Verteidigungsstellung" und hält dagegen: „Wer hat denn die letzten vier Wochen freitags hier Dienst gemacht. Sie???"
Die Auseinander-Setzung beginnt: „Sag' ich ja, typisch! Kaum versucht man mal, dieses Thema vernünftig anzugehen, rasten Sie aus!" Wir kommen so nicht weiter. Ich red' mal mit dem Chef darüber. Das muss jetzt mal alles auf den Tisch kommen."	Stresssituation: Flucht oder Kampf: „Mit dem Chef, immer gleich mit dem Chef reden. Als ob wir das nicht auch unter uns lösen könnten. Wir machen uns ja lächerlich mit der Nummer."
Abbruch der Kommunikation	Abbruch der Kommunikation

KONFLIKTLÖSUNG	
Person 1	**Person 2**
Schildert Fakten: „Es muss endlich eindeutig geregelt werden, wer von uns wann den Freitagsdienst zu übernehmen hat."	Hört zu: „In der Tat! Bislang habe ich mich in der Regel an den Freitagen hier aufgehalten."
Verstärkt den Angriff, lädt die Situation emotional auf: „Sie haben sich nun wirklich wahrlich nicht gedrängelt, den Freitagsdienst zu übernehmen."	Gibt Feedback: „Also, Sie wünschen sich eine eindeutigere Regelung, wer an welchem Freitagnachmittag zuständig sein soll. Was wollen wir erreichen?"
Formuliert, was aus ihrer Sicht Ziel sein sollte: „Ich möchte langfristig wissen, an welchem Freitag ich mal freimachen kann, um ein verlängertes Wochenende zu planen."	Formuliert, was aus ihrer Sicht Ziel sein sollte: „Eine gerechte und ausgewogene Verteilung der Dienste muss her. Am besten immer abwechselnd. Das ist am einfachsten zu regeln und jeder weiß im Voraus, wann er dran ist."
Festlegen der gemeinsamen Schnittmengen: „Also haben wir beide das Interesse, langfristig im Voraus zu wissen, wann wer dran ist!"	Was hindert uns daran, diese Gemeinsamkeiten in Zukunft anzustreben? „Ja! Was hält uns davon ab, das jetzt zu vereinbaren und durchzuführen?"
Aufspüren der Hinderungsgründe: „Es kommt ja immer mal wieder vor, dass man unvorhersehbar am Freitag oder am Wochenende etwas erledigen muss, was keinen Aufschub duldet. In solchen Fällen ist die starre Regelung nicht gut."	Was können wir tun, um diese Hinderungsgründe zu beseitigen? „Wie können wir das praktikabler gestalten?"

KONFLIKTLÖSUNG	
Person 1	**Person 2**
Absprachen zur Eliminierung der Hinderungsgründe: „Normalerweise halten wir uns an das Prinzip des jeweils abwechselnden Dienstes. Kommt etwas Unvorhergesehenes dazwischen, übernimmt die Kollegin und die Andere macht dann zwei Freitage hintereinander den Dienst."	Bestätigung der Vereinbarungen: „Hört sich gut an. Meinetwegen können wir das so machen."
Was wollen wir bis wann erreicht haben? „Gut, ich fang diese Woche an und Sie übernehmen die nächste?" „OK, so machen wir's!"	gemeinsame Zielvereinbarung „Wir sprechen heute noch mit dem Chef und informieren ihn über unsere Absprache. Ab dieser Woche gilt dann die Regelung."
BEZIEHUNG GEKLÄRT	

9.1.2 Muster eines Konfliktbearbeitungsgespräches

Eröffnung – Eine sachliche, offene und "gewaltfreie" Atmosphäre herstellen.	
Rahmenbedingungen klären – Sind wir bereit, an einer Konfliktlösung mitzuarbeiten? Grundregeln: – Jeden ausreden lassen, nicht ins Wort fallen. – Zuhören, aufnehmen, keine Diskussionen während dieses Gespräches! – Sind wir bereit, diese Regeln einzuhalten?	

Jeder schildert die Faktenlage aus seiner Sicht: – Den Konflikt bewusst machen, die Entwicklungen darstellen und sagen, was Sache ist. – Anschließend kann jeder paraphrasierend zusammenfassen, was er/sie verstanden hat.	
Welche Gemeinsamkeiten sehen wir? – Worin sind wir uns einig?	
Differenzen? – Worin sind wir uns nicht einig?	
Konfliktpunkte? – Welches sind die Konfliktpunkte?	
Ziele? – Welche gemeinsamen Ziele wollen wir erreichen? (Was – Qualität/Quantität – Bis wann?)	
Welche Lösungsmöglichkeiten sehen wir? – Was müssen wir unternehmen, um die gemeinsamen Ziele zu erreichen?	
– Welche der Lösungen sind für die Beteiligten akzeptabel?	
– Entscheidung für eine oder mehrere der akzeptablen Lösungen.	
Vereinbarung – Wann soll über die Erfahrungen mit der Umsetzung wieder gesprochen werden?	
Abschluss-Feedback – Wie beurteilen wir dieses Gespräch?	

9.1.3 Wirksame Fragen zur Konfliktbearbeitung

Problem klären	– Was ist das Problem? – Warum halten Sie (und Ihr(e) Gesprächspartner) das Problem für (k)ein Problem? – Kann ich Ihnen einige Fragen über die mir zugänglichen Fakten stellen? – Aufgrund welcher Kriterien haben Sie das gemacht? – Wenn ich Sie richtig verstanden habe, sind Sie der Meinung, dass ....
Gesprächsziele klären	– Was geschieht, wenn wir uns einigen? – Was geschieht, wenn wir uns nicht einigen? – Woran würden Sie erkennen, dass Sie Ihr Ziel erreicht hätten? Was hätte sich verändert? – Wenn eine gute Fee über Nacht das Problem weg zauberte, woran (und wann) würden Sie bemerken, dass das Problem gelöst ist?
Blickwinkel und Standpunkte verändern (zirkuläres Fragen)	– Was meinen Sie, wie Ihr Gegenüber Ihre Position oder Ihre Ziele beschreiben würde? – Wie würde Ihr Gegenüber die Situation (das Problem) sehen? Warum würde er/sie es anders sehen können? – Wer noch würde es anders sehen? Wie würde er es sehen? – Was macht Herr X, wenn Frau Y es auch so sehen würde? – Wie können Sie mir (oder Ihrem Gegenüber) helfen, dass ich (oder Ihr Gegenüber) Ihnen helfen kann? – Was wäre, wenn man die Sache so weiter laufen lassen (oder auch: gar nichts tun) würde? – Wie beurteilen Sie die Folgen, wie würde Ihr Gegenüber sie beurteilen? – Wer könnte wie und warum am meisten zur Lösung beitragen? – Nehmen Sie bitte gedanklich einmal meine Position ein. Was würden Sie, wenn ich an Ihrer Stelle säße, von mir erwarten? – Ich möchte Sie auf Schwierigkeiten hinweisen, die für mich entstehen, wenn ich Ihrem Gedankengang folge.

9.2 Konflikte vermeiden

Manches dahin gesprochene Wort kann Konflikte entstehen lassen oder bestehende Konflikte anheizen. Durch Aussagen wie z.B. "Du bist rücksichtslos" oder "Du musst dich schon stärker engagieren, wenn du weiterkommen willst“ erhebt sich der Sprecher über den Adressaten, was dieser als Anmaßung oder Überheblichkeit verstehen kann und entsprechende Gegenreaktionen zeigt. Sagen Sie ruhig, was Ihnen wichtig ist, aber halten Sie sich an Tatsachen, anstatt Meinungen oder Vermutungen zu verbreiten. Die Wortwahl, der Tonfall und ein übereinstimmendes körpersprachliches Verhalten sollten stets den Respekt gegenüber dem Anderen berücksichtigen.

Kommentare wie "Das hast Du falsch verstanden." oder "Dein Problem ist ..." oder "Du bemühst Dich einfach nicht genügend." wirken ebenfalls herablassend und fördern das Entstehen negativer Gefühle. Besser ist, bei den Fakten zu bleiben und Wahrnehmungen und Gefühle im Rahmen klar formulierter Beziehungsbotschaften (s.a. das Thema Feedback im Kapitel Kommunikation) zu übermitteln.

„Sie müssen ...“ oder „ Sie sollten ...“ oder „Seien Sie doch still!“ sind Formulierungen, die als Empfehlungen oder als Befehle aufgefasst werden können. Im letzten Fall werden wahrscheinlich aggressiv aufgeladene Verhaltensweisen oder widerstrebender Gehorsam die Reaktionsmuster sein. Soll jemand zur Korrektur seines Verhaltens bewegt werden, ist es wirksamer, die Zusammenhänge mit Fakten und nachvollziehbaren Begründungen zu legitimieren und die Konsequenzen fortgesetzter Zuwiderhandlung den Gesprächspartner selbst erkennen zu lassen.

Empfehlungen, die eher Drohungen sind, wie z. B. "Wenn Du dies nicht machst ..." oder "Es wäre besser, wenn . . ." lösen Unterlegenheitsgefühle und Verunsicherung aus. Nicht kalkulierbaren Risiken oder Gefahren ausgesetzt zu sein, provoziert Gegenwehr mit dem Ziel, dem Ungewissen zu entkommen. Besser ist, die Zusammenhänge zu erklären und auf mögliche Konsequenzen hinzuweisen. Wohlmeinende Ratschläge oder dringende Empfehlungen werden nie Verhaltensänderungen auslösen. Die Ziele einer Person bestimmen ihr Verhalten. Also müssen die Ziele verändert werden, um infolgedessen das dazu passende Verhalten auszulösen.

Sich auch in Konfliktsituationen gegenseitig mit Achtung und Empathie zu begegnen, sich klar zu seinen Standpunkten zu bekennen und doch stets offen zu sein für andere Blickwinkel, kann Konflikte im Anfangsstadium begrenzen und mit Sicherheit zur Lösung beitragen.

Ziel einer Konfliktbearbeitung sollte ein für alle annehmbares Ergebnis sein. Die Führungskraft muss stets offen für Alternativen sein und sich flexibel auf neue Ideen oder Fakten einstellen können.

Die Worte "aber" und "denn" reizen zum Widerspruch und fördern aggressives Verhalten. Sie sollten in Konfliktgesprächen konsequent vermieden werden.

> **Ein zentrales Prinzip erfolgreicher Kommunikation lautet:**
>
> Es ist viel einfacher, sich von Zustimmung zu Zustimmung zu bewegen, als von Widerstand/Nichtzustimmung zu Zustimmung.

9.2.1 Übung: Reizformulierungen entschärfen

Bevor Sie weiter lesen, versuchen Sie, die nachstehenden Aussagen konfliktvermeidend umzuformulieren und erst danach die folgende Seite mit den Musterlösungen anzuschauen.

Formulierungen, die den Gesprächspartner zum Widerspruch reizen oder verstummen lassen.	Alternative Formulierung:
„Sie müssen auf jeden Fall ...“	
„Trotzdem ist das so!“	
„Das stimmt nicht!“	
„Sie verstehen mich falsch!“	
„Das interessiert mich nicht.“	
„Ich erwarte von Ihnen ...“	
„Das geht nicht.“	
„Bleiben Sie mal sachlich!“	
„Das brauche ich genauer.“	
„Sie sollten lieber ...“	
„Vielleicht ist es möglich ...“	
„Ja, das ist richtig, aber ...“	
„Da liegen Sie völlig falsch.“	
„Dafür bin ich nicht zuständig.“	

Musterlösungen	
Formulierungen, die den Gesprächspartner zum Widerspruch reizen.	Alternative Formulierung:
„Sie müssen auf jeden Fall ..."	„Es ist sehr wichtig, dass ..."
„Trotzdem ist das so!"	„Leider können wir daran nichts ändern."
„Das stimmt nicht!"	„Lassen Sie uns das gemeinsam prüfen."
„Sie verstehen mich falsch!"	„Was ich sagen möchte, ist ..."
„Das interessiert mich nicht."	Schweigen oder überhören – fragen Sie sich, wie wichtig eine solche Äußerung für das Thema ist
„Ich erwarte von Ihnen ..."	„Ich bitte Sie, ..."
„Das geht nicht."	„Lassen Sie uns nach einer anderen Lösung suchen."
„Bleiben Sie mal sachlich!"	„Wie kann ich Ihnen gezielt helfen?"
„Das brauche ich genauer."	„Um Ihnen wirksam helfen zu können, ..."
„Sie sollten lieber ..."	„Alternativ schlagen ich Ihnen vor, ...
„Vielleicht ist es möglich ..."	„Bitte versuchen Sie folgendes ..."
„Ja, das ist richtig, aber ..."	„Wie denken Sie über ...?"
„Da liegen Sie völlig falsch."	„Nach den vorliegenden Informationen ..."
„Dafür bin ich nicht zuständig."	„Da kann Ihnen XY weiterhelfen. Darf ich Sie gleich verbinden?"

9.2.2 Konfliktmoderation

Das folgende Moderationsschema kann sehr wirksam im Zusammenhang mit der Pinwand-Technik zur Konfliktbearbeitung in Gruppen eingesetzt werden.

Näheres zur Arbeit mit der Pinwand-Technik finden Sie unter www.gabler.de beim Buch.

1. Darüber rege ich mich auf:
   a) oft
   b) gelegentlich
2. Das finde ich gut:
   a) auf menschlicher Ebene
   b) auf sachlicher Ebene
3. Liste der möglichen Ursachen für Konflikte
4. Das können wir ändern:
   a) auf jeden Fall
   b) vielleicht
   c) gar nicht
5. Das könnten andere ändern (wer?):
6. Liste der Maßnahmen: was, wie, wer, bis wann?

9.2.3 Eigene Konflikte lösen – Hilfe zur Selbsthilfe

Welche Konfliktsituation möchten Sie mithilfe der folgenden Fragen bearbeiten?

Stellen Sie sich den Konflikt so plastisch wie möglich vor.

Finden Sie einen Titel für den Konflikt.

Beschreiben Sie Ihren Konfliktpartner:

- Geschlecht
- Funktion
- Aussehen

- Körpergröße
- Sprache (gepflegt oder nicht)
- Kleidung
- Statussymbole

Um was ging es sachlich betrachtet?

- Wie haben Sie miteinander geredet? Schreiben Sie auf: (Der Andere: ..., Ich: ....)
- Was hat Sie besonders geärgert?
- Wie haben Sie darauf reagiert?
- Wie ist die Situation beendet worden und mit welchem Ergebnis?
- Wie haben Sie sich anschließend gefühlt?

Betrachten Sie die Situation mit Abstand. Versuchen Sie, aus innerer Distanz die folgenden Fragen aufrichtig zu beantworten:

- Worum ging es sachlich?
- Wer hat emotionalisiert und auf welche Weise?
- Was waren Schlüsselreize im verbalen und nonverbalen Bereich?
- Von wem gingen welche Schlüsselreize aus?
- Wie wurde der Konflikt beendet?
- Wer hat „gewonnen“?

- Was ist Ihnen aus der „Distanz“ aufgefallen?
- Was müsste geschehen, um beide Seiten zufriedenzustellen?
- Was könnte von beiden Seiten akzeptiert werden?
- Wie reagiert Ihre Intuition (Bauchgefühl) auf den bevorzugten Lösungsweg?
- Wenn Ihre Intuition Ihnen keine negative Rückmeldung gibt, wenden Sie Ihre Lösung an.

9.2.4 Fallstudie: Der Eigenwillige

Der Mitarbeiter

Hubert K., Musiklehrer, ist aus dem Süden Deutschlands in den Norden gezogen. Sein Haupthaar trägt er in gepflegtem Zopf nach Art der Germanen an den Kopf gebunden und sein offenes, freundliches Wesen macht ihn bei Kollegen und Schülern gleichermaßen beliebt. Er ist auf Blasinstrumente spezialisiert und geht geschickt auf die Wünsche seiner Schüler – Kinder, Jugendliche und auch einige Erwachsene – ein. Entsprechend zufrieden sind diese und auch die Schulleitung mit ihm, versteht er es doch, die ihm anvertrauten Schüler lange Zeit zufrieden zu stellen und somit der Schule als Kunden zu erhalten. So war das zumindest am Anfang.

Nach ca. zwei Jahren trat eine Veränderung in seinem Verhalten ein, die zunächst unmerklich, dann jedoch zunehmend rascher und deutlicher sich auswirkend, eine Wende brachte. Er kommt derzeit immer auf den „letzten Drücker“ zum Unterricht, redet kein Wort zu viel mit den Kollegen, die für die Verwaltung zuständig sind, ändert, ohne mit diesen Rücksprache gehalten zu haben oder sie hernach zu informieren, Unterrichtszeiten und Raumbelegungen, was natürlich zu Konflikten führt. Auch intensive Bitten, dies zu unterlassen und die gegenseitige Absprache zu suchen, vermögen ihn nicht umzustimmen.

Der Chef

Friedrich, im Folgenden F. genannt, ist ein Gemütsmensch. Höflich und hilfsbereit gegen Jedermann, ist er bei Kollegen und Vorgesetzten gleichermaßen beliebt. Auch er ist studierter Bläser und somit vom gleichen Fach wie Hubert K. Anfangs versteht man sich prächtig, hat man doch den gleichen Beruf, kennt die damit verbunden Freuden und Herausforderungen, kurz: Man geht kollegial miteinander um und hilft sich gegenseitig. F. war ursprünglich auch Lehrer an dieser Schule und hat sich im Laufe der Jahre wegen seiner umsichtigen und konstruktiven Art zum Schulleiter entwickeln können. Aus den

Reihen der Kollegen in eine Leitungsfunktion aufzusteigen, ist für alle Beteiligten nicht einfach. Die ehemaligen Kollegen müssen lernen, dass eine Leitungsfunktion anderes Verhalten erfordert, das ehemals kollegiale Miteinander nimmt ab, wird weniger aufgrund der Erfordernisse der hierarchisch geprägten Struktur und die Führungskraft muss die emotionale und psychologische Gratwanderung, die mit dem Aufstieg vom Kollegen zum Leiter einhergeht, klug gestalten, weil ansonsten Unmut und Neid in der Belegschaft die Folge sein könnten. F. bemüht sich redlich, diesen Wandel umsichtig zu gestalten und dennoch bleiben von Neid und Missgunst geprägte Reaktionen nicht aus. Ob Hubert K.s Verhalten auch mit diesem Wandel in Zusammenhang steht, ist unklar, jedoch nicht undenkbar.

Die Situation

Im Gegensatz zu früher lässt der Lehrer Hubert K. sich häufiger Arbeitsunfähigkeit von seinem Hausarzt attestieren und seinen Unterricht ausfallen. Die letzte Arbeitsunfähigkeitsbescheinigung allerdings macht die Schulleitung nachdenklich. Hubert K. teilt mit, er habe sich den Mittelfinger der linken Hand schwer verletzt und könne deshalb den Unterricht in den kommenden drei Wochen nicht erteilen. Eine zufällige Begegnung des Schulleiters mit ihm beim Lebensmitteleinkauf zeigt, dass die „schwere Verletzung" lediglich ein kleiner Kratzer ist, mit dem er seine Schüler sehr wohl hätte betreuen können, wenngleich auch ohne eigenes Vorspielen, was aber auch nicht immer notwendig ist. Misstrauen Hubert K. gegenüber, ist die Folge. Hinzu kommt, dass auch in diesem Jahr erneut eine sehr hohe Kündigungsrate seiner Schüler die Leistungsbilanz beeinträchtigen wird. 40 Prozent seiner Schüler werden gegen Ende des Geschäftsjahres gekündigt haben. Die Mehrzahl der Schüler (Kunden) kündigt, weil sie unzufrieden sind mit der Leistung des Lehrers. Bedenkt man, wie negativ sich unzufriedene Kunden auf die Imagebilanz eines Unternehmens auswirken können, ist es höchste Zeit für die Leitung, zu handeln. Hinzu kommt, dass Hubert K. auf die Einladung zum halbjährlichen Gespräch über den Stand der Erreichung der vereinbarten individuellen Jahresziele bislang nicht reagiert hat. Vielmehr hat er dem Schulleiter in einem kurzen Gespräch mitgeteilt, er finde gerade das Papier mit der Zielvereinbarung nicht, man solle doch einfach die Ziele des Vorjahres übernehmen, der Rest stehe ja ohnehin in seinem Arbeitsvertrag. Sprach's, ließ den Schulleiter stehen und entschwand in seinen Unterrichtsraum. Höchste Zeit, ein Gespräch mit Hubert K. zu führen.

Anmerkung: An dieser Schule hat sich das Kollegium vor zwei Jahren ein Leitbild gegeben, welches von allen durch Unterschrift anerkannt worden ist. Zu prüfen ist, ob dieses Leitbild für das bevorstehende Gespräch hilfreich sein kann. Hier das Leitbild im Wortlaut:

Leitbild der XYZ- Musikschule

Aufgaben

Die Musikschule XYZ ist ein musikpädagogisches Dienstleistungsunternehmen auf gehobenem Niveau. Es ist unser Ziel, als die herausragende Institution für musikalische Bildung im Landkreis bekannt zu sein.

Für unsere Schüler und deren Eltern schaffen wir rundum eine gepflegte Umgebung, in der sich alle wohlfühlen und gern die Warte- und Unterrichtszeiten verbringen.

Die hohe Qualität unserer Arbeit im Hinblick auf die Musikvermittlung bei Kindern und Jugendlichen prägt die positive Wahrnehmung unserer Institution in der Bevölkerung und den Bekanntheitsgrad der Musikschule XYZ über die Landesgrenzen hinaus.

Prinzipien

Unsere Mitarbeiter sind motiviert, vereinbarungsfähig und verantwortungsbewusst, handeln aus eigenem Antrieb, fordern sich im Rahmen gemeinsamer Zielabsprachen selbst und sorgen für Ihre permanente Weiterbildung.

Unsere Führungskräfte schaffen Rahmenbedingungen, in denen es Freude macht, sich einzusetzen und fördern die Leistungsbereitschaft.

Verhalten

Unser Verhalten gegenüber Schülern, Eltern, Vorgesetzten und Mitarbeitern ist bestimmt von diesen Werten:

1. Vorbild sein: In menschlicher und fachlicher Hinsicht zielführend, eigeninitiativ und verantwortungsbewusst tätig sein.
2. Fair sein: Mit dem anderen unter Würdigung aller Gesichtspunkte gerecht, nachvollziehbar und respektvoll umgehen.
3. Menschlich sein: Den anderen als Persönlichkeit respektieren, ihm verständnisvoll, hilfsbereit und trotzdem situationsgerecht begegnen.
4. Offen sein: Wir begegnen dem anderen unvoreingenommen, unbefangen und aufrichtig.
5. Selbstkritisch sein: Wir sind immer bereit, unsere Handlungen und Verhaltensweisen kritisch zu überprüfen und nehmen Rückmeldungen darüber offen an, mit dem Ziel kommunikative Missverständnisse auszuräumen und zu vermeiden.

Zusammenarbeit

Jede Mitarbeiterin und jeder Mitarbeiter ist für die Verwirklichung unserer Unternehmensziele wichtig und wertvoll. Unsere Zusammenarbeit ist geprägt von gegenseitiger Hilfsbereitschaft und Wertschätzung. Jeder ist für den gemeinsamen Erfolg gleich wichtig.

Mitarbeiterförderung und -entwicklung

Qualifizierte und gut ausgebildete Mitarbeiter auf allen Ebenen des Unternehmens sind der Erfolgsfaktor zur Erreichung unserer Ziele. Mitarbeiterförderung und -entwicklung bedeutet für uns:

- ständige Weiterbildung durch interne und externe Trainer in allen relevanten Bereichen
- durch regelmäßige Mitarbeiter- und Führungskräftebeurteilung dem Einzelnen Defizite und Stärken sowie der Leitung Förderpotentiale aufzeigen

Aufgabe des Chefs

Versetzen Sie sich in die Rolle des Schulleiters. Sie müssen durch das Gespräch mit Hubert K. erreichen, dass er sein von allen Normen abweichendes Verhalten konstruktiv verändert.

Beantworten Sie zunächst schriftlich die folgenden Fragen, die von Ihnen erfordern, sich mit Fantasie und Vorstellungsvermögen in die Situation hineinzuversetzen. Natürlich können Sie hier nur Vermutungen äußern, es sind unterschiedliche Reaktionen denkbar.

1. Welche Ziele könnten Hubert K. zu dem kritischen Verhalten leiten?
2. Welche Ursachen im betrieblichen oder privaten Bereich könnten seine Verhaltensänderung bewirkt haben?

Simulieren Sie nun in der Rolle des Chefs das Gespräch mit Hubert K. entweder schriftlich oder als Rollenspiel. In letzterem Fall instruieren Sie Ihren Partner sorgfältig. Lassen Sie ihn die ihn betreffenden Informationen in Ruhe lesen, geben Sie ihm Zeit, sich in die Rolle einzuleben. Befolgen Sie in jedem Fall die folgende Struktur:

1. Beschreiben Sie die Sachlage genau und ruhig.
   (beobachtetes Fehlverhalten, mangelnde Leistung)
2. Begründen Sie, warum Sie betroffen sind, und bitten Sie den Mitarbeiter um die Mithilfe bei der Lösung des Problems.
3. Suchen Sie zusammen nach den Ursachen des Problems.
   (Den Erklärungen des Mitarbeiters genau zuhören!)
4. Entwickeln Sie gemeinsam Lösungsmöglichkeiten.
   (Mitarbeiter mit einbeziehen!)
5. Entscheiden Sie, welche konkreten Maßnahmen nun ergriffen werden.
   (Erwartungen deutlich hervorheben, keine Drohungen)
6. Vereinbaren Sie einen Termin für ein Folgegespräch.
   (positiver Schluss, Vertrauen ausdrücken)

Nachdem Sie Ihr Szenario niedergeschrieben haben, finden Sie folgend ein Modell-Szenario zu dem Thema „Der Eigenwillige" als Anregung und Kontrollmöglichkeit.

Gesprächsverlauf - Der Eigenwillige[14]

Zur Einstimmung hier noch einmal die vorbereitenden Fragen zur Gesprächsführung.

1. Thema festlegen = Was soll besprochen werden?

- Die Situation erörtern, die Ziele von Hubert K. kennenlernen und verstehen, warum er sich seit einiger Zeit so anders und abweisend verhält.

2. Ziel festlegen = Was soll erreicht werden?

- Klären, ob die Ziele von Hubert K. mit denen unserer Schule weiterhin in Einklang zu bringen sind, oder ob wir besser getrennte Wege gehen in Zukunft.
- Falls er bei uns bleibt, müssen klare Vereinbarungen hinsichtlich seiner Leistung und seines Verhaltens getroffen werden, die seinen Verbleib in unserer Organisation rechtfertigen.

Es reden miteinander der Chef (C) und Hubert K (HK).

	1. Beschreiben Sie die Sachlage genau und ruhig (beobachtetes Fehlverhalten, mangelnde Leistung)
C	Hubert, ich habe dich zu diesem Gespräch eingeladen, weil dein Verhalten in der jüngsten Vergangenheit sehr abweicht, von dem, was wir in unserem „Leitbild Musikschule" seinerzeit vereinbart haben. Insbesondere beziehe ich mich auf diese Punkte (weist auf das auf dem Tisch liegende Leitbild, ohne es vorzulesen): *Prinzipien* Unsere Mitarbeiter sind motiviert, vereinbarungsfähig und verantwortungsbewusst, handeln aus eigenem Antrieb, fordern sich im Rahmen gemeinsamer Zielabsprachen selbst und sorgen für Ihre permanente Weiterbildung. (...) *Verhalten* Unser Verhalten gegenüber Schülern, Eltern, Vorgesetzten und Mitarbeitern ist bestimmt von diesen Werten: 1. Vorbild sein: In menschlicher und fachlicher Hinsicht zielführend, eigeninitiativ und verantwortungsbewusst tätig sein. 2. Menschlich sein: Den anderen als Persönlichkeit respektieren, ihm verständnisvoll, hilfsbereit und trotzdem situationsgerecht begegnen. 3. Offen sein: Wir begegnen dem anderen unvoreingenommen, unbefangen und aufrichtig. 4. Selbstkritisch sein: Wir sind immer bereit, unsere Handlungen und Verhaltensweisen kritisch zu überprüfen und nehmen Rückmeldungen darüber offen an, mit dem Ziel kommunikative Missverständnisse auszuräumen und zu vermeiden.

[14] Der Gesprächsverlauf ist authentisch, die Namen der Beteiligten geändert.

	Hier sehe ich einige Abweichungen in deinem Verhalten. Die Tatsache, dass du dich weigerst, über die Zielvereinbarungen dieses Jahres reden zu wollen, dass du dich einfach abwendest, während ich mit dir zu reden versuche, mich abrupt stehen lässt, zeugt von mangelndem Respekt gegenüber der Organisation und meiner Person. Die Tatsache, dass deine Schüler-Kündigungsquote im zweiten Jahr in Folge die 40%-Marke anstrebt und es offensichtlich nicht gelungen ist, sie zu mindern, zeigt, dass es Schwierigkeiten gibt, die erörtert werden müssen.
	2. Begründen Sie, warum Sie betroffen sind und bitten Sie den Mitarbeiter um die Mithilfe bei der Lösung des Problems.
C	Da außerdem dein Verhalten uns gegenüber sich im Gegensatz zu früher stark ablehnend verändert hat, fragen wir uns, was dafür die Ursache sein könnte. Haben wir etwas zu korrigieren oder belastet dich etwas, was dieses andere Verhalten auslöst? Welche gemeinsamen Ziele und Werte verbinden uns nach wie vor und was können wir gemeinsam tun, um konstruktiv in Zukunft zusammenzuarbeiten?
	3. Suchen Sie zusammen nach den Ursachen des Problems. (Den Erklärungen des Mitarbeiters genau zuhören!)
HK	Seitdem wir dieses komische Zielvereinbarungsverfahren haben, ist alles so starr reglementiert. Das zeigt doch eine gewisse Kultur des Misstrauens. Früher haben wir ohne solchen Formularkram doch auch erfolgreich gearbeitet. Jetzt sollen wir jeden Mist aufschreiben und eine Zielformulierung drechseln. Man braucht ja bald mehr Zeit für diesen Bürokratismus als für das Eigentliche. Und was die Kündigungsquote anbetrifft, kann ich den Schülern doch nicht verbieten, andere Interessen zu haben oder den Wohnort zu wechseln. Dagegen ist jeder machtlos!
C	Gut, lass uns das nacheinander betrachten. Zunächst das Zielvereinbarungssystem. Du findest dieses Vorgehen lästig und hinderlich.
HK	Schon zu Beginn eines Unterrichtsjahres festlegen zu wollen, was man alles erreicht haben will nach 12 Monaten ist doch unrealistisch. Da kann alles Mögliche dazwischen kommen und dann waren die Formulierungen für die Katz. Man muss doch flexibel bleiben und auf das reagieren, was als nächstes ansteht, das ergibt sich doch so. Stattdessen versinken wir in Bürokratie, kein Wunder, dass wir da Schüler verlieren!
C	Hm, ich habe mitbekommen, dass du deinen Sommerurlaub langfristig im Voraus planst und buchst. Warum überlässt du das nicht ganz flexibel der jeweiligen Situation?

HK	Ist doch klar! Täte ich das nicht, müsste ich mit weitaus schlechteren Konditionen (Ort, Unterkunft und Preisgefüge) rechnen. Wäre doch unklug, das nicht früher zu planen. Außerdem ist es beruhigend zu wissen, dass man alles rechtzeitig getan hat, um diese wichtige Zeit im Jahr bestmöglich zu gestalten
C	Also, rechtzeitig planen, um zu wissen, was man wann in welcher Qualität zu welchen Preisen erhält und ein gutes Urlaubserlebnis sicherstellen?
HK	Genau!
C	Nichts dem Zufall überlassen?
HK	Richtig!
C	Welche Unterschiede siehst du im Grundsatz zwischen der Notwendigkeit, dein Urlaubserlebnis zielbewusst und planvoll zu gestalten, und zu unserer Arbeit hier?
HK	Na ja, Urlaub ist meine Sache und die Arbeit hier...
C	Ja?
HK	Na ja, ... die Arbeit hier ist natürlich auch ... irgendwie meine Sache.
C	Wenn „deine Sache", der Urlaub, der zielbewussten Planung bedarf, welche Gemeinsamkeiten könntest du sehen in Verbindung zu „unserer Sache", der Arbeit hier in der Schule?
HK	OK, da gibt es dann schon welche.
C	Das sehe ich ebenso. Kommen wir zur Kündigungsquote. Bei dir ist sie mit 40 Prozent im Jahr extrem hoch. Zu Beginn deiner Tätigkeit hier lag sie bei 25 Prozent. Was hat sich innerhalb von zwei Jahren geändert, dass deine Schüler im Vergleich zu denen der Kollegen weitaus häufiger kündigen?
HK	Irgendwie bekomme ich aber auch in letzter Zeit immer nur den Schrott ab, die unmotivierten und unbegabten Schüler! Die werden von den Eltern geschickt und wollen eigentlich lieber Sport machen. Was soll ich denn da noch zaubern?
C	Zaubern?
HK	Wenn die doch keinen Bock haben?
C	Woher weißt du das? Hast du mit ihnen darüber gesprochen?

HK	Das merke ich doch sofort. Da muss ich nicht lange reden.
C	Wie gut kennst du die musikalischen Vorlieben und Wünsche deiner Schüler?
HK	Am Anfang müssen die doch alle das gleiche Programm durchmachen. Erst wenn ein gewisses spieltechnisches Fundament vorhanden ist, kommt das Wunschkonzert. Vorher geht das doch gar nicht.
C	Noch mal zurück zu deinem Urlaub. Da ist dir Individualität sehr wichtig, den bereitest du sorgfältig vor, damit auch ja deine Wünsche und Neigungen getroffen werden.
HK	Gut, natürlich wäre das ideal, wenn wir es jedem irgendwie recht machen könnten! Aber...
C	Aber?
HK	Wie soll das denn gehen?? Jeden fragen, was er möchte und dann koste es, was es wolle, ihn dahin bringen?
C	Was könnte dich davon abhalten, diesen Weg zu gehen?
HK	Das ist aufwendig! Da muss ich mich ja auf jeden ganz individuell einstellen
C	Als Kunde erwartest Du nichts anderes von den Organisationen, die du für dich in Anspruch nimmst.
HK	Hm, das stimmt schon.
	4. Entwickeln Sie gemeinsam Lösungsmöglichkeiten. (Mitarbeiter mit einbeziehen!)
C	Was könnten wir tun, um stärker auf die Wünsche deiner Schüler, deiner Kunden einzugehen und sie dadurch nachhaltig zufrieden zu stellen, sie lange bei uns in der Schule zu halten?
HK	Hm, ich könnte tatsächlich jeden fragen: „Was willst du in welcher Zeit gerne auf deinem Instrument spielen können?" und ihn dann in angemessener Zeit dahin bringen.
C	Angemessener Zeit?
HK	Ja, das muss man ja vorher klären, sonst ist der nächste Ärger vorprogrammiert.
C	Wir unterstützen dich gerne, wenn du unsere Hilfe bei der Beschaffung von Titeln brauchst, die deine Schüler spielen möchten. Wir haben eine umfangreiche Bibliothek

HK	Warum nicht, wäre vielleicht sinnvoll.
C	Und wie gehen wir mit der Zielvereinbarung um?
HK	Ach, dieser Mist schon wieder!
C	Hubert, was sind deine Ziele in unserer Schule? Was willst du für dich und mit uns zusammen erreichen?
HK	Ich will in erster Linie in Ruhe meine Schüler unterrichten und gutes Geld verdienen.
C	Da haben wir ähnliche Interessen. Wir wollen zufriedene Schüler und ebenfalls gutes Geld verdienen.
HK	Na bitte! Und nun?
C	Nun?
HK	Ja! Was soll nun geschehen? Was fangen wir mit dieser Erkenntnis an?
C	Diese Frage geht an Dich. Was wirst Du tun, um deine Schüler zufrieden zu stellen? Was wirst du tun, um die Kündigungsrate von derzeit 40 Prozent innerhalb eines Jahres zu reduzieren auf welchen Prozentsatz und was willst du unternehmen, um das zu erreichen? Das sind Fragen, die nur du beantworten kannst.
HK	Bei den Schülern war das ja schon klar. Ich frage alle immer nach ihren Wünschen und Vorlieben und versuche, die in das reguläre Unterrichtsprogramm einzubauen. Die Kündigungsrate nervt mich auch, das kannst du mir glauben. Ich möchte wieder runter auf unter 30 Prozent. Vielleicht ist ja das Eingehen auf die Wünsche schon der halbe Weg? Ich denke, alleine schaffe ich das wohl nicht. Ich brauche da Hilfe.
C	An was denkst du?
H	Na, die Kollegen in der Administration haben ja immer einen guten Kontakt zu den Schülern und deren Eltern, die wissen doch ziemlich genau, wenn da irgendwo etwas aus dem Ruder läuft. Wenn die mir rechtzeitig einen Tipp geben, dass da jemand unzufrieden ist, dann könnte ich sofort reagieren und mit denen reden usw. Das wäre hilfreich.
C	Das ist gut machbar. Du musst allerdings auch deinen Teil dazu beitragen und nicht mehr eigenmächtig Zeiten und Räume verplanen, ohne das mit der Administration abgesprochen zu haben.
HK	OK, mach ich in Zukunft!

C	Wie denkst du darüber, zusätzlich mindestens einmal im Jahr deinen Schülern und Eltern ein ausführliches Informationsgespräch anzubieten, wo ihr über die gegenseitigen Erfahrungen und Wahrnehmungen redet, wo ihr euch austauscht und die künftige Linie des Unterrichts festlegt?
HK	Ist sicher eine gute Sache. Könnte man mal versuchen.
C	Gut, was schlägst du vor, konkret zu machen?
HK	Als Erstes frage ich alle Schüler nach ihren Wünschen und versuche, die einzubauen in den Unterricht. Zweitens biete ich zweimal pro Jahr ein Infogespräch an für Eltern und Schüler und wir reden ausführlich über unsere gegenseitigen Erfahrungen und Erwartungen. Und das sollte dann drittens dazu führen, dass ich meine Kündigungsquote auf unter 30 Prozent im kommenden Jahr reduzieren kann. Dabei werde ich aber auch von der Administration unterstützt, die mich auf dem Laufenden hält, sobald etwas schief zu laufen droht.
	5. Entscheiden Sie, welche konkreten Maßnahmen nun ergriffen werden. (Erwartungen deutlich hervorheben, keine Drohungen!)
C	Hubert, das war soeben eine perfekte Zielformulierung. Ich schlage vor, diese jetzt aufzuschreiben und als unsere Zielvereinbarung für das kommende Jahr zu vereinbaren. Einverstanden?
HK	OK!
C	Dann schreiben wir: • Reduzierung der Kündigungsquote von derzeit 40 auf unter 30 Prozent (29,9%). • Regelmäßiger Erfahrungsaustausch mit der Administration über den Grad der Zufriedenheit der Schüler sofern dieser mitgeteilt wird. • Alle Schüler nach ihren Wunschtiteln fragen und diese in den Unterricht einbauen, um eine hohe Zufriedenheit der Schüler sicher zu stellen. • Zweimal pro Jahr ein Eltern-Schüler-Gespräch zum gegenseitigen Austausch von Wahrnehmungen und Vorstellungen über die Durchführung des Unterrichts. • Keine Vergabe von Unterrichtszeiten und Raumkapazitäten ohne die Absprache mit der Administration. Ist das so korrekt?
HK	Ja, das stimmt so.

C	Das ist unsere Zielvereinbarung. Wir erwarten, dass du jetzt auch alles unternimmst, um deine Ziele zu erreichen. Wir werden dich gerne nach besten Kräften dabei unterstützen. Bitte ergreife du die Initiative und sprich uns gerne jederzeit an, wenn du uns brauchst.
HK	Ja, das werde ich so machen.
	6. Vereinbaren Sie einen Termin für ein Folgegespräch (positiver Schluss, Vertrauen ausdrücken).
C	Wie fühlst du dich nach diesem Gespräch?
HK	Ja, gut. Ich bin froh, dass wir mal so ruhig darüber reden konnten. Das hat mich ja auch beschäftigt.
C	Gut, dass wir die Situation klären konnten und unsere Ziele vereinbart haben. Ich bin sicher, dass wir das hinbekommen. Wir hatten vor zwei Jahren eine gute Zeit und werden alles tun, dass uns allen die Arbeit hier Freude bringt und unsere Kunden so zufrieden mit uns sind, dass sie uns kräftig weiter empfehlen. Ein gutes Gelingen wünsche ich uns, Hubert! Nach sechs Monaten setzen wir uns wieder zusammen.
HK	Ja, danke!

10 Motivieren

Erfahrung in der Motivation von Mitarbeitern ist eine der am häufigsten geforderten Qualifikationen für Manager. Die Nachfrage nach „Motivierungskünstlern" ist ebenso groß, wie das Angebot an Fortbildungsveranstaltungen zu diesem Themenkomplex. In entsprechenden Seminaren werden Führungskräfte geschult, Mitarbeitern den „höheren Sinn" ihres Handelns zu vermitteln und sie dadurch in ihrer Motivation zu bestärken. Viele Manager ahnen, dass die Leistungsfähigkeit Ihrer Betriebe gesteigert werden könnte, wissen aber nicht wie. Nicht selten wird versucht, das Erreichen der gesetzten Ziele mit Bonuszahlungen oder anderen Leistungsanreizen sog. Incentives zu beeinflussen. Das englische Wort „incentive", abgeleitet vom lateinischen „incendere", bedeutet Begeisterung anfachen, anzünden, steigern. Das Management versucht, mit Geld- oder Sachprämien, Veranstaltungen oder Reisen, Mitarbeiter oder Kunden zu einem bestimmten Verhalten zu motivieren. Dieser manipulativen Grundhaltung entsprechend hat sich einst Dwight D. Eisenhower geäußert: „Motivation ist die Fähigkeit, einen Menschen dazu zu bringen, das zu tun, was man will, wann man es will und wie man es will – weil er selbst es will."

Vision

„Du kannst in anderen nur entzünden, was in dir selber brennt."

[Augustinus, 354-430]

Ein Steinmetz saß in gebückter Haltung an einem Dom, wo er Steine mit dem Hammer behaute und einfügte - eine mühsame und anstrengende Arbeit. Auf die Frage, wie er es schaffe, diese harte Arbeit zu verrichten und trotzdem so fröhlich und begeistert zu sein, antwortete er: „Ich arbeite mit daran, einen Dom zu bauen zur Ehre Gottes!" Diese Vorstellung (Vision) vermittelte ihm die positive Einstellung zu seiner Arbeit.

Eine Vision umfasst die Beschreibung, wie etwas in Zukunft sein soll, insbesondere die Vorstellung von der langfristigen Unternehmensentwicklung oder der Entwicklung der Organisation als Orientierung für die Unternehmensstrategie. Eine Vision kann Begeisterung auslösen und das Handeln und Denken aller Beteiligten beeinflussen. Motivierende Visionen müssen wirklichkeitsnah und realistisch sein und dürfen nicht in die Richtung von Utopie oder Spinnerei abgleiten.

Beispiele für die Formulierung einer Vision:

1. Vision des UK National Audit Office (Rechnungshof des Vereinigten Königreichs): Wir fördern den höchsten Standard in Finanzmanagement und -berichterstattung, die ordnungsgemäße Wahrnehmung der öffentlichen Aufgaben und positive Entwicklungen bei der Bereitstellung öffentlicher Leistungen.

2. Vision für Lehrerausbildung: Alle Lehramtsanwärter sind in der Lage, hervorragende Qualifikationen zu erreichen, und zwar durch eine Vielfalt von Strategien, durch Rückgriffe auf ihr Leistungsvermögen, durch verschiedenartige Leistungsnachweise, durch besonderes Engagement und die Bereitschaft zu lebenslangem Lernen in einer anspruchsvollen und auf Zusammenarbeit ausgerichteten Umgebung. Sie gewinnen Zufriedenheit beim Ausüben ihres Berufes, indem sie die für die Ausbildung der nächsten Generationen notwendigen sachlichen, fachlichen, organisatorischen und sozialen Kompetenzen einsetzen und ausbauen.

3. Vision eines Handelsunternehmens: „Wir verkaufen qualitativ hochwertige Produkte des täglichen Bedarfs möglichst preiswert." Mit dieser Idee, dem konsequenten Umsetzen der geeigneten Maßnahmen und der Vorbildfunktion für ihre Mitarbeiter schafften es zwei Brüder an die Spitze der deutschen Wirtschaft. Der Name des Unternehmens ist ALDI (Albrecht Discount).

Aufgabe

Formulieren Sie die Vision Ihres Unternehmens/Ihres Vorhabens.

Die Vision führt zur Festlegung und Umsetzung von Zielen, Strategien und Plänen. Ziele sind der Schlüssel zu produktivem und motivierendem Arbeiten. Die Motivation der Mitarbeiter wird gestärkt, wenn sie an der Zielbildung mitwirken können und wenn die Ziele im Konsens vereinbart werden. Fremd bestimmte Ziele sind immer Anlass für Unzufriedenheit und Demotivation.

Moderne und leistungsfähige Kommunikationstechnologien ermöglichen Unternehmen, überall auf der Welt zu investieren, die Produktion sowie den Ein- und Verkauf zu steuern und die dafür notwendigen Informationen zeitnah zu erhalten. Die für den wirtschaftlichen Erfolg in der Informationsgesellschaft entscheidenden Faktoren wie Motivation, Kreativität oder Zusammenarbeitsfähigkeit bergen die größten Produktivitätsreserven.

Ausschlaggebend werden die Fähigkeiten der Menschen vor Ort sein, die Informationen richtig zu nutzen. Im Industriezeitalter ging es darum, effizient mit Rohstoffen umzugehen und die Produktivität von Maschinen zu steigern, im Informationszeitalter hängt der Erfolg wesentlich vom effizienten Umgang mit Informationen ab. Wo Informationsströme gestört sind und Meinungsverschiedenheiten in Machtkämpfe ausarten, geht Effizienz verloren, stagniert die Produktivität. Keine noch so weit entwickelte Hardware wird diesen Verlust ausgleichen können.

Sog. „weiche Faktoren" werden zu überlebenswichtigen Schlüsselqualifikationen. Dazu zählen: Menschenkenntnis, Kooperationsfähigkeit, Vertrauen, Kreativität, Rücksicht und Motivation. In den allgemeinbildenden Schulen, der Berufsausbildung, dem Studium und später am Arbeitsplatz erleben wir jedoch, dass Ich-Bezogenheit, Abgrenzung, Durchsetzungsvermögen und die Fähigkeit, andere zu Höchstleistungen zu motivieren (manipulieren), immer noch die bevorzugten Verhaltensmodelle sind.

Lassen Sie uns jetzt den Komplex Motivation in seiner Vielschichtigkeit untersuchen, uns für die Abgrenzung von Motivation, Manipulation und Motivierung sensibilisieren und erkennen, wie wir als Manager motivierend von den Mitarbeitern wahrgenommen werden können.

10.1 Übung: Definieren, was gut tut und was nicht

Suchen Sie einige Mitdenker, die gemeinsam mit Ihnen die folgenden Fragen erarbeiten und die Ergebnisse erörtern.

Motivation

Jeder für sich findet mindestens drei verschiedene Definitionen für den Begriff „Motivation".

Diskutieren Sie in ihrer Gruppe die unterschiedlichen Auffassungen und einigen Sie sich auf die Ihrer Meinung nach beste Definition.

1. Definition:

2. Definition:

3. Definition:

Faktoren der Eigenmotivation

Schildern Sie stichwortartig, worauf Ihre Eigenmotivation basiert. Nennen Sie auch die Faktoren, die geeignet sind, Ihre Eigenmotivation einzuschränken. Konzentrieren Sie sich dabei auf konkrete Beispiele. Versuchen Sie darzustellen, wie Ihre Eigenmotivation verstärkt werden kann. Diskutieren Sie Ihre Ergebnisse, falls Sie dies wünschen, mit Ihren „Mitdenkern".

Meine Eigenmotivation basiert auf:

Meine Eigenmotivation wird eingeschränkt durch:

Meine Eigenmotivation wird verstärkt durch:

Faktoren der Fremdmotivation

Beschreiben Sie nachfolgend mindestens fünf Einflussfaktoren, die in Ihrem beruflichen Alltag bei Ihnen Fremdmotivation auslösen. Unterscheiden Sie zwischen positiven und negativen Faktoren. Schildern Sie kurz die Auswirkungen auf Ihr Verhalten und zeigen Sie auf, was Ihrer Ansicht nach geändert werden müsste.

Einflussfaktoren positiv:

Einflussfaktoren negativ:

Das müsste mein(e) Vorgesetzte(r) ändern:

Das müsste ich hinsichtlich meines Verhaltens ändern:

Sie haben in der Übung den Begriff Motivation aus unterschiedlichen Blickwinkeln beleuchtet und sich für motivierende oder demotivierende Verhaltensweisen sensibilisiert. Um im Folgenden Missverständnisse auszuschließen, hier die Definitionen scheinbar verwandter Begriffe:

1. Motivation
Von eigenen (oder als eigen akzeptierten) Bedürfnissen angetriebenes, zielorientiertes Verhalten.

2. Manipulation
Jemanden zu einem Verhalten bewegen, welches nicht mit seinen Zielen übereinstimmt. Den anderen zur Befriedigung der eigenen Bedürfnisse missbrauchen.

3. Motivierung:
Intentionales Handeln eines Vorgesetzten oder das Angebot eines Anreizsystems (Incentives), dessen Basis Verdacht und Misstrauen sind, weil man davon ausgeht, dass der Mitarbeiter ohne zusätzliche Belohnung nicht die erforderliche Leistung bringt.

Werden die mit Zielen verbundenen Erwartungen behindert oder nicht erfüllt, führt dies zu *Frustration:*

Abbildung 10.1 Spannungsfeld: Bedürfnis - Bedürfnisbefriedigung - Frustration

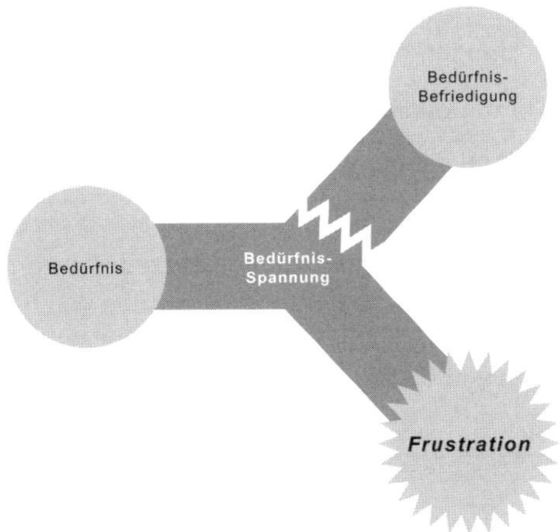

Aus Frustration kann Abwehrverhalten resultieren. Die häufigsten Formen sind:

Rationalisierung – Suche nach Gründen für Misserfolg, die weniger egozerstörend bzw. leichter akzeptierbar sind als die wirklichen Gründe.

Verdrängung – Die Existenz negativer Erfahrungen oder Gefühle wird durch Verdrängung in das Unterbewusstsein geleugnet.

Aggression – Angriff auf Objekt oder Subjekt, das als Quelle der Frustration angesehen wird (oder in Verschiebung auch auf andere Objekte oder Subjekte, die nicht Ursache der Frustration sind).

Resignation – Rückzug auf passives Verhalten, die Dinge laufen lassen.

10.2 Die menschliche Persönlichkeitsstruktur

Menschen, die einer Vision und Zielen folgen, sind aus sich heraus motiviert. Sie bedürfen keiner Einflussnahme von außen, sie entwickeln Ziele und Maßnahmen zur Realisierung und handeln aus eigenem Antrieb.

Menschen handeln aus zwei unterschiedlichen Ebenen ihres Bewusstseins heraus, dem Oberbewusstsein und dem Unterbewusstsein. Das Oberbewusstsein wird mit dem Denken assoziiert, während im Unterbewusstsein jene Triebe und Antriebe lokalisiert sind, die unser Verhalten nachhaltig beeinflussen.

Antriebe treiben uns, etwas zu „wollen" – hierzu zählen beispielsweise der Selbsterhaltungs-, der Geschlechts- und Machttrieb, Habgier, Aggressionen usw. Triebe hingegen sind Bedürfnisse (Hunger, Durst und Schlaf), deren Nichtbefriedigung zum Tode führt.

Diese Kategorien menschlicher Bedürfnisse beeinflussen unser Verhalten:

- *Physische Bedürfnisse* – Hunger, Durst, Schlaf, Selbsterhaltungs- und Geschlechtstrieb,
- *Soziale Bedürfnisse* – Kommunikation, Gruppenzugehörigkeit,
- *Psychische Bedürfnisse* – Selbstwert- und Minderwertigkeitsgefühle, Drang nach Selbstverwirklichung.

Abraham Maslow[15] hat die menschlichen Bedürfnisse in der nach ihm benannten „Bedürfnispyramide" strukturiert. Er unterscheidet fünf Kategorien von Bedürfnissen, die sich von den niederen (physiologischen) zu den höheren (Selbstverwirklichung) entwickeln. Er geht davon aus, dass zwei Arten von Bedürfnissen das Leben des Menschen beeinflussen: Defi-

[15] Maslow, Abraham Elijah (1. April 1908 – 8. Juni 1970), amerikanischer Psychologe, gilt als Begründer der Humanistischen Psychologie.

zit- und Wachstumsbedürfnisse. Die hierarchische Anordnung verweist darauf, dass ein höheres Bedürfnis erst dann zum Mangel wird, wenn das vorgelagerte bereits befriedigt ist.

Abbildung 10.2 Hierarchie der Bedürfnisse nach Abraham Maslow

Bedürfnispyramide (A. Maslow)

Wesentliche Erkenntnisse dieses Modells sind:

- Motivation kann als das Streben nach Befriedigung von Bedürfnissen interpretiert werden,
- Bedürfnisse entwickeln sich hierarchisch. Erst wenn die physiologischen Existenzgrundlagen gegeben sind, werden die darüber gelagerten Bedürfnisse stärker aktiviert,
- ein befriedigtes Bedürfnis wird nicht als motivierendes Bedürfnis empfunden.

10.2.1 Beweggründe menschlichen Verhaltens[16]

Der Mensch ist ein begehrliches Lebewesen – sobald eines seiner Bedürfnisse befriedigt ist, tritt ein anderes an diese Stelle. Dieser Vorgang nimmt kein Ende. Der Mensch arbeitet, um seine Bedürfnisse zu befriedigen.

- Auf der untersten Stufe stehen die physiologischen Bedürfnisse. Wenn der Mensch regelmäßig und ausreichend isst, hört der Hunger auf, sich als Bedürfnis in den Vordergrund zu schieben. Der gesättigte Mensch hat nur so viel Hunger, wie eine volle Flasche Leere enthält. Das gleiche gilt für alle anderen physiologischen Bedürfnisse des Menschen – nach Ruhe, Bewegung, Obdach, Schutz vor den Elementen. Ein befriedigtes Bedürfnis begründet kein Verhalten. Denken Sie an Ihren eigenen Bedarf an Luft. Außer, wenn Sie keine Luft kriegen, hat er keine schätzbar motivierende Wirkung auf Ihr Verhalten.
- Wenn die physiologischen Bedürfnisse vernünftig befriedigt sind, beginnen die Wünsche der nächst höheren Stufe das Verhalten des Menschen zu bestimmen – ihn zum Handeln anzuspornen. Zu ihnen zählen die Sicherheitsbedürfnisse, der Schutz gegen Gefahr, Bedrohung, Beraubung.
- Wenn die physiologischen Bedürfnisse des Menschen befriedigt sind und er nicht länger um sein physisches Wohlergehen fürchten muss, steuern seine sozialen Bedürfnisse bedeutende Anreize für sein Verhalten bei. Bedürfnisse nach Besitz, nach Gesellschaft, nach Aufnahme bei seinesgleichen, nach Geben und Nehmen von Freundschaft und Liebe.
- Über den sozialen Bedürfnissen stehen Bedürfnisse, die für das Management und für den Menschen selbst von größter Bedeutung sind. Es sind die individualistischen Bedürfnisse und davon gibt es zwei Arten: Jene, die sich auf seine Selbsteinschätzung beziehen: das Trachten nach Selbstachtung und Selbstvertrauen, nach Selbständigkeit, nach Leistungsbestätigung, nach Können und Wissen. Jene, die seinen Ruf betreffen: das Trachten nach einem bestimmten Status, nach Anerkennung, nach Wertschätzung, nach dem verdienten Respekt unter seinesgleichen. Im Unterschied zu den niedrigeren Bedürfnissen werden die individualistischen selten gestillt; man trachtet nach immer mehr, sobald sie einmal für einen Menschen wichtig geworden sind.
- Den Schlussstein in dieser Hierarchie bildet das Bedürfnis nach Selbstentfaltung.

Der Mensch, dessen tiefere Bedürfnisse befriedigt sind, ist nicht motiviert, diese Bedürfnisse zu befriedigen. Praktisch existieren sie nicht länger. Das Management fragt oft: „Warum sind die Mitarbeiter nicht produktiver? Wir zahlen gute Löhne, verschaffen gute Arbeitsplätze, haben ausgezeichnete Sozialleistungen und ständige Beschäftigung. Doch die Leute scheinen nicht willens zu sein, mehr als das Minimum an Leistung zu zeigen." Man braucht sich nicht weit nach den Gründen umzuschauen.

[16] Vgl. McGregor, Douglas: Der Mensch im Unternehmen, Hamburg, 1986, S. 29 ff.

Die Tatsache, dass das Management für die physiologischen und die Sicherheitsbedürfnisse gesorgt hat, hat den Schwerpunkt der Motivation auf die sozialen und die Ego-Bedürfnisse verlagert. Wenn sich bei der Arbeit keine Gelegenheiten bieten, diese höher gelagerten Bedürfnisse zu befriedigen, werden die Mitarbeiter das in ihrem Verhalten widerspiegeln. Das bloße Locken mit Entgelt wird zur Unwirksamkeit verurteilt. Die Leute werden ein ständiges Verlangen nach mehr Geld äußern. Obwohl Geld nur einen begrenzten Wert hat, die Bedürfnisse höherer Gattung zu stillen, kann es im Brennpunkt des Interesses liegen, wenn es das einzig dazu verfügbare Mittel ist.

10.2.2 Die Zwei-Faktoren-Theorie von Herzberg[17]

Neben der Maslowschen Bedürfnispyramide wird in der Management-Literatur häufig auch das Motivationsmodell von Herzberg erwähnt.[18] Ausgangspunkt der Entwicklung dieses Modells waren Tiefeninterviews mit Arbeitern und Angestellten aus U.S.-amerikanischen Firmen. In diesen sollten Ereignisse aus dem eigenen Arbeitsumfeld geschildert werden, die als besonders befriedigend bzw. als besonders unbefriedigend empfunden wurden. Die Analyse der rund 4.000 Interviews zeigte, dass bestimmte arbeitsbezogene Faktoren zur Zufriedenheit der Arbeitnehmer beitragen, während andere Faktoren Unzufriedenheit hervorrufen. Herzberg leitet daraus die Vorstellung ab, dass Zufriedenheit und Unzufriedenheit nicht als Extrempunkte eines Kontinuums gesehen werden sollten, sondern vielmehr als zwei voneinander unabhängige Dimensionen.

Unzufriedenheit wird durch (externe) Faktoren der Arbeitsumwelt (die sog. „dissatisfiers") hervorgerufen. Die wichtigsten „dissatisfiers" waren: Personalpolitik und -verwaltung (Urlaubsplanung, Beschwerdewege, Leistungsbeurteilungsverfahren usw.), Status, fachliche Kompetenz des Vorgesetzten, Beziehung zu Vorgesetzten, zu Kollegen und Mitarbeitern, Arbeitsplatzverhältnisse Arbeitssicherheit, Entlohnung u.a. Eine ausreichende Berücksichtigung dieser Faktoren hat lediglich das Ausbleiben von Unzufriedenheit, nicht aber ein Sich-Einstellen von Zufriedenheit zur Folge.

Zufriedenheit kann nur über Faktoren erreicht werden, die sich auf den Arbeitsinhalt beziehen. Als die wichtigsten „satisfiers" („Motivatoren") erwiesen sich Leistungs- und Erfolgserlebnisse, Anerkennung für geleistete Arbeit, die Arbeit selbst, Verantwortung, Aufstieg und die Möglichkeit zur Persönlichkeitsentfaltung.

Die Entlohnung kann kurzfristig durchaus zu einer höheren Zufriedenheit beitragen, entfaltet allein jedoch keine dauerhafte Motivationswirkung. Herzberg zog hieraus den Schluss, dass nur solche Faktoren eine wirkliche Motivationskraft freisetzen können, die sich auf den Arbeitsinhalt und auf die Befriedigung persönlicher Wachstumsmotive beziehen. Ohne diese Faktoren kann sich keine wirkliche Zufriedenheit einstellen.

---

17 Vgl. Steinmann/Schreyögg: „Management – Grundlagen der Unternehmensführung", 3. überarbeitete Auflage, Wiesbaden, Gabler, 1993, S. 480-483.

18 Vgl. Herzberg, F./Mausner, B./Snyderman, B.D.: „The motivation to work", 2. Aufl., New York 1967.

Herzbergs Ansatz ist vielfach kritisch beurteilt worden,[19] ohne dass dies seiner Popularität Abbruch getan hätte.[20]

Trotz dieser Kritik bleibt es das Verdienst der Herzbergschen Theorie, in der Managementlehre einen dramatischen Wandel im Anreizdenken herbeigeführt zu haben. Die Perspektive der intrinsischen Motivation rückte in den Vordergrund und machte den Weg frei für ein neues Vorgesetzten-Verhalten und für neue Wege der Arbeitsorganisation.

Die Ansätze von Maslow und Herzberg im Vergleich:[21]

Abbildung 10.3 Motivatoren und Hygienefaktoren

Maslow	Herzberg	
Selbstverwirklichung	- Arbeit selbst - personales Wachstum - Leistungs- und Erfolgserlebnis - Verantwortung	Motivatoren
Wertschätzungsbedürfnisse	- Aufstieg - Anerkennung für geleistete Arbeit - Status	
Soziale Bedürfnisse	Interpersonale Beziehungen zu - Vorgesetzten - Kollegen - Mitarbeitern - technische Kompetenz des Vorgesetzten	Hygiene-faktoren
Sicherheitsbedürfnisse	- Personalpolitik und -verwaltung - Arbeitssicherheit - Gehalt	
Physiologische Bedürfnisse	- Arbeitsbedingungen	

[19] Vgl. Kind, N.: „Classification and evaluation of the two factor theory of job satisfaction"; in: Psychological Bulletin 74 (1970), S 18-31.

[20] Die Kritik entzündet sich in erster Linie an der Untersuchungs-Methodik: Kontrolluntersuchungen haben gezeigt, dass das Zwei-Faktoren-Modell nur dann wiederholbar ist, wenn die Herzbergsche Methode unmodifiziert verwendet wird. Ein weiteres Argument richtet sich gegen die unscharfe Abgrenzung der Faktoren und ihre Zuordnung; so kann Gehalt etwa zur Sicherheit beitragen, als Statussymbol dienen und/ oder Anerkennung für herausragende Leistung (= Motivator) sein.

[21] In Anlehnung an Davis, K.: „Human relations at work", New York 1967, S. 37.

10.2.3 Die Theorie X und Y von McGregor

Motivation kann definiert werden als ein Prozess, in dem von Bedürfnissen hervorgerufene menschliche Energie auf ein Ziel gelenkt wird. In diesem Zustand wird der Mensch durch innere oder äußere Einflüsse angeregt, einen Antrieb zum Handeln zu entwickeln. Man spricht von extrinsischer Motivation (von außen durch Belohnung oder Bestrafung) oder von intrinsischer Motivation (Einfluss von innen, aus sich selbst heraus).

Weit verbreitet ist die Überzeugung, dass Unternehmen oder Führungskräfte, ihre Mitarbeiter durch geeignete Anreize motivieren müssten. Die Frage der Motivierungstechniker lautet: „Wie bekomme ich die ganze Arbeitskraft meiner Mitarbeiter?“ Man geht von der Annahme oder Überzeugung aus, der Mensch an sich sei faul und träge und müsse ständig zur Arbeit angehalten werden. Eigentlich sind alle Menschen potentielle Betrüger. Sie wollen sich nicht zu 100% einsetzen. Sie betrügen ihren Arbeitgeber um einen Teil der Arbeitsleistung, die er bezahlt. Als einer der bedeutendsten Vertreter der humanistischen Organisationslehre hat McGregor vor dem Hintergrund der Maslow'schen Motivationstheorie eine idealtypische Gegenüberstellung skizziert, die verschiedene Annahmen/ Folgerungen über die zu führenden Mitarbeiter in einer Organisation beinhaltet. Demzufolge existieren zwei unterschiedliche Auffassungen über die Arbeitsbereitschaft des Menschen. McGregor hat sie in seiner Publikation „Theorie X: Die traditionellen Ansichten über Führung und Lenkung“(McGregor, Douglas: „Der Mensch im Unternehmen“, McGraw-Hill Book Company GmbH, Hamburg, 1964, S. 25-37) als die Theorien X und Y bezeichnet:

Theorie X

- Der Durchschnittsmensch hat eine angeborene Abneigung gegen Arbeit und versucht, ihr aus dem Weg zu gehen, wo er nur kann.
- Weil der Mensch durch Arbeitsunlust gekennzeichnet ist, muss er zumeist gezwungen, gelenkt, geführt und mit Strafe bedroht werden, um ihn mit Nachdruck dazu zu bewegen, das vom Unternehmen gesetzte Soll zu erreichen, da nicht einmal das Versprechen einer Entlohnung dafür ausreicht.
- Der Durchschnittsmensch zieht es vor, an die Hand genommen zu werden, möchte sich vor Verantwortung drücken, besitzt verhältnismäßig wenig Ehrgeiz, ist vor allem auf Sicherheit aus und möchte sich wie die Mehrheit der Menschen verhalten.

Theorie Y

- Die Verausgabung durch körperliche und geistige Anstrengung beim Arbeiten kann als ebenso natürlich gelten wie beim Spielen. Dem Durchschnittsmenschen ist Arbeitsscheu nicht angeboren. Vielmehr kann die Arbeit sowohl Befriedigung als auch Enttäuschung hervorrufen.
- Von anderen überwacht und mit Strafe bedroht zu werden, ist nicht das einzige Mittel, jemanden zu bewegen, sich für die Ziele des Unternehmens einzusetzen. Zugunsten

von Zielen, denen er sich verpflichtet fühlt, wird sich der Mensch der Selbstdisziplin und Selbstkontrolle unterwerfen.

- Wie sehr er sich Zielen verpflichtet fühlt, ist eine Funktion der Belohnungen, die mit ihrem Erreichen verbunden sind. Die bedeutendste solcher Belohnungen, die Möglichkeit, Bedürfnisse der Persönlichkeit und ihrer Entfaltung zu befriedigen, kann nachgerade aus Bemühungen um die Ziele des Unternehmens herrühren.
- Der Durchschnittsmensch lernt, unter geeigneten Bedingungen Verantwortung nicht nur zu übernehmen, sondern gar zu suchen. Flucht vor Verantwortung, Mangel an Ehrgeiz und Drang nach Sicherheit sind im allgemeinen Folgen schlechter Erfahrungen, nicht angeborene menschliche Eigenschaften.
- Die Anlage zu einem verhältnismäßig hohen Grad von Vorstellungskraft, Urteilsvermögen und Erfindungsgabe für die Lösung organisatorischer Probleme ist in der Bevölkerung weit verbreitet und nicht nur hier und da anzutreffen.
- Die intellektuellen Fähigkeiten des Durchschnittsmenschen werden nur teilweise genutzt.

Die Folgerungen aus diesen Voraussetzungen der „Theorie Y" für die Führungsstrategie sind von jenen der „Theorie X" scharf zu unterscheiden. Sie sind eher dynamisch als statisch: Sie zeigen die Möglichkeiten zu menschlichem Wachstum und Vervollkommnung auf.

Die Grenzen der menschlichen Zusammenarbeit in organisatorischen Gebilden sind nicht Grenzen der menschlichen Natur. Wenn Mitarbeiter träge, gleichgültig, verantwortungsscheu, stur und einfallslos sind und nicht zusammenarbeiten wollen, liegt das gemäß der „Theorie Y" an den Methoden der Organisation und der Steuerung, die das Management anwendet.

Ein an der „Theorie Y" orientierter Führungsstil muss Bedingungen dafür schaffen,

- dass die Ziele der Mitarbeiter mit denen des Unternehmens im Einklang stehen und mit den organisatorischen Erfordernissen des Unternehmens harmonisiert werden. *Das zentrale Prinzip der „Theorie Y" heißt Integration, die Schaffung solcher Bedingungen, unter denen die Mitglieder der Organisation ihre Anstrengungen so ausrichten, dass sie ihre eigenen Ziele im Rahmen des Unternehmens erreichen können. Mitarbeiter müssen in der Lage sein, den Wunsch zu entwickeln, gute Arbeitsergebnisse zu erzielen. Genauer gesagt, sie müssen in die Lage versetzt werden, diesen Wunsch zu besitzen und in die Tat umzusetzen. In diesem Zusammenhang spielen Angebote von Geld - und manchmal auch von Macht - eine nicht zu unterschätzende Rolle. Zunehmend wichtiger werden allerdings, wie man erkannt hat, „immaterielle" Anreize, die „intrinsisch" genannt werden, Anreize, die mit der Tätigkeit selbst verknüpft sind. Um solche Anreize wirksam werden zu lassen, muss man den Menschen Selbständigkeits- und Selbstverantwortungschancen anbieten, muss ihnen die Arbeit „interessant" und „sinnvoll" erscheinen. Die Vorgesetzten müssen die Voraussetzungen dafür schaffen, dass sich eine individuelle Arbeitsmotivation entfalten kann. Das Unternehmen wird in dem Maße leistungsfähiger, in dem die persönlichen Wünsche und Ziele seiner Mitarbeiter berücksichtigt werden.*

Zu den extrinsischen Arbeitsmotiven zählen das Bedürfnis nach Entlohnung und die damit zusammenhängenden individuellen Konsumziele, finanzielles Sicherheitsstreben, der Wunsch, durch die berufliche Tätigkeit sowohl innerhalb der Organisation als auch im Kreise der Freunde, Bekannten und Nachbarn „etwas zu gelten".

Die Erbringung einer Leistung bedingt drei Voraussetzungen:

- Leistungsbereitschaft
- Leistungsfähigkeit
- Leistungsmöglichkeit

Die Leistungsbereitschaft fällt in die Verantwortung des Mitarbeiters. Natürlich nimmt auch die Führungskraft Einfluss auf die Leistungsbereitschaft des Mitarbeiters. Die Motivation des Mitarbeiters wird dadurch beeinträchtigt, dass die Führungskraft seine Leistungsbereitschaft in Zweifel zieht und versucht, anzustacheln und zu motivieren. Motivierungsversuche bedienen sich der Mittel wie z.B. Bedrohung, Bestrafung, Bestechung, Belohnung und Belobigung. Jegliches Motivieren erreicht das Gegenteil, es fördert nicht die Grundhaltung des Motiviertseins, es zerstört sie. Je größer die Mittel des extrinsischen Motivierungsrepertoires sind, desto tiefer sinkt früher oder später die Arbeitsmoral.

Obwohl die Kenntnis und Berücksichtigung der geschilderten motivationspsychologischen Zusammenhänge nachhaltig zur Stärkung der Eigenverantwortung und Motivation führen, setzen Führungskräfte nach wie vor auf Boni und andere Belohnungsprogramme (Incentives), um die Leistungsbereitschaft der Mitarbeiter zu optimieren. Das Festhalten an scheinbar Bewährtem, ein erheblicher Mangel an Selbstreflexion und die fehlende Einsicht, sich weiter entwickeln und verändern zu müssen, sind ursächlich dafür, dass man in vielen Unternehmen inkompetente Führungskräfte antrifft, deren Karrieren weniger auf ihre herausragenden Leistungen gegründet sind, sondern vielmehr auf ihre Fähigkeit, sich stromlinienförmig in die Wünsche und Bedürfnisse ihrer Vorgesetzten einzupassen.

Die Leistungsbereitschaft und die Fähigkeit zur sozialen Integration eines Mitarbeiters werden wesentlich von seinem Ich-Verständnis und seinem Selbstwertgefühl bestimmt.

10.2.4 „Es", „Ich" und „Über-Ich"

Der Mensch lebt – bildlich gesprochen – in drei verschiedenen Motivationsebenen. Die erste Ebene ist das Es. Das Es ist ein von Sigmund Freud eingeführter Sammelbegriff für alles, was im Unterbewusstsein beheimatet ist: die Triebe, die Antriebe, das Verdrängte, die Aggressionen etc.

Das Ich etabliert sich etwa ab dem dritten Lebensjahr als selbständige Instanz. Von diesem Zeitpunkt an empfindet man als Individuum und damit als Persönlichkeit, die Distanz zur Umwelt hat.

Die dritte Instanz, das Über-Ich, ist ein ebenfalls von S. Freud geprägter Begriff, der die Summe aller Gebote und Verbote umschreibt, die das Leben/die Lebensführung eines Menschen prägen. Diese Ge- bzw. Verbote sind zurückführbar auf die ethischen Gebote, in der Regel durch die Religion vermittelt, die moralischen Gebote, die sich die Gesellschaft auferlegt hat, um das Zusammenleben in geordneten Konventionen ablaufen zu lassen und Gesetze mit Strafandrohung.

Wenn wir uns die Anordnung der Ich-Zustände bildlich vorstellen (Es–Ich–Über-Ich) zeigt sich, dass das „Ich" zwischen den beiden anderen Ebenen steht, gewissermaßen als Pufferzone. Das Ich hilft, Wünsche hinauszuschieben, sie auf andere Ziele auszurichten oder auf ihre Erfüllung zu verzichten. Dieser Verzicht wird dem Menschen durch einen Vorgang erleichtert, den man als Internalisierung („Verinnerlichung") bezeichnet. Die Konfrontation mit den Konsequenzen der Ge- und Verbote bringt uns dazu, nicht erlaubte Handlungen zu unterlassen und unsere Energie auf andere Ziele zu lenken. Dieser Vorgang veranlasst uns, das Verbotene „freiwillig" zu unterlassen.

Ähnliches vollzieht sich bei der Erziehung eines Kindes. Die Eltern vermitteln ihm die Ge- und Verbote des Über-Ichs. Durch die ständige Wiederholung und die Verstärkung bzw. Abschwächung des kindlichen Verhaltens durch Lob oder Tadel wird das Es bis zu einem gewissen Grad unterdrückt.

Da das Ich einerseits vom Es und andererseits vom Über-Ich bedrängt wird, Ansprüchen des sozialen Umfeldes ausgesetzt ist, ständig mit Konflikten konfrontiert wird und Entscheidungen von ihm erwartet werden, haben viele Menschen Schwierigkeiten, ein starkes Ich zu entwickeln. Das Ich und das Selbstwertgefühl sind auf das Engste miteinander verbunden.

10.2.5 Selbstwertgefühl

Zentrales Anliegen eines jeden Menschen ist es, soziale Akzeptanz zu erlangen und somit das Selbstwertgefühl zu stärken. Alles, was wir tun oder unterlassen, dient diesem Ziel. Ist das Selbstwertgefühl angegriffen oder schwach entwickelt, kann sich dies äußern in

- einer übermäßigen Abhängigkeit von der Umgebung („Ja-Sager" ohne eigene Meinung und ohne Initiative),
- einem quälenden Verlangen nach Sicherheit (keine Experimente, kein Risiko),
- einem krankhaften Geltungsbedürfnis und der Jagd nach Erfolgen.

Das Selbstwertgefühl ist ein sehr komplexes Gebilde. Es speist sich aus verschiedenen Quellen. Das Zusammenwirken der folgenden Aspekte stärkt bzw. schwächt das Selbstwertgefühl.

Abbildung 10.4 Aspekte, die das Selbstwertgefühl beeinflussen

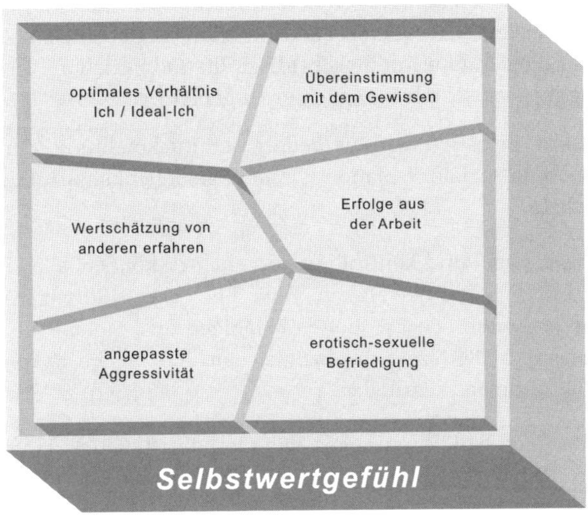

Voraussetzungen für die Entwicklung eines stabilen Selbstwertgefühls sind u.a.:

- **Ein optimales Verhältnis zwischen Ich und Ideal-Ich.** Das Ideal-Ich wird uns u.a. von den Eltern vermittelt, ebenso wie das Über-Ich. Wenn Personen als vorbildlich oder ideal hingestellt werden und sich mit ihnen erstrebens- und nachahmenswerte Eigenschaften und Verhaltensweisen verbinden, dann formt sich unser Ideal-Ich – wir wären gerne wie diese Personen.

- **Übereinstimmung mit dem Gewissen.** Das Gewissen formt sich aus der gesellschaftlich akzeptierten Moralvorstellung und wird uns als Bestandteil des Über-Ichs in der Familie vermittelt. Im Laufe des Erziehungsprozesses bildet sich die Persönlichkeit und mit ihr das, was eine Person als ihr Gewissen empfindet. Je mehr ein Mensch mit sich und seinem Gewissen im Reinen ist, desto unabhängiger wird er von dem, was andere über ihn denken. Diese freiwillige Normierung seiner Verhaltensweisen behält er lebenslang bei, falls ihn nicht gravierende Fakten oder Erlebnisse zur Änderung bewegen.

- **Erfolge aus der Arbeit** und das **Erfahren von Wertschätzung durch andere** hängen zusammen. Es genügt dem Menschen nicht, nur zu arbeiten, um seinen Lebensunterhalt zu bestreiten. Aus diesem Grund alleine vollbringt er keine besonderen Leistungen, sondern er will die soziale Akzeptanz seines Umfelds spüren. Dieses Akzeptanzstreben ist *die* Triebfeder menschlichen Handelns schlechthin. Wird diese Anerkennung vorenthalten, hat das negative Auswirkungen auf das Selbstwertgefühl.

- **Die angepasste Aggressivität.** Der Mensch ist ein lebendes Energiepotential. Dieses Potential nutzen wir aufgrund unser heutigen Lebens- und Arbeitsbedingungen nur zu einem geringen Teil. Es besteht permanent ein sog. Triebüberschuss, der jederzeit in Aggressivität umschlagen kann. In größeren Menschenansammlungen, bei Sportveranstaltungen, Demonstrationen oder in Paniksituationen erleben wir solche „Triebentladungen" immer wieder. Nur durch Selbstdisziplin und Erziehung lernen wir, mit dieser latenten Aggression sozialverträglich umzugehen.

Die Entwicklung von Selbstwertgefühls bedarf der Rückmeldung, der Resonanz durch unsere Mitmenschen. In sozialer Isolation können Persönlichkeitsstrukturen verfallen und sich zurückentwickeln.

Wir wünschen uns, rational und kontrolliert vorgehen zu können, alle Herausforderungen wohl überlegt und planvoll zu bewältigen. Tatsächlich aber sind wir in hohem Maße von unseren Gefühlen bestimmt. Die Emotionen befähigen uns, Signale aus der Umwelt aufzunehmen, mit unserem Wertesystem abzugleichen und unsere davon bestimmten Ansichten und Gefühle anderen mitzuteilen.

Wir erleben im positiven Fall Stimmungen wie Lust, Frust, Glück, Hoffnung, Zuversicht, Vertrauen usw. Im negativen Fall empfinden wir Stimmungen wie Trauer, Verzweiflung, Misstrauen oder Furcht. Je nachdem, welchen Stimmungslagen wir im Laufe unserer Entwicklung überwiegend ausgesetzt sind, tendieren wir zu einer optimistischen oder pessimistischen Grundeinstellung.

Wie stark wir von Gefühlen geleitet werden, zeigt sich bei der vermeintlich objektiven Beurteilung von Ereignissen. Polizisten, die Verkehrsunfälle aufzunehmen haben, kennen das Phänomen: Jeder Zeuge hat seine eigene Sicht des Geschehens.

Die Auswirkungen des Selbstwertgefühls auf das Verhalten einer Person

Das Selbstwertgefühl ist von zentraler Bedeutung für die Entfaltung der Persönlichkeit und für die Beeinflussung von Verhalten.

Die Frage „Wer bin ich, wie sehen mich die Anderen?" beschäftigt uns bewusst oder unbewusst ständig. Wir legen unsere eigenen Normen, Regeln und Wertvorstellungen zugrunde und jede Abweichung davon werten wir als eine Verletzung oder einen Angriff auf unser Selbstwertgefühl. Wir regieren darauf u.a. mit Rückzug und Gegenangriff bei momentaner Verletzung des Selbstwertgefühls und einer, meist unbewussten, Dauerverteidigung. Unser Problem beim Umgang mit anderen besteht häufig darin, dass wir nicht wissen, wie deren Selbstwertgefühl aussieht, und verletzen es daher unwillentlich. Abwehrreaktionen werten wir dann als Angriff auf unser eigenes Selbstwertgefühl, und somit beginnt ein negativer Kreislauf.

Die meisten Versuche, Andere von etwas zu überzeugen, scheitern daran, dass wir unsere eigenen Wertvorstellungen über die der anderen stellen und versuchen, diese durchzusetzen. Dies bringt uns zwangsläufig in Konflikt mit den Wertvorstellungen unseres Gegenübers und stellt einen Angriff auf dessen Selbstwertgefühl dar (o.ä.).

Im Falle angegriffenen Selbstwertgefühls sind häufig folgende Reaktionsmuster zu beobachten:

- *Gegenangriff (Flucht nach vorn)*: „Was Sie sagen, stimmt nicht! Sie haben ja selbst auch schon Fehler gemacht. Gegen Ihre Behauptung verwehre ich mich ganz energisch."
- *Entschuldigung (Versuch, dem Angriff auszuweichen)*: „Das liegt daran, dass ... (Zug hatte Verspätung, Überarbeitung, die Anderen haben Schuld, vorgeschobene Krankheit o.ä.)."
- *Unterwerfung (Angst vor neuem, verstärktem Angriff)*: „Ja, da haben Sie natürlich völlig Recht [denkt genau das Gegenteil]. Der Fehler wird mir bestimmt nicht mehr unterlaufen."
- *Scheinbare Zustimmung (Versuch, Zeit für einen Gegenangriff zu gewinnen)*: „Ihre Gedanken finde ich sehr interessant [„Warte nur, Dir werde ich es schon zeigen"]." oder „Hm, ja, so habe ich das noch gar nicht gesehen [„Was für ein Blödsinn!"]."

Abbildung 10.5 Die Bedeutung des Selbstwertgefühls für die Verhaltenssteuerung

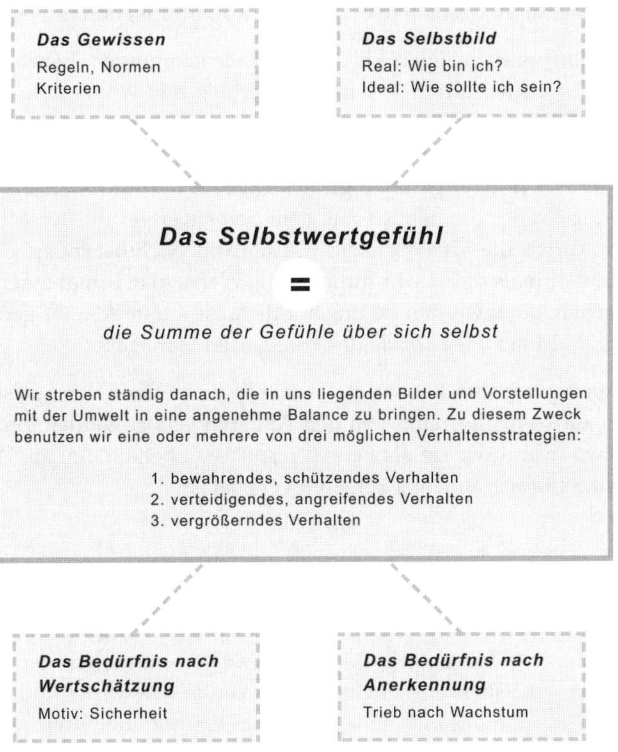

Zusammenfassung

Der Mensch bewegt sich – bildlich gesprochen – ständig in drei Ich-Zuständen, dem „Es", dem „Ich" und dem „Über-Ich". Das „Es" und das „Über-Ich" widersprechen einander: Fast immer, wenn das „Es" etwas „will", verbietet ihm dieses das „Über-Ich". Das „Ich" steht zwischen beiden und muss überdies noch die Erwartungen der Umwelt verarbeiten. Ob man ein „gesundes Ich" entwickeln kann, hängt im Wesentlichen von dem sozialen Umfeld ab, das in den ersten Kindheitsjahren erlebt wird. Ein „gesundes Ich" äußert sich in einem ausgeprägten Selbstwertgefühl. Soziale Akzeptanz ist die zentrale Instanz, die Triebfeder unseres Handelns. Um ein „gesundes" Selbstwertgefühl entwickeln zu können, müssen diese Voraussetzungen erfüllt sein:

- ein ausgeglichenes Verhältnis zwischen Ich und Ideal-Ich
- Übereinstimmung mit dem eigenen Gewissen
- Erfolg aus der Arbeit
- die Wertschätzung anderer
- eine angepasste Aggressivität

Ein Mensch kann sein Selbstwertgefühl nicht ohne die Resonanz seiner Mitmenschen aufbauen. Wir bedürfen deshalb der ständigen Kommunikation mit anderen.

Emotionen beeinflussen maßgeblich unsere Wahrnehmungen, Beurteilungen und Entscheidungen. Die Bedeutung des Selbstwertgefühls und der Beziehungsebene werden häufig außer Acht gelassen. Das ist gefährlich, denn erst wenn die emotionalen Belange geklärt sind, kann in der Sache weiter vorangegangen werden, ansonsten überlagert das negativ tangierte Selbstwertgefühl jegliches Denken und blockiert die Leistungsbereitschaft. Führungskräfte, die achtlos auf dem Selbstwertgefühl der Mitarbeiter herumtrampeln z.B. durch die vielen kleinen Gesten des Nichtbeachtens oder durch grobe Wortwahl, sind oftmals selbst sehr dünnhäutig. Wehe, man bringt ihnen nicht genügend Respekt entgegen, dann werden sie ungemütlich. Sie verstecken ihr gering ausgeprägtes Selbstwertgefühl hinter der Fassade des knallharten Managers.

Ob als Mitarbeiter, als Kunde oder als Vorgesetzter, müssen wir uns stets der Tatsache bewusst sein, dass wir nur dann von den Anderen gehört werden, nur dann bei ihnen etwas erreichen, wenn wir sie als Person respektvoll behandeln, auf Augenhöhe kommunizieren und unser Handeln jederzeit reversibel ist.

10.3 Vision und Vertrauen - Glaube versetzt Berge

In 180 Sekunden machen wir uns ein Bild von einer Person, die wir gerade kennengelernt haben. Unbewusst wird sie in dieser Zeitspanne von uns bewertet und eingeordnet. Diesen ersten Eindruck zu ändern, ist sehr schwierig. Wir verhalten wir uns fortan so, dass möglichst viele unserer Annahmen sich bewahrheiten. Wir sprechen auch von einer sich selbst erfüllenden Prophezeiung.

Die Wirkungsmechanismen der sich selbst erfüllenden Prophezeiung und der Manipulation unseres Urteilsvermögens durch ungeprüft übernommene Informationen zu erkennen, die Fähigkeit zu entwickeln, vorschnellen Beurteilungen zu widerstehen und uns ein eigenes Bild von den Dingen oder Menschen zu verschaffen, dies sind die Themen des folgenden Abschnitts.

10.3.1 Fallstudie: Pygmalion-Effekt

Der Begriff „Pygmalion-Effekt" beschreibt die sozialpsychologische Variante der Aussage, dass Glaube Berge versetzen kann. Bezogen auf menschliches Verhalten ist damit die Auswirkung von Erwartungen auf das Verhalten von Personen nach dem Muster einer sich selbst erfüllenden Prophezeiung gemeint. In einem zwar nicht unumstrittenen, aber mittlerweile klassischen Feldexperiment meinten Rosenthal & Jacobson (1968) demonstrieren zu können, dass Schüler, von denen die Lehrer annahmen, sie seien besonders intelligent, innerhalb eines Schuljahres mehr vom Unterricht profitierten als ihre vermeintlich weniger intelligenten Mitschüler. Die Lehrererwartung war experimentell induziert worden (Mitteilung fiktiver IQ-Daten aus einem angeblich neuartigen Prognose-Test). Fazit dieses Experiments: Schüler, die von ihren Lehrern für intelligent und motiviert gehalten werden, steigern ihre Leistung; Schüler, die nach Einschätzung ihrer Lehrer weniger intelligent und weniger motiviert sind, passen ihr Verhalten nach gewisser Zeit diesen Erwartungen an.

Pygmalion-Effekt nach Rosenthal

Der Rosenthal-Versuch wurde an zwei amerikanischen Grundschulen durchgeführt. Eine der Schulen war die Oak-School, eine öffentliche Grundschule in einer mittelgroßen Stadt. Die Schule lag in einem Arbeiterviertel, ein Sechstel der Schüler war mexikanischer Abstammung und der Großteil der Eltern waren un- oder angelernte Arbeiter. Die Schule hatte einen mittleren, einen schnellen und einen langsamen Zug (dies ist bei öffentlichen Grundschulen in den USA nicht selten). Die zweite Schule war die Crest-School. Sie unterschied sich insofern deutlich von der Oak-School, als die Schüler der Crest-School zum größten Teil der mittleren und oberen Mittelschicht entstammten und mehrheitlich weiß waren. Der durchschnittliche IQ an der Oak-School lag bei 98, an der Crest-School bei 109. Der durchschnittliche IQ der Kinder im schnellen Zug der Oak-School lag ebenfalls bei 109. Den Lehrern an beiden Schulen wurde vorgegaukelt, es werde ein wissenschaftlicher Test mit Kindern durchgeführt, die angeblich Überflieger seien und kurz vor einem Entwicklungsschub stünden. Dies treffe auf 20% der Kinder zu. Tatsächlich wurden 20% der Kinder willkürlich ausgewählt; ein Unterschied zwischen den "besonderen" und den "gewöhnlichen" Kindern existierte somit lediglich im Bewusstsein der Lehrer. Nach einem Jahr ließ sich feststellen, dass die Kinder aus der Gruppe der "Überflieger" ihren IQ deutlich stärker steigern konnten als Kinder aus der Kontrollgruppe. Der Effekt war bei Kindern der ersten und zweiten Klasse besonders ausgeprägt; die größten IQ-Gewinne wiesen die Schüler des mittleren Zuges der Oak-School auf. Bemerkenswerterweise ließen sich bei Kindern, die ein besonders attraktives Aussehen hatten, die stärksten IQ-Steigerungen feststellen. Interessant war, dass sie bei den Kindern am stärksten waren, die ein besonders attraktives Äußeres hatten.

Die Relevanz von Leistungserwartungen Dritter für Lernprozesse wurde erstmals in Laboruntersuchungen mit Ratten erkannt. Studierende führten Untersuchungen mit Tieren durch, zwischen denen zu Beginn keine relevanten Unterschiede bestanden. Die Erwartungen der Studierenden wurden jedoch dahin gehend manipuliert, dass sie entweder annahmen, mit besonders intelligenten oder besonders wenig intelligenten Tieren zu arbeiten. Tatsächlich zeigte sich, dass die Ratten, von denen die Studierenden annahmen, sie seien besonders intelligent, schneller lernten und bessere Leistungen bei verschiedenen Aufgaben zeigten als die von den Studierenden für wenig begabt gehaltenen Tiere (Rosenthal & Fode, 1963; Rosenthal & Lawson, 1964). Die Beobachtung der Interaktion der Studierenden mit den Tieren ergab, dass sie sich den vermeintlich intelligenten Ratten gegenüber anregender verhielten. Sie redeten mehr mit den Tieren und schenkten ihnen insgesamt mehr Aufmerksamkeit. Das Verhalten der Studierenden konstituierte somit eine „sich selbst erfüllende Prophezeiung", indem sich die Ratten, denen zunächst fälschlich höhere Begabung unterstellt wurde, tatsächlich zu leistungsfähigeren Tieren entwickelten als ihre identisch ausgestatteten Artgenossen, für die jedoch geringe Begabung angenommen wurde.[22]

Die bekannteste und weithin akzeptierte Erklärung, wie die Erwartungen von Lehrern die Leistungen von Schülern beeinflussen, stammt von Jussim (1986). In Jussims Modell, das sich mit dem Prozess der „sich selbst erfüllenden Prophezeiung" generell beschäftigt, entwickeln die Lehrer zunächst eine Leistungserwartung für die einzelnen Schüler.

Diese Erwartungen werden aus verschiedenen Quellen gespeist: Stereotype und Annahmen über soziale Gruppen, wobei bisherige Leistungen der Schüler und andere individuelle Merkmale in der Folge das Verhalten des Lehrers oder der Lehrerin und deren Erwartungen gegenüber den Schülern beeinflussen. Lehrer verhalten sich Schülern gegenüber anders, an die sie hohe Leistungserwartungen richten, als gegenüber Schülern, von denen sie keine guten Leistungen erwarten.

Die Schüler reagieren auf die jeweiligen Verhaltensweisen ebenfalls unterschiedlich und zwar in einer Art und Weise, welche die zukünftigen Leistungen von als leistungsstark wahrgenommenen Schüler steigert und die der vermeintlich schlechteren Schüler mindert. Jussim unterscheidet fünf leistungsbezogene Verhaltensweisen von Schülern, auf die das erwartungsgesteuerte Verhalten der Lehrer wirkt: Diese Verhaltensweisen sind Anstrengung, Ausdauer, Aufmerksamkeit, Beteiligung und Kooperation.[23]

---

[22] Kira, Alexander/ Schofield, Janet Ward, „Erwartungseffekte", in: „Migrationshintergrund, Minderheitenzugehörigkeit und Bildungserfolg", 2006, S. 47.

[23] Ebd. S. 57.

Die Studien von Rosenthal konnten nur schwer repliziert werden. Angenommen wird, dass der Pygmalion-Effekt nur unter folgenden Bedingungen auftritt:

- der Schüler ist ein sog. „Underachiever"; er leistet derzeit also weniger, als ihm seine Fähigkeiten erlauben,
- der Lehrer hat die Fähigkeiten des Schülers bislang unterschätzt; der Schüler hat die Einschätzung des Lehrers übernommen, also internalisiert.

Aufgabe

Welche Erkenntnisse gewinnen Sie aus der Schilderung des Pygmalion-Effekts für Ihren Umgang mit Mitarbeitern, Klienten, Kunden, Vorgesetzten usw.?

Welche Schlussfolgerungen werden Sie für Ihr künftiges Verhalten als Manager daraus ziehen?

10.3.2 Die „Selbsterfüllende Prophezeiung"

Die Selbsterfüllende Prophezeiung *(self-fulfilling prophecy)* wurde von Robert K. Merton ebenso eingebracht wie ihr logisches Gegenstück (die *self-destroying prophecy).* Er prägte 1948 den Begriff *„Selbsterfüllende Prophezeiung"(SFP),* der besagt, dass eine Voraussage geradezu zwanghaft deswegen eintrifft, weil man fest an sie glaubt.

„Eine Vorhersage erfüllt sich dadurch, dass diese Vorhersage gemacht wird."[24]

„Eine sich selbst erfüllende Prophezeiung ist eine Annahme oder Voraussage, die rein aus der Tatsache heraus, dass sie gemacht wurde, das angenommene, erwartete oder vorhergesagte Ereignis zur Wirklichkeit werden lässt und so ihre eigene Richtigkeit bestätigt."[25]

Während der Finanz- und Bankenkrise des Jahres 2008 hat dieser Effekt zu gravierenden Verwerfungen in der Bankenlandschaft geführt. Die Bekanntgabe, einige Banken müssten infolge fauler Kredite schließen, ließ auch Gläubiger vieler nicht betroffener Banken rasch ihre Gelder abziehen oder Wertpapiere veräußern. Auch Banken untereinander misstrauten sich und verliehen kein Geld an andere Banken mehr. Der Finanzkreislauf wurde empfindlich gestört. Es entstand eine Kettenreaktion, die auch gesunde Banken in den Ab-

24 Franz Kreuzer: „Die Unsicherheit unserer Wirklichkeit", 1982.

25 Paul Watzlawick: „Die erfundene Wirklichkeit", 1978, im Text Selbsterfüllende Prophezeiungen.

grund stürzte, weil das Vertrauen der Bankkunden in das System Bank grundlegend beeinträchtigt war und jeder seine Einlagen zu retten versuchte oder Investitionen zurückgestellt wurden.

Wären die Schwierigkeiten rechtzeitig und unter Bekanntgabe der zu treffenden Gegenmaßnahmen kommuniziert worden, hätte die Krise abgewendet werden können. Die tatsächlich bedrohliche Lage wäre entschärft worden und die ursprünglich korrekte Voraussage falsch geworden.

Menschen erwerben im Laufe ihres Lebens vielfältige Erwartungen, die ihre Zukunftserwartung gegenüber bevorstehenden Ereignissen beeinflussen. Dies ist ein durchaus nützlicher Prozess, der hilft, sich auf bevorstehende Situationen einzustellen und vorzubereiten. Darüber hinaus können sich solche Erwartungen aber auch verselbständigen und werden so zu einem Faktor, der ihre eigene Erfüllung bewirkt. Beispielsweise wird eine Person, bei der begründet davon ausgegangen werden kann, dass sie einem mit einer positiven Einstellung gegenübersteht, anders behandelt, als eine Person, der eine antipathische Haltung zugeschrieben wird. Hierbei spielt die tatsächliche Einstellung der Person keine Rolle. Das Verhalten gegenüber dieser Person wird demnach durch die Erwartung an ihre positive oder negative Einstellung bestimmt.

10.3.3 Halo-Effekt[26]

Ein weiterer Effekt, der von Bedeutung ist und für SFP-Mechanismen eine große Rolle spielt, ist der sog. *Halo-Effekt.* Man versteht darunter die Beeinflussung der Wahrnehmung bzw. der Beurteilung durch eine Vorerfahrung oder Vorinformation.

Halo-Effekt bedeutet *„Strahlungseffekt"* – Eigenschaften, welche auf andere Eigenschaften ausstrahlen und andere Merkmale vergessen lassen.

Beispiel: Beschreibt man eine Person als „schmutzig, unordentlich, nachlässig, unpünktlich und intelligent und streicht aus diesen Eigenschaften „intelligent" heraus, wird ein stark veränderter Eindruck über die Person entstehen.

Der Halo-Effekt beschreibt eine verbreitete Wahrnehmungsverzerrung bei unserer Einschätzung von Menschen. Der Halo-Effekt besteht in der „Überstrahlung" („Halo") eines einzelnen Merkmals über andere beobachtbare Merkmale. Wir nehmen ein bestimmtes Merkmal als positiv bzw. negativ wahr. Die Überstrahlung bewirkt, dass alle anderen Merkmale oder Verhaltensweisen ebenso positiv oder negativ beurteilt werden.

Der Effekt wirkt also in zwei Richtungen: Überstrahlt der positive erste Eindruck alles andere, spricht man vom "Heiligenschein-Effekt". So kann jemand, der Ihnen besonders sympathisch ist oder sich in bestimmten Gebieten positiv hervorgetan hat, von Ihnen ge-

---

[26] Halo – engl. der „Hof" eines Himmelskörpers.

nerell positiver eingeschätzt werden als eine andere Person mit ansonsten gleichen Merkmalen und Verhaltensweisen. Überstrahlen ein negativer erster Eindruck, Fehltritte oder negatives Auffallen in einem bestimmten Gebiet die gesamte Einschätzung des restlichen Menschen, spricht man vom "Teufelshörner-Effekt".

In Gottfried Kellers Novelle "Kleider machen Leute" wird der arme Schneider Wenzel Strapinsky seiner gepflegten Kleidung wegen und der Aussage eines Kutschers, Strapinsky sei ein polnischer Graf, entsprechend hofiert. Dieser Halo-Effekt bestimmt als Leitmotiv den weiteren Handlungsverlauf.

Oder: „Übergewichtige" Personen werden schnell als „gutmütig" eingeschätzt, obwohl beide Persönlichkeitsmerkmale wahrscheinlich nichts miteinander zu tun haben.

Es kann auch eine Einzelleistung sein, die derartig herausragt, dass sie bei der Einschätzung der Gesamtleistung „blendet". Insbesondere Einzelleistungen, die sich innerhalb der Organisation herumgesprochen haben oder gar „durch die Presse gingen", überstrahlen die Gesamtleistung:

„Der Mann, der den 10-Millionen-Auftrag heranholte."

„Der Mann, der das Computersystem abschoss – totaler Crash!"

„Die Kommissarin, die den Gewaltmörder überführte."

Zusammenfassung

Der Halo-Effekt beschreibt das Phänomen, dass ein positives oder negatives Merkmal alle anderen Merkmale überstrahlt und der so von einer Wahrnehmungsverzerrung Betroffene die jeweilige Person nicht mehr „objektiv", sondern nur anhand eines einzelnen Merkmals beurteilt.

Der Halo-Effekt kann zu einer allgemeinen Aufwertung (Heiligenschein-Effekt) oder einer allgemeinen Abwertung (Teufelshörner-Effekt) aufgrund des einen, alles überstrahlenden Merkmals führen.

Für die Einschätzung von Personen und deren Verhalten ist es wichtig, diese Effekte zu kennen und sich ihrer Wirkung bei der eigenen Beurteilung von Menschen bewusst zu sein, um mögliche Fehleinschätzungen und daraus resultierendes unangemessenes Verhalten zu vermeiden.

Behandle die Menschen so, als wären Sie, was sie sein sollten,
und du hilfst ihnen zu werden, was sie sein können.

[Johann Wolfgang von Goethe]

10.4 Motivierendes Führungsverhalten

Führen bedeutet, gemeinsam mit Mitarbeitern zuvor vereinbarte (oder gesetzte) Ziele zu erreichen. Dabei sind folgende Aspekte bedeutsam:

- **Das gemeinsame Ziel** muss eindeutig definiert und schriftlich fixiert werden. Die Klarheit der Zielbestimmung ist von größter Bedeutung; sie entscheidet über den künftigen Erfolg oder Misserfolg jedes Vorhabens. Keine Arbeit ohne eindeutig geklärte Ziele! Die Führungskraft hat die Verantwortung, die Einhaltung der Zielvereinbarungen zu kontrollieren und im Falle von negativen Abweichungen korrigierend einzugreifen.

- **Das Verhalten der Mitarbeiter** entspricht *immer* deren persönlichen Zielsetzungen. Stimmen diese nicht mit den Zielen der Unternehmung überein, kommt es zu abweichenden Verhaltensweisen, die den Erfolg des Unternehmens und die Einstellung der Gruppe zur Arbeit negativ beeinflussen.

- **Das Verhalten der Führungskraft** ist eine unabdingbare Voraussetzung für den gemeinsamen Erfolg. Die Führungskraft muss das, was sie von anderen verlangt, jederzeit glaubhaft und beispielhaft vorleben; ihr Kommunikations- und Führungsstil müssen der jeweiligen Situation angemessen sein.

- **Ein gemeinsamer und gegenseitiger Lernprozess** verbindet Führungskraft und Mitarbeiter. Voraussetzung dafür sind Respekt, Akzeptanz, Toleranz und Offenheit auf beiden Seiten. Dazu bedarf es funktionierender Kommunikations- und Verhandlungsprozesse, die immer wieder für beide Seiten gleichermaßen tragfähige Vereinbarungen ermöglichen. Führungskräfte mit arroganter, besserwisserischer und rechthaberischer Einstellung sind für konstruktive Arbeitsprozesse ebenso unbrauchbar wie Mitarbeiter mit überzogenem Anspruchsdenken und innerer Schonhaltung, die ihre Arbeit lediglich als unliebsame Unterbrechung der Freizeit betrachten.

- **Die Zielvereinbarung im Gegenstromverfahren**, die Ziele weder rein demokratisch abstimmt noch autoritär vorgibt, sondern Ziele als das Ergebnis gemeinsam erarbeiteter Einsicht ermöglicht, bindet die Fähigkeiten aller Mitarbeiter ein und wirkt in hohem Maße motivierend. Diese Art des Führens erfordert auf den ersten Blick mehr Gesprächszeit als herkömmliche Einzel-Entscheider-Methoden, die scheindemokratisch Diskussionsräume anbieten, um danach bereits vorher festgelegte Entscheidungen zu verkünden und Ziele zu setzen. Die Zeit, die man von Anfang an in Konsensbildung investiert, wirkt sich im weiteren Verlauf vielfältig positiv aus. Konsensbildung erfordert umfassende Informationen und tiefes Verständnis für strategische und taktische Zusammenhänge.

- **Transparenz in allen Bereichen,** Vertrauen und die Abschaffung jeglicher Geheimniskrämerei sind unerlässlich, um verantwortungsbewusste Mitarbeiter zu bekommen. Ein Mitarbeiter, der nicht alle notwendigen Informationen hat, kann keine Verantwortung übernehmen; ein Mitarbeiter, der alle Informationen hat, kann nicht anders, als die volle Verantwortung zu übernehmen. Mitarbeiter, die auf der Grundlage so umfassender Kenntnisse Ziele vereinbaren, sind im weiteren Arbeitsablauf sicherer in der Ausübung ihrer Tätigkeit und motivierter, weil sie wissen, warum was wann getan werden muss und dieses Bewusstsein stärkt das Selbstwertgefühl.

- **Die Motivation der Mitarbeiter wird behindert** durch Verhaltensweisen, die das Selbstwertgefühl beeinträchtigen, durch die vielen kleinen nonverbalen Gesten des Nicht-Beachtens, Überhörens und des leisen Geringschätzens. Das drückt ebenso auf die Stimmung wie Pedanterie, mangelnde Glaubwürdigkeit, Nicht-Zutrauen und geringe Erwartungen zu äußern. Die Erwartungshaltung von Vorgesetzten übt einen starken Einfluss auf die Entwicklung und Leistung der Mitarbeiter aus. Wenn Führungskräfte ihre Mitarbeiter für leistungsschwach halten, werden sie es früher oder später im Sinne einer sich selbsterfüllenden auch Prophezeiung sein. Vorgesetzte müssen sich daher stets ihres eigenen Erwartungsverhaltens und dessen Auswirkungen auf die Mitarbeiter bewusst sein.

- **Bringt der Mitarbeiter nicht die erwartete Leistung,** dann sind entweder die Ziele nicht eindeutig definiert oder irgend etwas anderes hat ihn demotiviert. Vielleicht fehlt es auch an der Leistungsfähigkeit oder Leistungsmöglichkeit. Wir müssen davon ausgehen, dass die Menschen, mit denen wir zusammenarbeiten, grundsätzlich motiviert sind. Sie haben sich für unser Unternehmen entschieden und wir uns für sie, weil sie mit unseren Zielen und Grundwerten übereinstimmen. Führungskräfte sollten deshalb darauf achten, alles zu unterlassen, was die Motivation ihrer Mitarbeiter behindern könnte.

- **Das demotivierende Verhalten vieler Führungskräfte** übt den stärksten negativen Einfluss auf die Einstellung der Mitarbeiter aus.

Faktoren, die Einsatzbereitschaft und Ideenreichtum der Mitarbeiter behindern, liegen häufig in den zwischenmenschlichen Beziehungen und den mit der Arbeit verbundenen Strukturen begründet. Das Problem ist nicht die unzureichende Motivation der Mitarbeiter, sondern das demotivierende Verhalten der Führungskräfte.

10.5 Veränderungsprozesse motivierend begleiten

Die einzige Konstante im Leben einer Organisation ist der Wandel.

Veränderungen finden in Organisationen häufig statt. Denken wir an Situationen wie z.B. die Übertragung einer neuen Aufgabe an einen Mitarbeiter, das Beziehen eines neuen Arbeitsraumes, die Integration eines neuen Mitarbeiters in ein bestehendes Team, das Ausscheiden eines Kollegen aus dem Unternehmen, die Einführung neuer Verfahrensweisen oder die Zuordnung eines neuen Managers für eine Abteilung usw. Große Veränderungen wie die Zusammenführung von Firmen, die Reorganisation ganzer Betriebsteile mit dem Ziel der Optimierung der Wirtschaftlichkeit verunsichern die Mitarbeiter und mindern die Arbeitsfähigkeit bis hin zum Stillstand aller Aktivitäten.

Wie können wir Veränderungsprozesse so gestalten, dass die Motivation der Betroffenen nicht beeinträchtigt wird?

10.5.1 Fallstudie: Der Zusammenschluss

Situation: Die deutschen Unternehmen Fremdspracheninstitut (FI) und Musikschule (MS) sollen zu einem Unternehmen verschmolzen werden. Künftig soll das neue Unternehmen Teil der Future Group (FG) mit Sitz in England werden. Den Mitarbeitern des FI und der MS ist bekannt, dass die FG starke Expansionsbestrebungen in Europa verfolgt und außerdem die in ihrer Forschungs- und Entwicklungsabteilung entwickelten Unterrichtsprogramme mit der Zielsetzung einer firmeneinheitlichen Identität in all ihren Betrieben einführen will. Die FG unterhält in fünf weiteren europäischen Ländern Betriebsnetzwerke mit insgesamt 800 Standorten und 160.000 Schülern.

Die beiden deutschen Betriebe gelten wegen ihrer sehr starken Kundenorientierung und eines hohen Anteils an Individualunterricht als nicht sonderlich profitabel. Die FG hat einen ihrer Manager aus der Londoner Zentrale abgestellt, den Zusammenschluss der FI und MS, deren Eingliederung in die FG und die Optimierung des Profits innerhalb der kommenden drei Jahre zu bewerkstelligen. Mister ToDo, Typ "Sanierer und Macher", ist bekannt für seine Entscheidungsfreudigkeit und die rasche Umsetzung von Beschlüssen.

Die Mitarbeiter der Betriebe FI und MS sind zu einem ersten gemeinsamen Meeting eingeladen worden. Es spricht der Manager ToDo:

Analyse	Text der Rede von Mr. ToDo
	„Liebe Kolleginnen und Kollegen, wie Sie wissen, ist das Zusammengehen der Betriebe FI und MS unter dem Dach der FG beschlossene Sache. In den vergangenen drei Jahrzehnten haben diese Unternehmen sich unabhängig voneinander am Bildungsmarkt behauptet. Wegen der starken Kundenorientierung haben Sie eine zufriedenstellende Kundenbindung aufbauen können, die ehemaligen Schüler schicken heute ihre Kinder zu Ihnen usw. Das ist erfreulich. Andererseits müssen wir auch die wirtschaftliche Seite realistisch betrachten. Beide Unternehmen sind im Vergleich mit den anderen europäischen FG-Töchtern weit zurück hinter den Gewinnmargen, die wir üblicherweise erwirtschaften. Das gilt es, zu optimieren.

Analyse	Text der Rede von Mr. ToDo
	Die Entwicklung der Schülerzahlen in den Kernbereichen der FG „frühkindliche Sprachbildung" und „Musizieren mit älteren Erwachsenen" ist in Ihren Unternehmen weit zurück hinter unseren anderen europäischen Tochtergesellschaften und weit unter unseren Erwartungen. Auch hier gilt es, Maßnahmen durchzuführen, die in kürzester Zeit Veränderungen ermöglichen. Die FG ist bekannt für wirtschaftliche Effizienz und das soll auch so bleiben. Konkret heißt das, wir müssen prüfen, wie viel Administration ist unter dem Gesichtspunkt der Potentiale, die ein Zusammenschluss bietet, sinnvoll und wie hoch kann der relativ unproduktive Anteil an Individualunterricht künftig noch sein. Ab der kommenden Woche werde ich Sie wissen lassen, mit welchen Schritten die Optimierung vorangetrieben werden soll. Von Ihnen erwarte ich rückhaltlose Unterstützung dieser Maßnahmen. So viel für heute. Noch eine produktive Arbeitswoche!"

Aufgabe

Wie wirkt die Rede auf Sie? Analysieren Sie den Inhalt und schreiben Sie Ihre Erkenntnisse in die linke Spalte der Matrix. Vergleichen Sie anschließend Ihr Ergebnis mit der folgenden Musteranalyse.

BEVOR SIE WEITERLESEN BITTE DIE AUFGABE ERLEDIGEN.

Musteranalyse

Analyse	Text der Rede von Mr. ToDo
	„Liebe Kolleginnen und Kollegen,
Mr. ToDo verliert keine Zeit, kommt gleich zur Sache.	wie Sie wissen, ist das Zusammengehen der Betriebe FI und MS unter dem Dach der FG beschlossene Sache. In den vergangenen drei Jahrzehnten haben diese Unternehmen sich unabhängig voneinander sich am Bildungsmarkt behauptet.
geringe Anerkennung der bisherigen Leistung und gleich einen Dämpfer verpasst	Wegen der starken Kundenorientierung haben Sie eine zufriedenstellende Kundenbindung aufbauen können, die ehemaligen Schüler schicken heute ihre Kinder zu Ihnen usw. Das ist erfreulich. Andererseits müssen wir auch die wirtschaftliche Seite realistisch betrachten. Beide Unternehmen sind im Vergleich mit den anderen europäischen FG-Töchtern weit zurück hinter den Gewinnmargen, die wir üblicherweise erwirtschaften. Das gilt es, zu optimieren.
Kritik an der Schülerzahlentwicklung und dem Unterrichtsangebot	Die Entwicklung der Schülerzahlen in den Kernbereichen der FG "frühkindliche Sprachbildung" und "Musizieren mit älteren Erwachsenen" ist in Ihren Unternehmen weit zurück hinter unseren anderen europäischen Tochtergesellschaften und weit unter unseren Erwartungen. Auch hier gilt es, Maßnahmen durchzuführen, die in kürzester Zeit Veränderungen ermöglichen.
Ankündigung der Bestandsaufnahme und Rationalisierung	Die FG ist bekannt für wirtschaftliche Effizienz und das soll auch so bleiben. Konkret heißt das, wir müssen prüfen, wie viel Administration ist unter dem Gesichtspunkt der Potentiale, die ein Zusammenschluss bietet, sinnvoll und wie hoch kann der relativ unproduktive Anteil an Individualunterricht künftig noch sein.
Die autoritär gehaltene Ankündigung im Befehlston wirkt bedrohlich. Keine Empathie seitens des Mr. ToDo.	Ab der kommenden Woche werde ich Sie wissen lassen, mit welchen Schritten die Optimierung vorangetrieben werden soll. Von Ihnen erwarte ich rückhaltlose Unterstützung dieser Maßnahmen. So viel für heute. Noch eine produktive Arbeitswoche!

Als Manager müssen Sie wissen, dass jede Veränderung im organisatorischen Bereich eine Verunsicherung der Betroffenen mit sich bringt, die Produktivität nicht etwa sprunghaft nach oben schnellt, sondern häufig zunächst geringer wird, weil sich alle mit ihrer Sicht der Dinge beschäftigen. Das bindet viel Energie.

Stellen Sie sich vor, Sie hätten die gleiche Aufgabe wie Mr. ToDo. Gott sei Dank sind Sie ein ganz anderer Typ. Sie wissen, dass Veränderungsprozesse am besten gelingen, wenn man die Beteiligten mit Respekt behandelt und ihre Qualifikationen einbindet, den neuen Kurs gemeinsam zu entwickeln und die Veränderungsmaßnahmen durchzuführen.

Da die Ansprache von Mr. ToDo demotiviert und Druck aufbaut, versuchen Sie Ihre motivierender zu gestalten. Versuchen Sie das bitte jetzt. Schreiben Sie Ihre Rede in die linke Spalte der Matrix unter der Bezeichnung „WeDo" und vergleichen Sie diese anschließend mit der von Mr. ToDo und der darauf folgenden Musteransprache von Mr. WeDo.

Schreiben Sie hier hinein Ihre Rede im Sinne eines Mr. WeDo:

Musterrede von Mr. WeDo

Mr. ToDo	Mr. WeDo
„Liebe Kolleginnen und Kollegen, wie Sie wissen, ist das Zusammengehen der Betriebe FI und MS unter dem Dach der FG beschlossene Sache. In den vergangenen drei Jahrzehnten haben diese Unternehmen sich unabhängig voneinander am Bildungsmarkt behauptet. Wegen der starken Kundenorientierung haben Sie eine zufriedenstellende Kundenbindung aufbauen können, die ehemaligen Schüler schicken heute ihre Kinder zu Ihnen usw. Das ist erfreulich. Andererseits müssen wir auch die wirtschaftliche Seite realistisch betrachten. Beide Unternehmen sind im Vergleich mit den anderen europäischen FG-Töchtern weit zurück hinter den Gewinnmargen, die wir üblicherweise erwirtschaften. Das gilt es, zu optimieren.	„Liebe Kolleginnen und Kollegen, in den vergangenen drei Jahrzehnten haben die Unternehmen FI und MS sich unabhängig voneinander beeindruckend in ihren Marktsegmenten behauptet. Das ist einerseits auf die starke Kundenbindung und andererseits auf die langfristig angelegte Forschung und Produktentwicklung zurückzuführen. Ehemalige Schüler schicken heute ihre Kinder zu Ihnen und das beweist, wie sehr die Kunden Ihre Arbeit schätzen. Das alles wurde nur möglich, weil Sie, verehrte Kolleginnen und Kollegen, so engagiert daran gearbeitet haben, Ihren Unternehmen zu überregionaler Geltung und Wertschätzung in Europa zu verhelfen.

Mr. ToDo	Mr. WeDo
Die Entwicklung der Schülerzahlen in den Kernbereichen der FG "frühkindliche Sprachbildung" und "Musizieren mit älteren Erwachsenen" ist in Ihren Unternehmen weit zurück hinter unseren anderen europäischen Tochtergesellschaften und weit unter unseren Erwartungen. Auch hier gilt es, Maßnahmen durchzuführen, die in kürzester Zeit Veränderungen ermöglichen. Die FG ist bekannt für wirtschaftliche Effizienz und das soll auch so bleiben. Konkret heißt das, wir müssen prüfen, wie viel Administration ist unter dem Gesichtspunkt der Potentiale, die ein Zusammenschluss bietet, sinnvoll und wie hoch kann der relativ unproduktive Anteil an Individualunterricht künftig noch sein. Ab der kommenden Woche werde ich Sie wissen lassen, mit welchen Schritten die Optimierung vorangetrieben werden soll. Von Ihnen erwarte ich rückhaltlose Unterstützung dieser Maßnahmen. So viel für heute. Noch eine produktive Arbeitswoche!	Auf der anderen Seite ist nicht zu übersehen, dass die Unternehmen FI und MS trotz dieser stabilen Ausgangslage im Vergleich zu unseren anderen europäischen FG-Töchtern ihre Gewinnmargen noch verbessern können und müssen, um auch weiterhin am Markt zu bestehen. Erste Ansatzpunkte könnten in der Steigerung der Schülerzahlen der Bereiche "frühkindliche Sprachbildung" und "Musizieren mit älteren Erwachsenen" liegen. Die FG hat in der Vergangenheit ihre Fähigkeit zu profitabler Unternehmensführung beeindruckend nachgewiesen. Der Zusammenschluss Ihrer Unternehmen mit der FG wird die Stabilität und das Wachstum des FI und der MS nachhaltig fördern. Ich bitte Sie alle darum, auch weiterhin so engagiert wie bisher daran mitzuwirken, dass FI und MS innerhalb der FG und am Markt ihre Stärken zum Nutzen unserer Kunden ausbauen können. Ab der kommenden Woche werde ich Sie einladen, im Rahmen einer Zukunftswerkstatt an der Entwicklung unserer neuen Ausrichtung mitzuwirken. Falls Sie vorher oder zwischendurch mit mir reden möchten, meine Tür steht immer für Sie offen. Vielen Dank für Ihre Aufmerksamkeit und eine weiterhin erfolgreiche Arbeitswoche!

Fragen zur Fallstudie

- Was hat Ihnen am meisten Schwierigkeiten beim Schreiben Ihrer Rede bereitet?

- Worin liegt der Unterschied Ihrer Rede und der von Mr. ToDo?

- Welche Unterschiede sehen Sie zwischen Ihrer Rede und der Musterrede von Mr. WeDo?

- Welche Auswirkungen werden die Reden von Mr. ToDo und Mr. WeDo wahrscheinlich auf die Motivation und Mitarbeitsbereitschaft der betroffenen Mitarbeiter haben?

Wir haben erlebt, dass Mr. ToDo seinem Image als autoritärer Sanierer und Macher in seiner Ansprache in vollem Umfang entspricht. Die Belegschaft wird aufgrund ihrer Verunsicherung viel Arbeitszeit damit verbringen, sich in kleinen Gruppen auszutauschen und Vermutungen zu entwickeln. Produktives Arbeiten wird sehr schwierig werden, weil die meisten Mitarbeiter mit ihren Gedanken um die Zukunft ihres Arbeitsplatzes beschäftigt sind. Die Gerüchteküche sorgt für permanente Unruhe.

Die Rede von Mr. WeDo hingegen würdigt die bisher erbrachten Leistungen und das Engagement der Mitarbeiter. Das Selbstwertgefühl der Mitarbeiter wird gestärkt und die Notwendigkeit von Veränderungen nachvollziehbar argumentiert. Alle werden eingeladen, an der Ausrichtung des neuen Kurses mitzuwirken und die Führung hat stets ein offenes Ohr für jeden.

Wird hingegen bei anstehenden Veränderungen Geheimniskrämerei betrieben und nur gelegentlich sickern halb verdaute Informationsbruchstücke durch, hat das fatale Auswirkungen auf die Motivation der Mitarbeiter und somit auf die Produktivität.

Selbst bei größter Geheimhaltung wird im Vorfeld von Veränderungen immer etwas nach außen gelangen und die Mitarbeiter verunsichern. Es entstehen Gerüchte darüber, dass etwas Neues auf das Unternehmen zukommen wird. Häufig wird das seitens des Managements dementiert oder bagatellisiert, es wird beschwichtigt oder stark vereinfachend dargestellt. Wird nicht gegen gesteuert, werden sich die negativen Energien verstärken und ein Klima der Angst und Enttäuschung ausbreiten.

Abbildung 10.6 Auswirkungen ungenügenden Veränderungsmanagements[27]

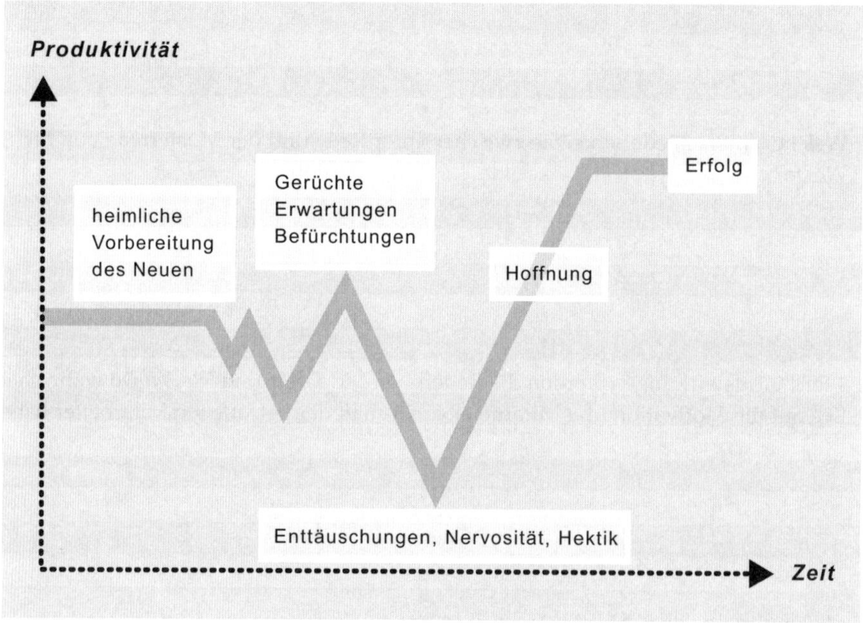

Die Grafik zeigt, dass die Mitarbeiter nach Bekannt werden der beabsichtigten Veränderung nervös und enttäuscht reagieren und die Produktivität stark abnimmt. Es braucht eine gewisse Zeit, bis sich Hoffnungen mit dem Neuen verbinden können und noch länger, bis die Veränderungen erfolgreich greifen.

Wie gravierend die Folgen schlechten Veränderungsmanagements sein können, zeigt der folgende Artikel aus Spiegel Online Wirtschaft vom 17. September 2009.

[27] Vgl. Czichos, R.: „Change Management", München 1990, S. 419.

SPIEGEL ONLINE

Suizidserie[28] - Politiker rügen France-Télécom-Management (Stefan Simons, Paris)

Mehr als 20 Mitarbeiter der France Télécom haben sich in den vergangenen Monaten das Leben genommen. Französische Gewerkschafter machen Stress und schlechten Führungsstil für die Selbstmorde verantwortlich - die tragischen Todesfälle werden zum Politikum.

Sie beenden ihr Leben mit Schlafmitteln, strangulieren sich oder stürzen sich aus Bürotürmen - zuletzt war es Stéphanie, 32, die am 14. September freiwillig den Tod sucht: Es ist der 23. Selbstmord bei France Télécom seit Februar 2008 - und mittlerweile wird die Suizidrate zum Politikum.

(...)

Gewerkschaften kritisieren strukturelle Veränderungen

(...) Auslöser für die persönlichen Dramen sind auch strukturelle Veränderungen im Konzern, zumal die ehemalige Sparte der Post seit 1997 zum Privatkonzern France Télécom (Markenname: „Orange") umgebaut wurde. Obwohl der Staat mit 26,7 Prozent der Anteile noch immer Mehrheitsaktionär ist, habe sich laut Gewerkschaften und Betriebsrat mit der Ausrichtung auf internationale Märkte ein knallharter Führungsstil breitgemacht - einzig ausgerichtet auf Profit und Produktivität. „Es gibt keine Menschlichkeit mehr, keine Nähe, Business allein zählt", sagte etwa Patrice Diochet, Generalsekretär der Gewerkschaft CFTC.

Dabei wurden nicht nur 40.000 Stellen gestrichen, es häuften sich Beschwerden von Mitarbeitern über willkürliche Versetzungen; Techniker wurden ohne ausreichende Schulungen zu Kundenberatern, unproduktive Verkäufer wurden in Callcenter abgeschoben. Die Folge waren Druck, Nervosität und Unsicherheit, die dazu führten, dass die Gewerkschaften von France Télécom bereits 2007 ein Beobachtungsgremium einrichteten, um die Aussagen gestresster Mitarbeiter zu sammeln.

„Die Zahl der Selbstmorde steigt nicht"

Trotzdem schien die Firmenleitung wenig beunruhigt, als sich die Suizide seit Jahresbeginn häuften. „Das ist nicht dramatisch, ich habe Schlimmeres gesehen", zitiert die Zeitung "Le Canard Enchaîné" den Personalchef von France Télécom, Olivier Barberot. „Die Zahl der Selbstmorde steigt nicht: Es gab deren 28 im Jahr 2000 und 2002 waren es 29."

Auch Firmenboss Lombard empfindet das Phänomen vor allem als PR-Problem: „Die höllische Spirale der Selbstmorde muss man unbedingt stoppen." Der Firmenlenker erklärt, dass vor allem die Berichterstattung in Presse und Fernsehen Schuld daran sei:

---

[28] Artikel vom 17. 09. 2009 in Spiegel Online Wirtschaft: http://www.spiegel.de/wirtschaft/unternehmen/0,1518,649485,00.html, 05.04.2010, 15.00 Uhr.

„Das sind Dramen, die passieren", so der Télécom-Chef, der mit Unmut zur Kenntnis nimmt, dass seit Mai „viel darüber geredet wird". Und Lombard erlaubt sich die Warnung vor einer „Ansteckungsgefahr" der Suizide, „damit diese Mode zu einem Endpunkt kommt". Lombard: „Je mehr man davon spricht, desto eher bringt man Menschen in labilen Situationen auf eine Idee."

Doch mit dieser wenig feinfühligen Erklärung, vorgebracht im Beisein des Arbeitsministers, sorgte der Manager erneut für Ärger - auch in der Regierung. Der gerügte Firmenchef entschuldigte sich umgehend für seine verbale Entgleisung. „Ich habe das Wort 'Mode' gesagt", so erklärte Lombard, „das kam durch die Übersetzung aus dem Englischen 'mood'". Soll heißen: Der Manager hofft, dass die „Selbstmordstimmung" bald ein Ende findet.

Das aber wird auch in seiner Hand liegen: Bis Ende des Jahres wird die Firmenleitung durch Frankreich touren, um den Befindlichkeiten der Mitarbeiter auf den Grund zu gehen. Außerdem hat Lombard schon angekündigt, wie er die Selbstmordwelle beenden will. Mehr Schulung für die Verwaltungsangestellten in Führungspositionen versprach er bereits. „Wir haben sie nach wissenschaftlichen Regeln des Menschen-Managements ausgebildet, aber vielleicht nicht genug", räumt er ein. „Unsere Führungen sind von ausgezeichneter Qualität, aber wir werden zusätzliche Ausbildungseinheiten hinzufügen", denn, „es gilt, diese kleine Schwäche auszugleichen".

Anmerkung des Autors: An der „ausgezeichneten Qualität der Führungen" muss ebenso gezweifelt werden wie an der moralischen Integrität des Top-Managements.

Wie sollte sich die Führung verhalten, um Veränderungsprozesse erfolgreicher zu steuern?

Die folgende Grafik[29] zeigt alle notwendigen Aspekte und Aktionen, um Veränderungsprozesse sozialverträglich und die Motivation der Mitarbeiter erhaltend zu begleiten. Wie bereits ausgeführt, wird jede Veränderung mit Verunsicherung seitens der Mitarbeiter aufgenommen. In Veränderungsprozessen sie viel Unterstützung durch die Führungskräfte sowie rechtzeitige und umfassende Informationen im Vorfeld. Der regelmäßige und unkomplizierte Gedankenaustausch während des Veränderungsprozesses stabilisiert die Emotionen und hilft, die Orientierung zu behalten.

[29] Vgl. Czichos, R.: „Change Management", München 1990, S. 423.

Abbildung 10.7 Konstruktives Führungsverhalten in Veränderungsprozessen

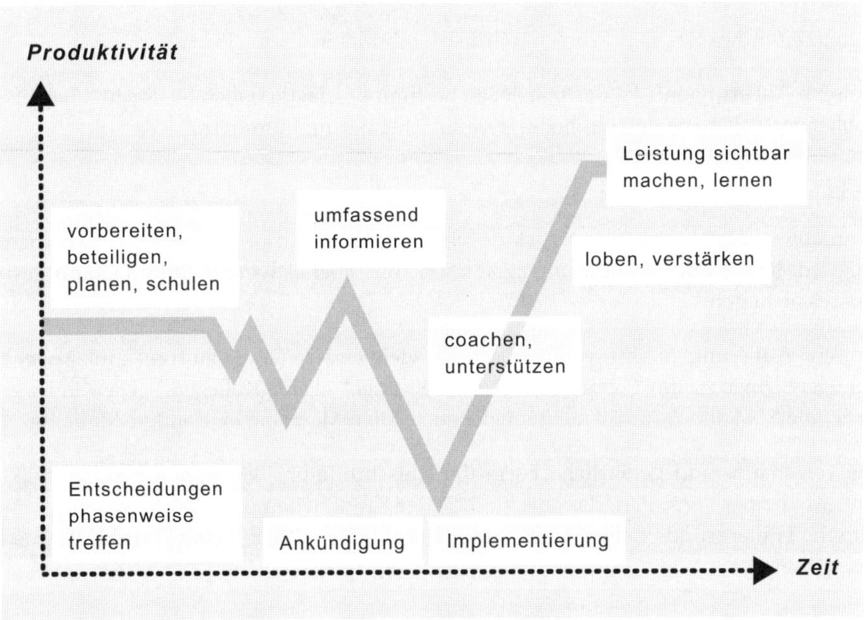

10.5.2 Fünf Stufen bis zur Verhaltensänderung

In Veränderungsprozessen wird von den Mitarbeitern verlangt, dass sie ihr Verhalten den neuen Erfordernissen anpassen. Wie wir bereits wissen, ist eine dauerhafte Verhaltensänderung nur über die Veränderung der Ziele einer Person zu erreichen. Wie reagieren Menschen, wenn Sie mit Veränderungen konfrontiert werden, die ihre Lebenssituation betreffen? Das Neue wird von den meisten Menschen zunächst abgelehnt. Ausnahme: Man erwartet und erkennt sofort einen ganz persönlichen Nutzen in diesem „Neuen“. Bis zur Meinungs- oder Verhaltensänderung werden im Normalfall fünf Stufen durchlaufen:

STUFE 1: Abwehr

Situationen, Meinungen, Vorschläge, die nicht den eigenen Erfahrungen entsprechen, werden in der Regel zunächst Abwehr hervorrufen. Die Sache und/oder die damit verbundene Person werden abgelehnt oder angegriffen.

Typische Äußerungen: „Das geht nicht.“ „Das haben wir früher schon mal versucht.“ „Das haben wir noch nie gemacht.“ „Das haben wir immer anders gemacht.“ „Das kann kein Mensch.“ „Das ist graue Theorie.“ „In der Praxis ist alles ganz anders.“ „Da habe ich schließlich eigene Erfahrung.“ „Das Problem ist doch unbedeutend.“

Wenn direkte Abwehr nicht nötig oder gegen einen „Stärkeren" zu gefährlich erscheint, erfolgt eine „Scheinzustimmung". Änderung oder Akzeptanz des Neuen wird jedoch innerlich nicht erwogen.

Motto: Zeit bringt Rat. Das Problem wird sich schon von alleine lösen.

Typische Äußerungen: „Ja, das mache ich bestimmt." „Ja, da haben Sie Recht." Bei eigenen Problemen: „Ich muss mich unbedingt demnächst darum kümmern."

STUFE 2: Entschuldigung

Wenn äußere Umstände oder Druck durch andere eine Abwehr zwecklos erscheinen lassen, wird die geforderte Änderung zwar anerkannt, aber es werden Gründe dafür gesucht, dass „es nicht geht".

Typische Äußerungen: „Zu wenig Zeit." „Zu viele andere Dinge zu tun." „Im Augenblick wichtigere Dinge zu tun." „Nicht ausreichende Mittel." „Faule Kollegen." „Die Kinder gehen zur Schule." „Meine Frau will nicht umziehen." „Mein Mann hat eine andere Meinung."

Eine verschärfte und gefährliche Form der Entschuldigung ist unter Umständen „krank sein". Mediziner vermuten, dass bis zu 50% der Krankheiten und Beschwerden psychosomatische Hintergründe haben. Viele dieser Krankheiten dürften eine Form der „Entschuldigung" sein.

STUFE 3: Selbstbezichtigung

Wird erkannt, dass Entschuldigungen ein dringendes Problem letztlich nicht lösen, beginnt die Suche nach Lösungen oder das Akzeptieren des geforderten neuen Verhaltens. Nicht selten jedoch wird vorher versucht, durch Erklärung oder Schuldübernahme die notwendige Änderung doch noch zu vermeiden.

Typische Äußerungen: „Ich weiß, ich müsste das machen, aber ich habe einfach nicht den Mut (die Energie, die Kraft, das Wissen)". „Ja, ich weiß, ich bin unmöglich." „Ja, es ist schlimm, immer mache ich den gleichen Fehler."

STUFE 4: Anerkennen des Problems, Lösungen suchen

Erst nach Überwindung der mehr oder weniger heftig ausgetragenen Stufen eins bis drei wird aufrichtig eine Änderung oder die Lösung eines Problems versucht.

Man sucht Mittel, Wege und Möglichkeiten, den Anforderungen der Situation gerecht zu werden. Das ursprünglich vom anderen vorgetragene „Neue" wird jetzt angenommen.

Bei „eigener Suche" nach neuen Wegen besteht die Gefahr, dass die erste „logisch" erscheinende Lösung als „die einzig richtige" angenommen wird.

STUFE 5: Das Neue wird in die Tat umgesetzt

Erst in dieser Stufe beginnt „neues, überzeugtes Handeln". Abhängig von den äußeren Umständen und von der zur Verfügung stehenden persönlichen Energie, liegen die Einstellungen dabei zwischen zwei Polen:

A: kämpferisch, optimistisch, ohne Gedanken an einen möglichen Misserfolg
Typische Äußerungen: „Das ist richtig, das mache ich – und wenn es das Letzte ist, was ich tue."

B: vorsichtig, unsicher, „den Weg nach hinten" offen haltend
Typische Äußerungen: „Richtig ist das schon. Ich versuche es halt mal. Zur Not mache ich es wie vorher."

10.5.3 Das SOS-Modell

Nicht nur Manager, auch Eltern, Lehrkräfte und Partner denken, wenn Sie mit dem Verhalten eines Mitmenschen nicht einverstanden sind, an das (scheinbar) Nächstliegende: Die Person soll (gefälligst) ihr Verhalten ändern. Selten hat man das Recht, dies zu verlangen. Es könnte ja auch der Manager, Kollegen, ein Elternteil, die Lehrkraft oder der Partner selbst der Verursacher einer kritischen Situation sein, manchmal sind auch die Kunden oder die räumliche Situation verantwortlich zu machen. Unser Sein wird von drei Aspekten beeinflusst: von uns, den Anderen und der uns umgebenden Situation. Diese drei Aspekte bilden ein Beziehungsgeflecht, in dem die Veränderung auch nur eines Aspektes zwangsläufig Veränderungen in den beiden anderen bewirkt. Die englischen Begriffe Selves (Selbst), Others (Andere) und Situation ergeben mit ihren Anfangsbuchstaben das Kürzel "SOS" und somit den Namen dieses Modells.

Wann immer wir in Situationen geraten, sei es im Beruf oder im privaten Bereich, in denen wir uns eine Veränderung wünschen, kann uns dieses Konzept nützlich sein.

Sind wir mit einer Sachlage, dem Verhalten einer Gruppe oder einzelner nicht einverstanden, verlangen wir üblicherweise zuerst von den Anderen die aus unserer Sicht erforderliche Verhaltensänderung. Führt unsere Kritik nicht zum Erfolg, machen wir die Situation dafür verantwortlich. Nicht selten hört man: „Wenn die Situation anders wäre, dann ließe sich alles zum Besseren wenden, - aber leider sind die Verhältnisse ungünstig!" Verhaltensänderungen von den Anderen zu verlangen, führt zur Frustration für beide Seiten. Nur die Übereinstimmung im Bereich der Ziele bewirkt auch die gewünschte Übereinstimmung im Verhalten. Das Klagen über die derzeitig schwierige Situation, das Rufen nach „den Verantwortlichen", die doch endlich etwas unternehmen sollten, bringt ebenfalls nichts. Wir müssen erkennen, dass wir Veränderungen am schnellsten und wirksamsten gestalten können, wenn wir bei uns beginnen.

Abbildung 10.8 Das SOS-Modell

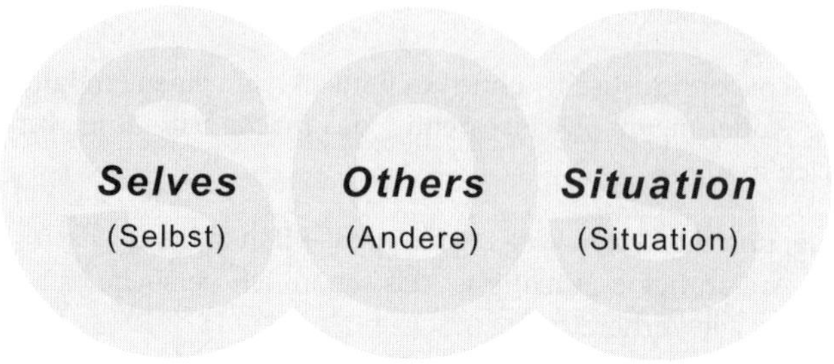

S	*steht für*	**Selves** (Selbst)
O	*steht für*	**Others** (Andere)
S	*steht für*	**Situation** (Situation)

Verändern wir unser Verhalten, dann werden der Logik des Beziehungsgeflechts des SOS-Modells folgend, „die Anderen" und „die Situation" automatisch ebenfalls verändert, wie das folgende Beispiel zeigt: Wenn in einer Gruppe jemand plötzlich zu schreien beginnt, wird er dadurch das Verhalten aller beeinflussen. Wechselt diese Person anschließend in den Flüsterton, das andere Extrem, so wird dadurch erneut das Verhalten aller und auch die Situation, in der sie sich jetzt befinden, beeinflusst (gesteuert).

Dieses einfache Beispiel zeigt, dass wir über den Hebel und die Energie verfügen, Veränderungen zu bewirken. Voraussetzung: Wir verlangen von Anderen nichts, bejammern nicht die Situation, sondern beginnen bei uns.

Im Evangelium des Lukas (6, 41-42) heißt es zu diesem Thema:

„Was siehest du aber einen Splitter in deines Bruders Auge,
und des Balkens in deinem Auge wirst du nicht gewahr?
Oder wie kannst du sagen zu deinem Bruder:
Halt stille, Bruder, ich will den Splitter aus deinem Auge ziehen;
und du siehest selbst nicht den Balken in deinem Auge?
Du Heuchler, zieh zuvor den Balken aus deinem Auge
und sieh dann zu, dass du den Splitter aus deines Bruders Auge ziehest!"

Zusammenfassung

„Sage mir, wen Du wie führst, und ich sage Dir, wer Du bist"

Wählen Sie Mitarbeiter, die auf gewissen Feldern besser sind als Sie selbst. Fördern Sie Mitarbeiter mit sehr guten Fähigkeiten und umgeben Sie sich nicht mit mittelmäßigen Leuten aus der Angst heraus, bessere könnten Ihnen gefährlich werden.

Ein guter Manager erzielt seine Wirkung nicht allein durch das eigene Wissen und Können, sondern durch die Fähig- und Fertigkeiten anderer. Er ermutigt, ermächtigt, fordert und fördert seine Mitarbeiter und bedenkt bei allen Entscheidungen auch die Auswirkungen auf deren Entwicklungsmöglichkeiten. Suchen Sie nach Mitarbeitern, die vereinbarungsfähig und zuverlässig sind, aus eigenem Antrieb gerne mitarbeiten, sich im Rahmen gemeinsamer Zielabsprachen selbst fordern , sich selbst weiterentwickeln und Mut zeigen, auch selbst zu bestimmen und Verantwortung zu übernehmen.

Versuchen Sie nicht, mit manipulativen Mitteln die Leistungsbereitschaft ihrer Mitarbeiter zu steigern; sie sind grundsätzlich für die Tätigkeit bei Ihnen motiviert. Gehen Sie mit gutem Beispiel voran. Seien Sie vorbildlich in Ihrer Arbeitsweise und in Ihrem menschlichen Verhalten. Leben Sie vor, was Sie von anderen verlangen.

Vereinbaren Sie mit Ihren Mitarbeitern gemeinsame Ziele auf Augenhöhe. Unterlassen Sie den Unsinn, Ihren Mitarbeitern Ziele setzen zu wollen. Warum? Weil es demotivierend wirkt. Nicht derjenige, der etwas anordnet und sagt, führt wirklich, sondern: Wer fragt, führt! Verfallen Sie nicht der Verlockung, den Big Boss spielen zu wollen, der alles weiß, alles besser kann, alles sieht und hört. Sie sind nicht Gott, sondern ein Mensch mit Stärken und Schwächen, der auf Zeit das Mandat erhalten hat, für ein Unternehmen und dessen Mitarbeiter das Bestmögliche zu gestalten.

Respektieren Sie Ihre Mitarbeiter. Denken Sie immer daran: Das Streben nach sozialer Akzeptanz ist die Triebfeder unseres Seins. Unterlassen Sie alles, was das Selbstwertgefühl Ihrer Mitarbeiter negativ berühren könnte. Zeigen Sie Ihre Wertschätzung dadurch, dass Sie Ihren Mitarbeitern Leistungen zutrauen und deren Erbringung auch verlangen.

Investieren Sie in die Leistungsfähigkeit der Mitarbeiter. Sorgen Sie dafür, dass jeder die Aufgabe wahrnehmen kann, die seinen Fähigkeiten entspricht und die ihn persönlich wachsen lässt. Dadurch wird die intrinsische Motivation gefördert, die Leistungsbereitschaft gesteigert und die innere Kündigung verhindert.

Seien Sie aufmerksam für die vielen kleinen Faktoren, die demotivierend wirken können und selbstkritisch, aber nicht grüblerisch oder gar von Selbstzweifeln beeinträchtigt.

Entscheiden Sie sich für eine Führungskultur, in der die Vereinbarung zwischen mündigen Menschen im Mittelpunkt steht. Die Mitarbeiter wahrzunehmen, ihre Reaktionen zu erspüren, Feedback zu geben und zu erhalten, Anerkennung und positive Zuwendung zu äußern, freundlich, aufmerksam, verlässlich und beständig zu sein und eine partnerschaftliche Art des alltäglichen Kontaktes zu praktizieren und miteinander zu reden – all das trägt dazu bei, die jedem Menschen innewohnende Motivation zu stärken.

11 Kommunizieren

„Wie kann ich wissen, was ich gesagt habe,
bevor ich die Reaktion meines Gegenübers kenne."

[Paul Watzlawick, Kommunikationswissenschaftler, 1921-2007]

Kommunikation findet immer dann statt, wenn Menschen zusammentreffen und einer das Verhalten des anderen beeinflusst – und zwar auch dann, wenn nicht gesprochen wird.

Als Führungskraft sollten Sie in der Lage sein, eindeutig und erfolgreich mit Ihren Mitarbeitern und Kunden zu kommunizieren. Nicht die Anzahl der Wörter ist entscheidend für den Erfolg und die Bedeutung der Kommunikation, sondern die Wirkungsmechanismen der Kommunikation zu kennen, Konflikte vermeiden und situationsgerecht und zielführend kommunizieren zu können.

Zur Einstimmung in das Thema hören wir in ein Mitarbeiterjahresgespräch hinein. Die Personen und der Gesprächsverlauf sind zwar frei erfunden, vielleicht kommt Ihnen dennoch manches vertraut vor.

Das Jahresgespräch[30]

Scheff: „Herr Kobold, wie Sie bereits auf der Informationsveranstaltung vor ca. einem Jahr erfahren haben, sollen die Vorgesetzten neuerdings mit allen Mitarbeitern regelmäßig Mitarbeitergespräche führen. Wir haben 90 Minuten Zeit, mindestens! Dieses dient u.a. der Förderung der Kommunikation. Sie bekommen mehr Klarheit bezüglich Ihrer persönlichen Perspektiven, da wir eine Zielvereinbarung abschließen. Dies alles wird zu einer verbesserten Zusammenarbeit untereinander führen. *[Scheff denkt sich: in etwa drei Wochen werde ich dann mit allen Gesprächen durch sein.]* ...Äh ...wie isset??"

Fritz-Willi: „Joot!"

Scheff: „Ja, also ich habe hier ein Formular, das wir dann mal abarbeiten! Punkt 1: Wie beurteilen Sie Ihr Arbeitsumfeld?"

Fritz-Willi: „Joot!"

Scheff: „Und wie beurteilen Sie die Zusammenarbeit mit Ihren Kolleginnen und Kollegen?"

Fritz-Willi: „Joot!"

---

[30] Ischinger, Karl: „Eine Glosse des Personalrates der Universität Bonn", August 1998.

Scheff: „Sie wissen ja auch, dass Sie sogar mich kritisieren dürfen. Dies wird auch keine Nachteile für Sie haben. Geben Sie doch einmal eine Rückmeldung. Was halten Sie von meinem Führungsstil?"

Fritz-Willi: „Joot!" *[Und denkt sich: „Für wie blöd hält dä misch eijentlich, dä kann misch ens am..."]*

Scheff: „Ganz hervorragend! Eine andere Antwort hätte ich von Ihnen auch nicht erwartet. Das haben mir Ihre Kolleginnen und Kollegen auch gesagt."

Fritz-Willi: *[Denkt sich: „Han isch mir doch jedaacht!"]*

Scheff: „Kommen wir nun mal zur Zielvereinbarung. Diese dient auch zur Personalentwicklung. Wie ist denn Ihre berufliche Perspektive?"

Fritz-Willi: „En zehn Johr jonn isch en Rente!"

Scheff: „Ja gut, aber das können wir schlecht als Zielvereinbarung festhalten."

Fritz-Willi: „Wie wör et dann met en Höherjruppierung?"

Scheff: „Mmh, ja, das ist wohl nicht mehr möglich. Ich weiß ja, dass Sie ganz hervorragende Arbeit leisten. Sie haben sich über die ganzen Jahre hinweg konsequent weitergebildet, zeitweise auch auf eigene Kosten und in Ihrem Urlaub. Sie wissen ja: Das Problem mit den Zielgruppen bei den Fortbildungsveranstaltungen... Ein weiteres Problem ist... äh, Sie sind nun halt kein Ingenieur... Was die Praxis angeht, stecken Sie jeden Berufsanfänger, der von der Fachhochschule kommt, dreimal in die Tasche, aber... Diplom ist Diplom... so ist das nun mal! Also kommen wir zurück zur Zielvereinbarung!"

Fritz-Willi: „Nur noch nüng!"

Scheff: „Was heißt das... nur noch neun?"

Fritz-Willi: „Nur noch nüng Mitarbeitergespräche... dann bin isch en Rente!"

Sie werden bemerkt haben, dieser Dialog ist nicht nur lustig, sondern leider auch recht wirklichkeitsnah.

Manager führen durch das Wort, stellen Fragen, geben Anweisungen, verhandeln, kritisieren, loben und, wenn sie richtig gut sind, hören sie sogar auch zu. Die Gesprächsführung mit Mitarbeitern und Kunden gehört zu den unverzichtbaren Schlüsselkompetenzen des Managers, aber nur wenige haben die Fähigkeit der Gesprächsführung erlernt oder gar trainiert. Sie werden im Folgenden die Fähigkeit erwerben, Gespräche erfolgreich führen zu können und an Fallbeispielen aus der Berufspraxis lernen, worauf es ankommt. Sämtliche Fallbeispiele und Fallstudien haben sich im wirklichen Leben so zugetragen, wie hier dargestellt. Falls Ihnen etwas merkwürdig vorkommen sollte, vergessen Sie nicht: Die besten Geschichten schreibt das Leben!

11.1 Übung: Kommunizieren leicht gemacht

1. Kopieren Sie die folgende Vorlage und suchen Sie sich einige Mitspieler.
2. Kreuzen Sie an, welche der Aussprüche von Ihnen oder anderen im welchem Umfang verwendet oder nicht verwendet werden.
3. Vergleichen Sie Ihre Ergebnisse. Wie oft haben Sie bei „Werden verwendet von mir und von anderen“ die Rubrik „häufig“ angekreuzt? Es sind insgesamt 37 Aussagen. Korrelieren Sie Ihre Auswahl mit dieser Zahl. Welche Erkenntnisse können Sie aus dieser Übung gewinnen?
4. Machen Sie jetzt ein „Kommunikationsspiel“ mit einem Partner oder in der Gruppe. Jeder darf nur die Aussprüche auf der linken Seite der Matrix verwenden und keine zusätzlichen Formulierungen hinzufügen. Jeden Ausspruch „beantworten“ Sie also mit einem beliebigen anderen Ausspruch der Matrix. Gute Unterhaltung!
5. Diskutieren Sie Ihre Erfahrungen und Eindrücke. Was nehmen Sie mit aus diesem Spiel?

AUSSPRÜCHE	Werden verwendet					
	von mir			von anderen		
	eher			eher		
	sel-ten	häu-fig	gar nicht	sel-ten	häu-fig	gar nicht
So geht das nicht, das ist unmöglich!						
Das sehen Sie so völlig falsch!						
In Wirklichkeit ist es doch so, dass ...						
Wissenschaftliche Untersuchungen haben gezeigt, dass ...						
Woanders kann das ja geklappt haben, aber bei uns geht das nicht.						
Dazu haben wir jetzt keine Zeit.						
Das haben wir schon immer so gemacht.						
Dafür sind wir doch gar nicht zuständig.						
Kommen wir doch endlich zur Sache!						
Das ist viel zu teuer!						
Dafür gibt es Experten.						
In der Theorie klingt das ja ganz gut, aber in der Praxis ...						
Tatsache ist ...						
Das gehört nicht hierher!						
Sie werden zugeben, dass ...						
Das geht uns nichts an.						
Daran gibt es keinen Zweifel.						
Wenn Sie richtig zugehört hätten ...						
Dafür sollten wir einen Ausschuss einsetzen.						
Hat sich Ihr Vorschlag schon mal irgendwo bewährt?						

AUSSPRÜCHE	Werden verwendet					
	von mir			von anderen		
	eher			eher		
	sel-ten	häu-fig	gar nicht	sel-ten	häu-fig	gar nicht
Es ist doch allgemein bekannt, dass ...						
Das nimmt Ihnen doch keiner ab.						
Meinen Sie das im Ernst?						
Das ist gegen die Vorschriften.						
Es ist unbestritten, dass ...						
Wir sollten da erst noch die Entwicklung abwarten.						
Haben wir doch alles schon mal versucht.						
Das ist doch längst überholt!						
Davon haben Sie keine Ahnung!						
Wenn die Idee etwas taugte, wäre doch schon längst jemand darauf gekommen.						
Das sind doch Hirngespinste!						
Das ist doch (juristisch, technisch ...) gar nicht machbar!						
Dazu haben wir keine Leute.						
Alles graue Theorie.						
Dazu ist unsere Firma zu groß / zu klein.						
Das gilt nicht für unser Geschäft.						
Das wird unser Management nicht wollen.						

11.1.1 Gestörter Informationsfluss - eine Geschichte nicht nur zum Schmunzeln

Der Direktor sagt zum stellvertretenden Direktor: „Morgen um 9.00 Uhr findet eine Sonnenfinsternis statt. Also etwas, was man nicht alle Tage sehen kann. Lassen Sie die Belegschaft in festlicher Kleidung antreten. Bei der Beobachtung dieses seltenen Ereignisses werde ich selbst die Erläuterungen geben. Wenn es regnet, werden wir das nicht gut sehen können. Die Belegschaft begibt sich dann in die Kantine."

Der stellvertretende Direktor sagt zum Abteilungsdirektor: „Auf Anweisung des Direktors findet morgen um 9.00 Uhr eine Sonnenfinsternis statt. Wenn es regnet, werden wir das alle im Ausgehanzug auf dem Hof nicht gut sehen können. In diesem Falle führen wir das Verschwinden der Sonne im Speisesaal durch. Also etwas, was man nicht alle Tage sehen kann."

Der Abteilungsleiter sagt zum Prokuristen: „Auf Anweisung des Direktors wird morgen um 9.00 Uhr im Ausgehanzug das Verschwinden der Sonne im Speisesaal durchgeführt. Der Direktor gibt Anweisung, ob es regnen soll. Also etwas, was man nicht alle Tage sehen kann."

Der Prokurist sagt zum Handlungsbevollmächtigten: „Wenn es morgen im Speisesaal regnet, also etwas, was man nicht alle Tage sieht, verschwindet um 9.00 Uhr unser Direktor im Ausgehanzug."

Der Handlungsbevollmächtigte sagt zum Tarifangestellten: „Morgen um 9.00 Uhr soll unser Direktor verschwinden. Schade, dass man das nicht alle Tage zu sehen bekommt."

Diese unterhaltsame Geschichte zeigt ein Grundproblem der Kommunikation auf: Gehört ist nicht verstanden und je mehr Menschen eine Information weitergeben, desto größer die Gefahr von Missverständnissen oder Fehlinterpretationen.

11.1.2 Der Stille-Post-Effekt

Kennen Sie das Spiel „Stille Post"? Zur Erinnerung: Mehrere Mitspieler sitzen in einer Reihe nebeneinander, der Erste flüstert seinem Nachbarn ganz rasch etwas ins Ohr, was dieser an den Nächsten und dieser wiederum an seinen Nächsten usw. ebenso flüsternd weiter sagen muss. Der Letzte sagt ganz laut den Begriff oder den Satz, den er verstanden hat. Dieses Spiel lebt davon, dass die ursprüngliche Bedeutung des Begriffs durch undeutliche Artikulation, Hör- und Verständnisfehler unwillkürlich mehr und mehr verfremdet und entstellt wird, sodass am Ende etwas ganz anderes herauskommt als zu Beginn gesagt wurde.

Im Berufsleben erleben wir ähnliche Effekte. Eine Information geht durch viele Ohren, Hirne und Münder und wird dadurch verfremdet. Wir sind also gut beraten, Informationen mit Vorsicht zu behandeln und deren Gehalt sorgfältig zu prüfen.

Daraus ergibt sich ein Grundgesetz für effektive Kommunikation:

> In der Kommunikation gibt es keine Wahrheiten, sondern nur Übereinkünfte.

11.1.3 Übung: Subjektive Wahrnehmung beim Zuhören

Bevor Sie weiterlesen und sich die Übung anschauen, suchen Sie sich bitte eine Person, die Ihnen die folgende kurze Geschichte vorliest. Möchten Sie die Übung alleine machen, lesen Sie die Geschichte einmal durch und gehen Sie dann wie beschrieben vor. Nach dem Hören oder Lesen legen Sie den Text beiseite und beantworten den nachstehenden Fragebogen. Falls Ihnen die Sachlage unklar erscheint, kreuzen Sie das Fragezeichen an. Anschließend überprüfen Sie Ihr Ergebnis anhand der Lösungs-Seite.

Die Geschichte: *Ein Vorgesetzter spricht mit einem Mitarbeiter über die Einhaltung der Arbeitszeit. Der Mitarbeiter ist der Überzeugung, er habe sich nichts zuschulden kommen lassen. Wenn er, was selten vorkomme, morgens nach 7.30 Uhr komme, bleibe er nachmittags über 16.30 Uhr hinaus da. Der Vorgesetzte schlägt ihm vor, in Zukunft die Ankunftszeiten aufzuschreiben, der Mitarbeiter stimmt zu, wenn die Kollegen ebenfalls solche Aufzeichnungen machen.*

Fragen zur Übung „Subjektive Wahrnehmung beim Zuhören"

Fragen zur Zuhörübung	richtig	?	falsch
Der Vorgesetzte ruft einen Mitarbeiter zu sich, um mit ihm über die Einhaltung der Arbeitszeit zu sprechen.			
Der Vorgesetzte ist über die Unpünktlichkeit seines Mitarbeiters verärgert.			
Der Vorgesetzte überwacht eine Zeit lang die Ankunftszeiten des Mitarbeiters.			
Der Vorgesetzte macht dem Mitarbeiter Vorhaltungen wegen der Nichteinhaltung der täglichen Arbeitszeit.			
Der Mitarbeiter kommt in der letzten Zeit häufiger zu spät.			
In der Firma ist Gleitzeit eingeführt, es kommt nicht auf Anfang und Ende, sondern auf die Dauer der täglichen Anwesenheit an.			
Der Mitarbeiter beweist, dass er nie weniger als vorgeschrieben anwesend war.			
Der Mitarbeiter stimmt dem Vorschlag zu, wenn er auch für die Kollegen gilt.			

Fragen zur Zuhörübung	richtig	?	falsch
Der Vorschlag sieht vor, die tägliche Anwesenheitszeit aufzuschreiben.			
Der Mitarbeiter behauptet, er bleibe nachmittags länger da, wenn er morgens später komme.			
Die Kollegen kommen ebenfalls häufiger zu spät (bzw. gehen früher).			
Der Vorgesetzte veranlasst, dass die Kollegen ebenfalls Aufzeichnungen machen.			
Vorgesetzter und Mitarbeiter haben sich gütlich geeinigt.			

Die Lösungen:

1.	?	Es wird im Text nichts darüber gesagt, dass der Vorgesetzte den Mitarbeiter zu sich ruft; vielleicht sucht der Vorgesetzte den Mitarbeiter auf?
2.	?	Vielleicht ist der Vorgesetzte beunruhigt oder besorgt.
3.	?	Das wäre eine Vermutung, im Text ist das nicht belegt.
4.	?	Darüber enthält der Text keine Information.
5.	?	Das ist eine Vermutung; vielleicht ist der Vorgesetzte aber auch sehr genau und führt nach zweimaligem Zuspätkommen schon ein Gespräch?
6.	?	Darüber sagt der Text nichts aus.
7.	?	Der Mitarbeiter behauptet das.
8.	R	Steht fast wörtlich im Text.
9.	F	Die Ankunftszeiten sollen aufgeschrieben werden.
10.	R	Siehe Text
11.	?	Das ist eine Vermutung.
12.	?	Möglicherweise wird er das tun.
13.	?	Über eine Einigung ist nichts ausgesagt,

Vielleicht hatten Sie bei mancher Frage eine andere Lösung erwartet und waren überrascht, was der Text tatsächlich aussagt. Sie haben einen Text gehört, dessen schriftliche Form eindeutige und überprüfbare Aussagen enthält. Erkenntnis: Gehört ist nicht verstanden.

Diese Missverständnisse, begründet in subjektiver Wahrnehmung, die manchmal wie ein Filter wirkt, der nur durchlässt, was wir hören wollen oder die Informationen so einfärbt, dass sie uns passend erscheinen, belasten unser Zusammenleben. Was ist zu tun, um mehr Eindeutigkeit zu erlangen? Betrachten wir zunächst die Wirkungsmechanismen in der Kommunikation.

11.2 Kommunikation aus psychologischer Sicht[31]

Unabhängig, worüber geredet, diskutiert und verhandelt wird, gibt es gesicherte psychologische Erkenntnisse, die für das Grundverständnis der zwischenmenschlichen Kommunikation von entscheidender Bedeutung sind. Kommunikation ist immer Austauschen und Verarbeiten von Reizen. In jeder Kommunikation gibt es einen Sender und einen Empfänger. Der Sender schickt einen Reiz aus, zum Beispiel eine Frage, und der Empfänger zeigt daraufhin eine Reaktion: zum Beispiel antwortet er zustimmend, ablehnend oder gar nicht.

Abbildung 11.1 Kommunikationsmodell I

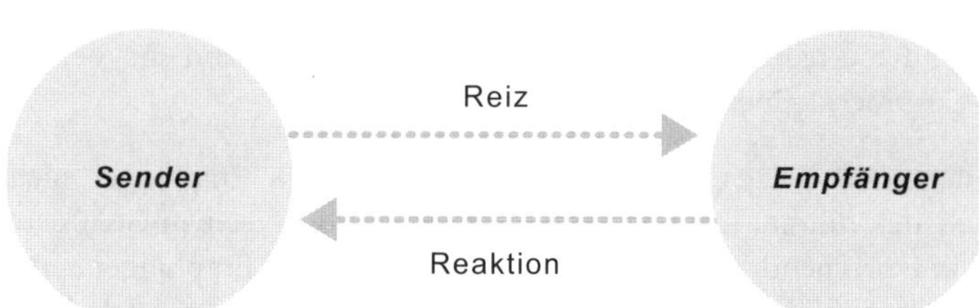

In der Regel folgt auf einen positiven Reiz auch eine positive Reaktion, wogegen der Empfänger auf einen negativen Reiz wahrscheinlich negativ reagiert.

Im Verlaufe eines Gesprächs nehmen die Gesprächsteilnehmer abwechselnd die Sender- und Empfängerrolle ein. Es entsteht ein Regelkreissystem.

[31] Literaturempfehlung: Schulz, F./Ruppel, J./Stratmann, R.: „Miteinander reden: Kommunikationspsychologie für Führungskräfte", Hamburg, 2000.

Abbildung 11.2 Kommunikationsmodell II

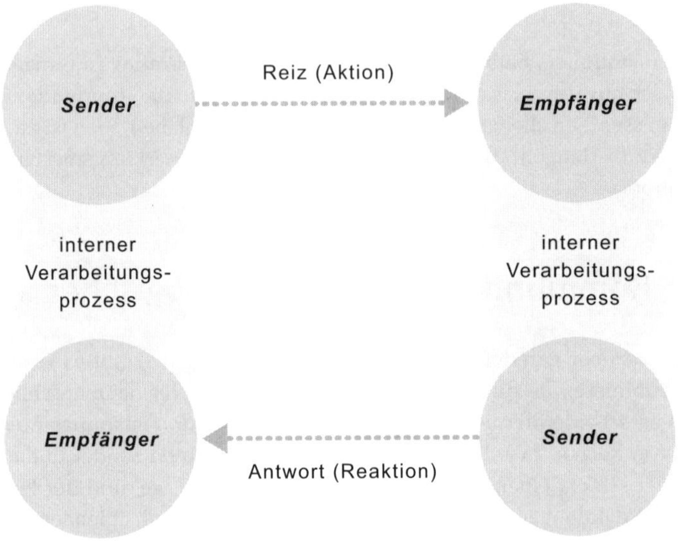

Dem Regelkreismodell entsprechend beeinflussen sich die Gesprächspartner gegenseitig durch ihr Verhalten. Daraus folgt: Das Kommunikationssystem ist beeinflussbar, steuerbar, änderbar und die hierzu benötigten Steuerungselemente sind die Verhaltensweisen der einzelnen Gesprächsteilnehmer.

Was der Sender eines Reizes ausdrücken will, muss beim Empfänger nicht zum gewünschten Eindruck führen. Jeder Mensch empfindet anders, seinen Gefühlen und Wertvorstellungen entsprechend. Zwischen dem Reiz, der beim Empfänger ankommt, und dessen Reaktion darauf findet eine Verarbeitung des Reizes statt. Folgende Faktoren beeinflussen die Verarbeitung:

Abbildung 11.3 Kommunikationsmodell III

* SWG = Selbstwertgefühl

Von einem Sender ausgehende Kommunikationsreize werden beim Empfänger in einem internen, für andere nicht erkennbaren Prozess verarbeitet.

Die Reaktion des Empfängers stellt nur das äußerlich sichtbare Ergebnis des internen Verarbeitungsvorgangs dar. Und da jeder Mensch Reize individuell verarbeitet, kann ein- und derselbe Reiz bei verschiedenen Empfängern zu verschiedenen Eindrücken führen.

Die Eindeutigkeit des Reizes hilft, unterschiedliche Deutungen zu verhindern. Wer sich unklar ausdrückt, fordert seinen Gesprächsteilnehmer geradezu auf, seine Aussagen zu interpretieren. Der Gesprächspartner handelt dabei in bester Absicht, er will ja verstehen und teil haben.

Alles, was die Teilnehmer in einem Gespräch tun oder unterlassen, ist, kommunikationspsychologisch gesehen, für den anderen von Bedeutung. Jeder Gesprächsteilnehmer ordnet das Verhalten des anderen ständig ein und interpretiert es.

Diese Faktoren beeinflussen die Kommunikation:

- Emotionen
- Störungen (Ablenkungen etc.)
- Inhalte
- Erwartungen
- zufällige Umstände
- Aufmerksamkeit
- Interesse
- Medien

11.2.1 Fallbeispiel „Kein Papier mehr“

Situation: Zwei Arbeitskollegen, eine Frau und ein Mann, teilen sich mit drei weiteren Kollegen ein Büro und einen Drucker. Der männliche Kollege begibt sich in den Druckerraum, um ein ausgedrucktes Dokument von dort zu holen und stellt fest, dass der Druckauftrag nicht ausgeführt worden ist. Durch die geöffnete Tür hört die Kollegin ihn sagen: „Kein Papier mehr.“

Bitte überlegen Sie, wie die Kollegin seine Äußerung verstehen und dementsprechend reagieren könnte. LESEN SIE JETZT NICHT WEITER! Nehmen Sie sich Zeit und schreiben Sie Ihre Gedanken zu diesem Szenario hier auf:

11.2.2 Der vierfache Gehalt einer Äußerung: das Kommunikationsquadrat[32]

Kommunikation ist eine vierdimensionale Angelegenheit. Grundvoraussetzung ist, dass ein Sender etwas mitteilen möchte, die Nachricht unbewusst in erkennbare Zeichen verschlüsselt und der Empfänger die Nachricht entschlüsseln muss.

Abbildung 11.4 Interpretationsmöglichkeiten einer Nachricht

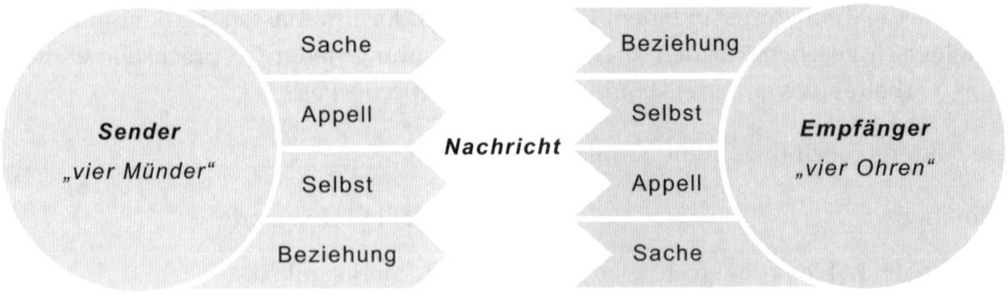

[32] Vgl. Schulz, F./Ruppel, J./Stratmann, R.: „Miteinander reden: Kommunikationspsychologie für Führungskräfte“, Hamburg, 2000, S. 33-41.

Friedemann Schulz von Thun hat 1981 einer Nachricht (Äußerung) vier Interpretationsmöglichkeiten und den Kommunikationspartnern (Sender und Empfänger) vier Münder und vier Ohren zugeordnet. Jede Äußerung (Nachricht) enthält demnach vier Botschaften gleichzeitig:

a) eine Sachinformation (worüber ich informiere)

b) eine Selbstkundgabe (was ich von mir zu erkennen gebe)

c) einen Beziehungshinweis (was ich von einer Person halte und wie ich zu ihr stehe)

d) einen Appell (was ich bei jemandem erreichen möchte).

Der **Sachinhalt** wird meist direkt ausgesprochen. Im beruflichen Kontext sollte er die Hauptrolle spielen, unabhängig davon, ob die Menschen, die miteinander zu arbeiten haben, einander mögen oder nicht. Auf der Sachebene gilt zum einen das *Wahrheitskriterium* (wahr/unwahr oder zutreffend/nicht zutreffend) und zum anderen das Kriterium der *Relevanz:* Sind die angeführten Informationen für das anstehende Thema von Belang oder nicht? Zum Dritten das Kriterium der Hinlänglichkeit: Sind die angeführten Sachhinweise für das Thema ausreichend, oder muss vieles andere auch bedacht sein?

Die Beziehungsseite. Ob ich will oder nicht: Wenn ich jemanden anspreche, gebe ich (durch Formulierung, Tonfall, Begleitmimik) auch zu erkennen, wie ich zum Anderen stehe und was ich von ihm halte. In jeder Äußerung steckt somit auch ein *Beziehungshinweis,* für welchen der Empfänger oft ein besonders sensibles, (über) empfindliches Ohr besitzt. Beziehungssignale werden meist implizit, zwischen den Zeilen, gesendet. Das Nicht-Sprachliche, der Tonfall und die Mimik, spielen hier eine viel größere Rolle. Als Führungskraft sind Sie immer auch in die Beziehungsebene verstrickt. Einer der Kardinalfehler in der Kommunikation ist, dass eine Beziehungsstörung auf der Sachebene ausgetragen wird. Störungen auf der Beziehungsseite müssen vorrangig geklärt werden, bevor man wieder zur Sacharbeit zurückkehrt.

Die Selbstkundgabe-Seite. Immer, wenn ich etwas von mir gebe, gebe ich auch etwas von *mir* (kund, preis)! Jede Äußerung enthält auch eine Selbstkundgabe, einen Hinweis darauf, was in mir vorgeht, wie mir ums Herz ist, wofür ich stehe und wie ich meine Rolle auffasse.

Die Appell-Seite. Wenn ich das Wort ergreife und an jemanden richte, will ich Einfluss nehmen; ich will den anderen nicht nur erreichen, sondern auch etwas bei ihm erreichen. Die Macht des Wortes ist für Führungskräfte von besonderer Bedeutung, denn der Führungsauftrag enthält die Herausforderung, Menschen zu leiten, zu bewegen, zu motivieren.

Botschaften können auf vier verschiedene Weisen übermittelt werden:

- explizit (ausdrücklich formuliert)
- implizit (indirekt, zwischen den Zeilen stehend)
- nonverbal (Tonfall, Mimik, Gestik)

- inkongruent (widersprüchlich)

Ursachen für Schwierigkeiten können sprachliche Verständigungsprobleme oder kulturelle Unterschiede sein. Denkbare Störquellen sind:

- das Bild des Empfängers von sich selbst (Selbstbild = Ich bin der Größte!)
- das Bild des Empfängers vom Sender (Fremdbild = Der ist aber arrogant!)
- die „Selbst-Erfüllende-Prophezeiung“

11.2.3 Der 4-mundige Sprecher und der 4-ohrige Hörer[33]

Wie bereits ausgeführt, gibt es in jeder Kommunikation einen Sender und einen Empfänger. Der Empfänger hört die Nachricht und bewertet sie. Die vier Seiten einer Nachricht wirken auf ihn ein. Die Aktivierung der vier Ohren (vier Seiten einer Nachricht) wird entscheidend beeinflusst von der psychischen Gestimmtheit der Kommunikationspartner. Sind beide entspannt und gelassen und die Grundstimmung positiv, werden die Botschaften eher mit dem „Sach-Ohr“ gehört, weil das Konfliktpotential gering ist. Ist die Grundstimmung hingegen eher gereizt, ist die Wahrscheinlichkeit hoch, dass sehr rasch das „Beziehungs-Ohr“ aktiviert wird. Lassen Sie die folgenden Annahmen anhand des Beispielsatzes „Kein Papier mehr.“ auf sich wirken.

Analyse zum Fallbeispiel „Kein Papier mehr.“

Sprecher (Sender = Mann) teilt mit:	Er meint:	Hörer (Empfänger = Frau) nimmt wahr:	Sie versteht:
Mit dem **Selbstkundgabemund:** - Was er für einer ist, was mit ihm los ist. - In welcher seelischen Verfassung er sich befindet.	*„So ein Mist! Immer wenn ich mal etwas ausdrucke, ist gerade kein Papier mehr drin.“*	Mit dem **Selbstkundgabeohr:** - Was ist das für einer? - Was ist mit ihm los? - In welcher seelischen Verfassung befindet er sich im Moment?	*„Der scheint ja mal wieder richtig gute Laune zu haben.“*

33 Vgl., Schulz, F./Ruppel, J./Stratmann, R.: „Miteinander reden: Kommunikationspsychologie für Führungskräfte“, Hamburg 2000, S. 66 f.

Sprecher (Sender = Mann) teilt mit:	**Er meint:**	**Hörer (Empfänger = Frau) nimmt wahr:**	**Sie versteht:**
Mit dem **Sachmund:** – Sachliche Informationen – Angaben, wie der Sachverhalt zu verstehen ist	*„Ach so, der Papierschacht ist leer.*	Mit dem **Sachohr:** – Was steckt an sachlicher Information darin? – Wie ist der Sachverhalt zu verstehen?	*„Papier fehlt."*
Mit dem **Beziehungsmund:** – Wie er zu den anderen steht, ob er akzeptiert, wertschätzt, liebt, missachtet, abwertet, ob er sich über- oder unterlegen fühlt.	*„Sie könnte jetzt eigentlich auch mal Papier nach füllen; warum eigentlich immer ich?"*	Mit dem **Beziehungsohr:** – Wie redet der eigentlich mit mir? – Wen glaubt er, vor sich zu haben? – Wie steht er zu mir? – Fühlt er sich mir gleichrangig oder mir über- oder unterlegen?	*„Der kann ruhig mal Papier nachlegen, da fällt ihm bestimmt kein Zacken aus der Krone!"*
Mit dem **Appellmund:** – Was der andere tun, denken, fühlen soll, was er vom anderen erwartet.	*„Kollegin, hilf mir doch mal!"*	Mit dem **Appellohr:** – Was soll ich tun, denken, fühlen aufgrund seiner Mittelung? – Was erwartet er von mir?	*„Er möchte, dass ich ihm jetzt helfe."*

11.2.4 Übung: Der Termin

Der Abgabetermin einer anspruchsvollen Projektarbeit rückt näher. In sieben Tagen muss die Arbeit fertig sein. Der Chef sagt zum Leiter der Projektgruppe: **„Den Termin halten wir."**

Bitte versuchen Sie in den Rubriken „gemeint" und „verstanden", dem zuvor gezeigten Modell entsprechend, Ihre Wahrnehmungen einzutragen.

Sprecher (Sender) teilt mit:	gemeint	Hörer (Empfänger) nimmt wahr:	verstanden
Mit dem **Selbstkundgabemund:** – Was er für einer ist, was mit ihm los ist. – In welcher seelischen Verfassung er sich befindet.		Mit dem **Selbstkundgabeohr:** – Was ist das für einer? – Was ist mit ihm los? – In welcher seelischen Verfassung befindet er sich im Moment?	
Mit dem **Sachmund:** – Sachliche Informationen – Angaben, wie der Sachverhalt zu verstehen ist		Mit dem **Sachohr:** – Was steckt an sachlicher Information darin? – Wie ist der Sachverhalt zu verstehen?	
Mit dem **Beziehungsmund:** – Wie er zu den anderen steht, ob er akzeptiert, wertschätzt, liebt, missachtet, abwertet, ob er sich über- oder unterlegen fühlt.		Mit dem **Beziehungsohr:** – Wie redet der eigentlich mit mir? – Wen glaubt er, vor sich zu haben? – Wie steht er zu mir? – Fühlt er sich mir gleichrangig oder mir über- oder unterlegen?	
Mit dem **Appellmund:** – Was der andere tun, denken, fühlen soll, was er vom anderen erwartet.		Mit dem **Appellohr:** – Was soll ich tun, denken, fühlen aufgrund seiner Mittelung? – Was erwartet er von mir?	

11.3 Fragen

Erfolg oder Misserfolg aller Vorhaben hängen davon ab, ob und wie es uns gelingt, mit unserem Gegenüber den Prozess der Verständigung, die Kommunikation zu gestalten. Das größte Problem sind sogenannte Missverständnisse. Man hat etwas anderes gesagt, gemeint oder gewollt, der Andere hat uns angeblich nicht richtig verstanden. Die Mutter aller Missverständnisse ist das Zuhören. Die meisten Menschen sind ausgesprochen schlechte Zuhörer. Am liebsten hören sie sich selbst reden.

Gespräche so zu führen, dass jeder Partner mit dem Gefühl der Zufriedenheit daraus hervorgeht, in Konfliktsituationen angemessen kommunizieren können und Beratungsgespräche für den Anderen zu einem positiven Erlebnis werden lassen, das sind unsere nächsten Ziele.

11.3.1 Fallstudie: Der Autokauf

Lassen Sie uns in ein Beratungsgespräch hinein hören, das sich in dieser Art häufig ereignet. Wir erleben einen Automobilverkäufer im Beratungsgespräch. Er hat von seiner Geschäftsleitung den Auftrag erhalten, den kürzlich in Zahlung genommenen Gebrauchtwagen schnellstens wieder zu verkaufen. Es handelt sich in diesem Fall um einen sieben Jahre alten VW-Golf TDI mit 107.000 KM Laufleistung, optisch und technisch in akzeptablem Zustand.

Ein Kunde betritt den Gebrauchtwagenplatz, schlendert durch die Fahrzeugreihen und betrachtet interessiert die Schilder mit den verkaufstechnischen Daten. Der Verkäufer nähert sich dem Kunden.

Szenario 1

V(erkäufer): Guten Tag, wie kann ich Ihnen helfen?

K(unde): Ich schau' mich mal um. (Der Kunde steht zu diesem Zeitpunkt vor einem Mercedes 200D älteren Baujahrs, Preis 4.000 Euro.)

V: Sie suchen nach einem Diesel! Da hab' ich was ganz Interessantes für Sie. Kommen sie doch mal mit. Hier: Ein VW-Golf TDI, sieben Jahre alt, 107.000 KM gelaufen, toll in Schuss. Fährt sich wie eine Eins. Damit werden Sie viel Freude haben. Und das Beste ist der Preis: Nur 3.200 Euro und Sie fahren noch heute damit vom Hof.

K: Hm. Ja, ein Golf, ein VW.

V: Genau. Ein super Auto. Unverwüstlich. Eine echte Spardose!

K: Hm, ja, ich schau' mich dann noch mal weiter um. (Kunde verlässt den Platz.)

Szenario 2

V(erkäufer): Guten Tag, wie kann ich Ihnen helfen?

K(unde): Ich schau' mich mal um. *(Der Kunde steht zu diesem Zeitpunkt vor einem Mercedes 200D älteren Baujahrs, Preis 4.000 Euro.)*

V: Sie interessieren sich für ein Fahrzeug mit Dieselmotor?

K: Ja.

V: Speziell für so einen? *(Weist auf den Mercedes 200D, vor dem der Kunde gerade steht.)*

K: Ein Mercedes ist natürlich schon toll, so solide und hat ja auch jede Menge Platz.

V: Welche Anforderungen muss ihr neues Auto unbedingt erfüllen? Was ist Ihnen wichtig?

K: Es sollte ein Diesel sein. Ordentlich was drum herum wegen der Sicherheit, falls doch mal etwas passiert. Und ausreichend Platz.

V: Ausreichend Platz?

K: Wir haben drei Kinder im Alter von 5 bis 13 Jahren. Am Wochenende fahren wir mit denen gerne auf den Campingplatz und dann müssen wir auch noch das Eine oder Andere mitnehmen, was man halt so braucht.

V: Sie brauchen also einen Diesel, Platz für zwei Erwachsene und drei Kinder im Alter von 5 bis 13 Jahren? Außerdem soll er auch für den Transport verschiedener Gegenstände zum Campingplatz geeignet sein?

K: Richtig. So einen such' ich.

V: Wie wichtig ist Ihnen dabei die Marke?

K: So ein alter Mercedes wäre natürlich schon toll, aber muss man mal sehen.

V: Ich hätte da hinten ein Fahrzeug, dass die meisten Ihrer Vorstellungen erfüllt. Es ist ein Diesel, Verbrauch ca. 5,8 Liter auf 100 Kilometer, Fünfsitzer mit fünf Türen.

K: Fünf Türen?

V: Ja, er hat noch eine Heckklappe zum Be- und Entladen.

K: Ein Kombi oder gar ein Lieferwagen? Das ist nicht mein Fall!

V: Nein, schon eine Limousine mit Heckklappe, was ja auch sehr praktisch ist. Gerade, wenn man mal etwas sperrige Gegenstände zu laden hat oder auch den Wocheneinkauf, das müssen Sie oder Ihre Frau dann nicht erst hoch wuchten. Der Wagen lässt sich ganz einfach beladen, schont die Wirbelsäule und die Bandscheiben.

K: Und was ist das für einer?

V: Kommen Sie doch bitte mal mit. Hier: ein VW-Golf TDI, schwarzmetallic.

K: Ist natürlich kein Mercedes!

V: Steht für Sie die Marke im Vordergrund oder das Preis-Leistungs-Verhältnis?

K: Natürlich Preis und Leistung!

V: Sehen Sie, der Golf hat für Ihre Zwecke noch einen wichtigen Vorteil. Sie können die hintere Sitzbank umlegen und noch jede Menge zuladen!

K: Ah, das ist gut. Manchmal brauchen wir gerade so eine Lademöglichkeit. Und Sitzplätze hat er ja auch genug. Kostet?

V: Fast bedauere ich, Ihnen diesen Wagen gezeigt zu haben. Im Gegensatz zu dem Mercedes, vor dem Sie standen, der kostet 4.000 Euro, können Sie mit diesem hier für 3.200 Euro heute noch zum Campingplatz fahren und sparen 800 Euro!

K: Können Sie den heute noch zulassen?

V: Sie hätten ihn gerne heute noch?

K: Wenn das ginge?

V: Gut, dann machen wir jetzt den Vertrag und Sie holen ihn gegen vier Uhr ab.

K: Gut, machen wir.

Analysieren Sie die beiden Szenarien. Worin unterscheiden sie sich? Nehmen Sie sich Zeit, die Unterschiede herauszufinden, bevor Sie weiter lesen. Notieren Sie hier Ihre Wahrnehmungen:

Analyse der Szenarien:

Szenario 1	Szenario 2

Im Szenario 2 lernen wir, dass es wichtig ist,

- die Wünsche des Gesprächspartners genau kennen zulernen,
- die Vorteile unseres Angebotes für ihn sehr treffsicher einzuschätzen,
- in der Lage zu sein, diese dem Partner auf einfache und deutliche Art darzulegen, damit er seine Zustimmung geben kann,
- die Vorteile zu begründen.

Beratungs- oder Verkaufsgespräch

Sicher sind auch Sie schon einmal einem Verkäufer begegnet, der einen Vorteil nach dem anderen aufzählte. Sie haben vielleicht etwas zerstreut zugehört, wurden aber bald unkonzentriert und haben das Gespräch vielleicht abgeschlossen mit: „Ich werde darauf zurückkommen. Das muss ich mir noch einmal überlegen." Warum reagiert man so? Man will als Kunde angeregt werden, man möchte das Gespräch interessant finden. Ist das nicht der Fall ist, sinkt das Interesse und damit die Kauflust. Gebärdet sich der Verkäufer stark behauptend, versucht er, uns in eine bestimmte Richtung zu drängen, kann sich unsere Einstellung zum Gespräch in Ablehnung verwandeln.

Die Erkenntnis für uns als „Verhandler" lautet: Lerne die Bedürfnisse, Absichten und Wünsche Deines Kommunikationspartners so genau wie möglich kennen und argumentiere aus seiner Sicht, damit ihm die Vorteile unseres Angebotes nahe gebracht werden können. Viele Verhandler begehen den Fehler, aus ihrer Sicht zu argumentieren, um möglichst rasch ihr Problem zu lösen. Das schlägt häufig fehl, weil die Interessen des Käufers nicht genügend berücksichtigt wurden. Es ist nicht die Fülle des Faktenwissens und die Kenntnis spezieller Details, die einen Verkäufer erfolgreich machen; es ist die Fähigkeit, herauszuhören, zu erspüren, was den Kunden wirklich interessiert und ihm auf dieser Basis die Vorteile nahe zu bringen, die er mit dem Erwerb eines Produktes oder einer Dienstleistung erleben wird.

Abbildung 11.5 Die vier Stufen eines guten Beratungs- oder Verkaufsgesprächs

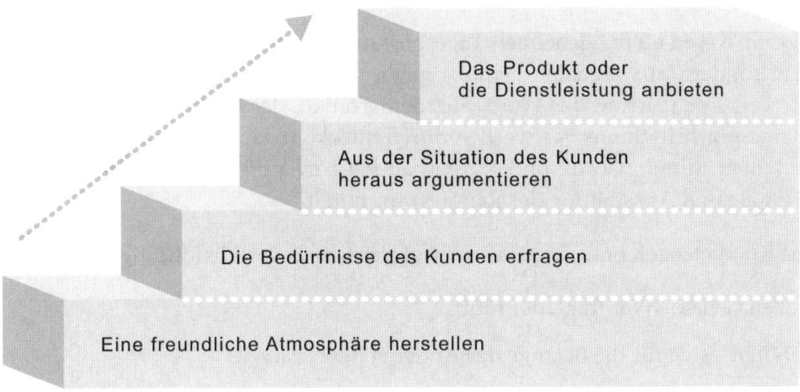

Im Szenario 2 haben wir erlebt, dass der Verkäufer durch seine Fragen das Gespräch geführt hat. Er hat die Bedürfnisse und finanziellen Möglichkeiten des Kunden erforscht und aufgrund dieser Erkenntnisse ihm die Kaufentscheidung nahe gelegt.

Das Wechselspiel aus Fragen und Zuhören hat letztlich den Erfolg gebracht. Grund genug, uns systematisch mit der Technik des Fragens befassen. Fragen stellen muss und kann man üben. Es ist nicht einfach, eine richtige (wirksame) Frage zu stellen, den Mund zu halten und solange abzuwarten, bis eine Antwort kommt. Viele sterben tausend Tode, wenn ihre Frage nicht sofort beantwortet wird, und lassen ihr eine ausführliche Erklärung folgen, die schon einen Teil der Antwort aus der Sicht des Fragenden enthält. Das ist ein schwerwiegender Fehler. Man macht es dadurch dem Befragten sehr einfach, der Wirkung einer gut gestellten Frage auszuweichen.

11.3.2 Fragen über Fragen

Fragen und Zuhören gehören zusammen wie Ebbe und Flut. Sie steuern den Prozess der

Kommunikation und schaffen die Voraussetzung für den Dialog.

Das Gespräch bietet die Möglichkeit zur Rückfrage, Sachklärung und gezielter Vertiefung. Was ein „Sender" zum Ausdruck bringt, ist nicht nur der inhaltliche Aspekt einer Information, sondern auch seine Einstellung und Beziehung zum „Empfänger" sowie zu sich selbst. Das Auftreten, die Mimik und Gestik, die Haltung und die Stimme eines Sprechers sagen etwas über dessen innere Verfassung.

Nonverbale Botschaften erfüllen in der Kommunikation eine wichtige Funktion: sie ersetzen oder ergänzen die sprachlichen Aussagen, sie zeigen an, wie verbale Aussagen „eigentlich" zu verstehen sind, wirken unmittelbar auf den Kommunikationspartner, werden unbewusst wahrgenommen und dienen auch der Selbstdarstellung.

Es liegt im Wesen einer „geheimen Tagesordnung", dass Absichten nicht offen formuliert werden, sondern aus Signalen erspürt, gehört, gefiltert oder gefolgert werden müssen. Signale verbergen sich in der Wortwahl, dem Tonfall, der Lautstärke, der Sprachmelodie und dem Sprachrhythmus, sie werden durch Blickkontakt, Unterbrechungen und Bemerkungen, über Mimik, Gestik und Körperhaltung sowie die räumliche Situation (Sitzordnung, Größe und Ausstattung des Raumes) vermittelt.

Welche Kompetenzen braucht man zur erfolgreichen Gesprächsführung?

1. Fragen stellen – Wer fragt, der führt!
2. Zuhören – sich für die Belange des Anderen interessieren
3. Gesprächsverläufe und Ergebnisse strukturieren
4. Eine eigene Meinung entwickeln und klar übermitteln

11.3.3 Fragen stellen (mit System)

Eine mittlerweile eingestellte, aber seinerzeit sehr populäre deutsche Fernsehsendung mit dem Titel „Was bin ich?" funktionierte folgendermaßen: Ein Mensch mit einem möglichst ausgefallenen Beruf wurde gebeten, eine für seine Tätigkeit typische Handbewegung vorzuführen, ohne jedoch allzu deutliche Hinweise zu geben. Ein Rateteam hatte daraufhin mit geschickten Fragestellungen innerhalb einer festgelegten Zeitspanne den Beruf des Kandidaten herauszufinden.

Der Kandidat durfte ausschließlich mit „Ja" oder „Nein" antworten und, falls durch die Fragestellung die Lage unklar wurde, mit „Jein". Jedes „Nein" wurde mit einem Geldbetrag zu seinen Gunsten belohnt. Die Sendung war unter anderem deshalb so beliebt, weil jeder Zuschauer mitraten konnte.

Die nur mit „Ja" oder „Nein" zu beantwortenden Fragen bezeichnet man als *geschlossene Fragen*. Sie schließen die Kommunikation mit der Antwort „Ja" oder „Nein" ab.

Beispiel: „Sind Sie mit der Herstellung einer Ware beschäftigt?" Antwort. „Nein."

Im Gegensatz dazu stehen die *offenen Fragen,* die mit „w" beginnen wie z.B.: wann, wer, was, warum, wo usw. Sie erfordern Nachdenken und eine ausführliche Antwort.

Beispiel: „Wie denken Sie über das Angebot der Firma Mustermann?"

Antwort: „Da ist mir noch nicht ganz klar, was es mit dem ..."

Obwohl die folgende Frage mit „Wie" beginnt, handelt es sich nicht um eine offene Frage.

Beispiel: „Wie spät ist es?" Antwort: „13 Uhr."

Oder: „Können Sie mir sagen, wie spät es ist?" Antwort: „Nein."

Zurück zu besagter Fernesehsendung. Da die Ratezeit auf 10 Minuten begrenzt war, entwickelten die Rateteams bemerkenswerte Fähigkeiten, ihre Kandidaten mit systematischer Fragetechnik rasch zu enttarnen. Betrachten wir die Fähigkeiten der Frageprofis näher. Wie sind sie strategisch vorgegangen?

Statt blindlings drauflos zu raten, haben sie zunächst Ober- und Unterkategorien wie z.B. Herstellung, Vertrieb oder Dienstleistung mit geschlossenen Fragen geprüft:

„Sind Sie mit der **Herstellung** einer Ware beschäftigt?"

- industrielle Produktion: Planung, Fließband
- Handwerk: Friseur, Schneider, Maurer, Zimmermann usw.
- Gastronomie: Einkauf, Küche

„Sind Sie mit dem Vertrieb einer Ware beschäftigt?"

- Einzelhandel: Ladengeschäft, Direktvertrieb, Marktstand usw.
- Großhandel: Repräsentant, Import, Export usw.

„Arbeiten Sie im **Dienstleistungsbereich**?"

- Transport: Disponent, Fahrer
- Gastronomie: Service, Reinigung
- Kultur: Musik, Theater, Museum usw.

Anmerkung: Es ist in diesem Spiel nicht zulässig zu fragen: „Sind Sie mit der Herstellung oder dem Vertrieb einer Ware beschäftigt?" Das wäre eine Alternativfrage, weil zwei Bereiche einander gegenübergestellt werden. Jede Frage muss mit „Ja" oder „Nein" beantwortet werden können.

Nach dieser Vorprüfung wird die Präzisierung weiter vorangetrieben und systematisch die tiefer liegenden Ebenen abgefragt.

Im folgenden Beispiel sind die Oberkategorien durch fette Schrift hervorgehoben.

Fragen		Antworten
1.	Sind Sie mit der **Herstellung** einer Ware beschäftigt?	Ja!
2.	Industrie?	Nein!
3.	Handwerk?	Ja!
4.	**Bauhandwerk?**	Ja!
5.	Holzverarbeitung?	Nein!
6.	Metall?	Nein!
7.	Stein?	Ja!
8.	**Planung?**	Nein!
9.	**Ausführung?**	Ja!
10.	**Tiefbau?**	Nein!
11.	**Hochbau?**	Ja!
12.	**Neubau?**	Nein!
13.	**Restaurierung?**	Ja!
14.	Sind Sie Steinmetz?	Ja!

Abbildung 11.6 Fragen mit System - Von den Oberkategorien zur Lösung

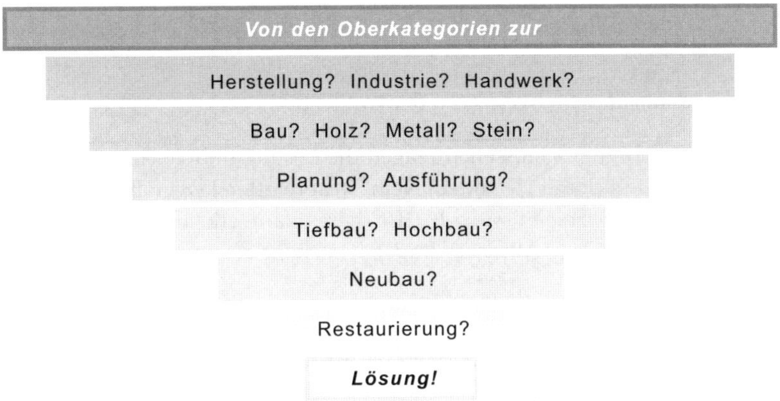

Abbildung 11.7 Der Frage-Trichter

Suchen Sie sich einige Mitspieler und versuchen Sie, mithilfe des systematischen Fragens möglichst effizient die Lösung zu finden.

Gesucht wird: eine politisch bedeutsame Persönlichkeit.

Denke an eine politisch bedeutsame Persönlichkeit (von der Antike bis heute).

Die Mitspieler sollen mit geschlossenen Fragen die Lösung finden. Antworten Sie nur auf eindeutige Fragen, die sich mit „Ja" oder „Nein" beantworten lassen. Im Zweifelsfall auch mit „Jein". Alle anderen Fragen wie z.B. „Lebte die Person in der Antike oder im 16. Jahrhundert?" (= Alternativfrage), lehnen Sie als unzulässig ab.

Gesucht wird: ein berühmtes Bauwerk.

Denke an ein bedeutsames Bauwerk (von der Antike bis heute).

Die Mitspieler sollen mit geschlossenen Fragen die Lösung finden. Antworten Sie nur auf eindeutige Fragen, die sich mit „Ja" oder „Nein" beantworten lassen. Im Zweifelsfalle auch mit „Jein". Alle anderen Fragen wie z.B. „Ist dieses Bauwerk in der Antike oder im 16. Jahrhundert zu vermuten?" (= Alternativfrage), lehnen Sie als unzulässig ab.

Gesucht wird: ein berühmtes Musikstück.

Denke an ein bedeutsames Musikstück (vom Barock bis heute).

Gesucht wird: ein Gegenstand in diesem Zimmer.

Suche Dir einen möglichst unauffälligen Gegenstand in diesem Zimmer.

11.3.4 Wer fragt, der führt!

Durch den gezielten Einsatz von Fragen erhalten Sie Informationen vom Gesprächspartner und signalisieren Interesse. Sie können damit dem Gesprächspartner zeigen, dass Sie ihn ernst nehmen, dass Sie ihn akzeptieren. Wer fragt, der führt, aktiviert und kontrolliert, der behauptet nicht.

Wer mit Fragen führen will, sollte folgende Regeln beachten:

- Stellen Sie immer nur eine Frage auf einmal!
- Formulieren Sie kurz, unkompliziert und verständlich!
- Geben Sie dem Gesprächspartner ausreichend Zeit, Ihre Frage zu beantworten. Lassen Sie die Kraft Ihrer Frage auf den Befragten einwirken, geben Sie ihm Zeit, seine Antwort zu überlegen. Dazu brauchen Sie Mut und unter Umständen starke Nerven, so lange zu warten, bis Ihr Partner zu antworten beginnt. Schauen Sie Ihren Kommunikationspartner offen an, neigen Ihren Kopf leicht nach rechts (Leihen Sie dem Partner Ihr Ohr), nicken Sie ermunternd mit dem Kopf, entspannen Sie sich und warten Sie ab, was geschieht. Sie werden immer damit belohnt, dass Ihr Partner zu reden beginnt.

Fallen Sie Ihrem Gesprächspartner nicht ins Wort, lassen Sie ihn ausreden. Stellen Sie grundsätzlich Ihre nächste Frage erst dann, wenn Ihr Gesprächspartner auf Ihre vorherige Frage geantwortet hat!

Abbildung 11.8 geschlossene Fragen

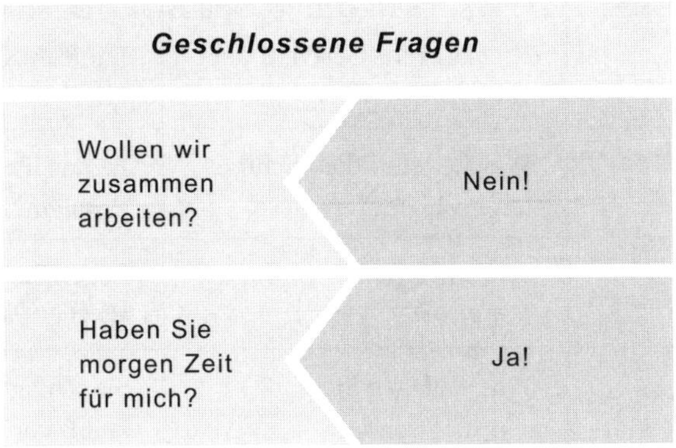

Abbildung 11.9 offene Fragen

Frageformen und Fragearten im Überblick

Frageform	offen	geschlossen
Kontaktfrage	Wie läuft Ihr Geschäft derzeit?	Läuft Ihr Geschäft derzeit gut?
Präzisionsfrage	Welches sind die wichtigsten Probleme?	Ist das Ihr wichtigstes Problem?
Informationsfrage	Worauf legen Sie besonderen Wert?	Legen Sie besonderen Wert auf die Lösung B?
Rück- oder Gegenfrage	Was schlagen Sie vor?	Sie schlagen die Möglichkeit B vor?
Kontrollfrage	Welches Zwischenergebnis können wir festhalten?	Können wir dieses Zwischenergebnis jetzt so festhalten?
Suggestivfrage	Was außer längeren Laufzeiten der Maschinen und der damit verbundenen entscheidenden Kostensenkung ist Ihnen noch wichtig?	Sie sind also an längeren Laufzeiten der Maschinen und einer entscheidenden Kostensenkung interessiert?
Ja-Frage		Sie wollen die Maschinen auch am Wochenende laufen lassen?
Ja-Fragen-Kette		– Eine bessere Auslastung ist Ihnen wichtig? – Die Stückkosten sollen gesenkt werden? – Der Profit gesteigert werden?
Alternativfrage	Welche der Lösungen (A oder B) wird Ihrer Meinung nach am besten Ihre Ziele unterstützen?	

Frageform	offen	geschlossen
Empfehlungsfrage	Was halten Sie in diesem Zusammenhang von dem Modell A?	Ist in diesem Zusammenhang das Modell A nicht besonders gut geeignet?
Wortlose Frage	(Mimik, Gestik = offene Körperhaltung, Hände öffnen, Augenbrauen hoch ziehen und den Kopf erwartungsvoll nach vorne strecken)	(Mimik, Gestik = mit geschlossener Körperhaltung, mit dem Finger oder der Hand auf die Alternative weisen und bekräftigend mit dem Kopf nicken)
Vorabschlussfrage	Wie schnell brauchen Sie die Lösung?	Brauchen Sie die Lösung noch in dieser Woche?
Abschlussfrage	Wann sollen wir liefern?	Sollen wir liefern?

Zur Vertiefung der Fragetechnik mit Präzisionsfragen hier noch weitere besonders hilfreiche (offene) Fragen:

- Wie kann ich Ihnen helfen?
- Was muss getan werden?
- Was ist das Besondere an diesem Verfahren?
- Was für ein Gefühl haben Sie dabei?
- Wie sieht das konkret aus?
- Welchen Standpunkt nehmen Sie ein?
- Welche Gründe können Sie nennen, warum es nicht so gut gegangen ist?
- Was können wir ändern, damit die Sache besser funktioniert?
- Welche Resultate streben wir in erster Linie an?

11.3.5 Übung: Dialog der Fragen

Lassen Sie einmal den folgenden, ausschließlich aus Fragen bestehenden Dialog, auf sich wirken. In diesem Beispiel will sich ein Kunde im Reisebüro beraten lassen:

Frageart	**Partner A** (Berater)	**Partner B** (Kunde)
– Offene Frage	Wie kann ich Ihnen helfen?	
– Geschlossene Frage		Sie haben noch Reiseangebote?
– Informationsfrage	An was dachten Sie konkret?	
– Alternativfrage		Haben Sie noch etwas in Südeuropa oder in der Karibik?
– Rück- oder Gegenfrage	Karibik?	
– Suggestivfrage		Sie wollen doch auch dorthin Kunden vermitteln?
– Ja-Frage	Also sonnig und warm soll es in jedem Fall sein?	
– Ja-Fragen-Kette (Drei Fragen hintereinander, die mit „Ja" beantwortet werden müssen.)	Sie möchten ein preisgünstiges und gutes Hotel?	Sie denken jetzt besonders an die Karibik? In ruhiger Lage und mit Unterhaltungsmöglichkeiten in der Nähe?
– Abschlussfrage	Wann möchten Sie reisen?	

Mein Thema:

Wählen Sie eine Ihnen vertraute Situation (Arbeit, Familie, Hobby usw.). Entwickeln Sie einen Dialog, der wie im oben stehenden Beispiel, ausschließlich aus Fragen besteht, auf die nur mit anderen Fragen reagiert werden darf. Trainieren Sie Ihre Fragetechnik.

Schreiben Sie Ihren Dialog der Fragen in dieses Formular:

1. Offene Frage	>	
2. Geschlossene Frage		>
3. Informationsfrage	>	
4. Alternativfrage		>
5. Rück- oder Gegenfrage	>	
6. Suggestivfrage		>
7. Ja-Frage	>	
8. Ja-Fragen-Kette (Drei aufeinander folgende Fragen, die mit Ja beantwortet werden müssen!)	>	> >
9. Abschlussfrage	>	

Die Wirkung präzisierender Fragtechnik wird an folgender Aussage deutlich:

„Frauen müssen immer besser sein."

Präzisierende Fragen	Fragetechnik
Welche Frauen?	Hauptwort hinterfragen
In was müssen sie besser sein?	Verb hinterfragen
Immer?	Universalwort hinterfragen
Frauen, verglichen mit wem?	Vergleichen
Was würde geschehen, wenn sie es nicht wären?	Die ganze Aussage infrage stellen

Wenden Sie diese Technik in Gesprächen an und trainieren Sie Ihre Fähigkeit, durch Fragen zu moderieren und zu führen.

11.3.6 Gegenfrage - Rettung in allen Lebenslagen

In Verhandlungen oder Streitgesprächen kommt man manchmal durch Behauptungen oder Fragen der Gegenseite in Bedrängnis. Man möchte nicht darauf eingehen, weil man nachteilige Entwicklungen befürchtet. Wie kann man sich aus einem solchen Engpass geschickt befreien? Die Gegenfrage hilft in der Regel aus der Klemme. Man muss nur den Mut aufbringen, dieses Mittel anzuwenden.

Beispiel:

Gegenseite	Selbst	Kommentare
„Sie wissen genau, dass Sie durch Ihr Verhalten in dieser Angelegenheit eine ungünstige Entwicklung für uns provoziert haben!"		*Wenn Sie jetzt anfangen, sich zu rechtfertigen, sind Sie verloren.* *Stattdessen fragen Sie:*
	„Wie meinen Sie das konkret?"	*Jetzt eisern schweigen und die andere Seite kommen lassen.* *Die Gegenseite muss jetzt antworten und die Behauptung rechtfertigen. Sie muss nachdenken. Das gibt Ihnen Zeit – Zeit zum genauen Zuhören, zum besseren Verstehen der Aussage, Zeit, Ihre Verteidigungslinien aufzubauen und zu stabilisieren usw.* *Nehmen wir an, die Gegenseite reagiert darauf mit „Killerphrasen" wie z.B.:*
„Das wissen Sie selbst am besten!"		*Sie wiederholen einfach die beiden letzten Worte, heben am Ende die Stimme und lassen die Frage in der Luft hängen.*
	„Am besten?"	*Eisern schweigen!*

Spätestens jetzt wird die Gegenseite mit ausführlichen Begründungen kommen. Die Technik des „Spiegelns", des wörtlichen Wiederholens des zuletzt Gesagten mit einem Fragezeichen am Ende, aktiviert den Partner immer sehr stark zum Weiterreden.

Falls das wider Erwarten nicht geschieht, sondern man weiterhin versucht, im gleichen Stil mit Ihnen umzuspringen, lächeln Sie freundlich und zeigen, dass Sie die „Strategie" der Gegenseite durchschaut haben. Ergreifen Sie Ihrerseits die Initiative und wechseln Sie mit einem Appell oder einer weiteren Gegenfrage „brutal" das Thema:

	„Wir müssen noch über XYZ reden! Was machen wir in diesem Fall?"	*Denken Sie immer daran: wer fragt, der führt! Spätestens jetzt haben Sie das Blatt gewendet und die Initiative ergriffen. Möglicherweise wird die Gegenseite jetzt sagen:*

Gegenseite	Selbst	Kommentare
„Bleiben Sie beim Thema, ich habe Sie etwas gefragt!"		*Versuchen Sie, bei Ihrem Ablenkungsmanöver zu bleiben und reagieren Sie mit der Feststellung:*
	„Aber ohne den Fall XYZ kommen wir nicht weiter. Was sollen wir da machen?"	
		Meist wird die Gegenseite jetzt darauf eingehen, und wenn Sie Glück haben, vergisst man darüber den eigentlichen Anlass oder Problempunkt der Unterredung.

Testen Sie diese Technik! Sobald Sie in eine schwierige oder unangenehme Situation geraten, wenden Sie die folgenden Schritte an:

1. Was auch immer die Gegenseite zu Ihnen sagt, Sie hören es sich ruhig an, nicken verständnisvoll mit dem Kopf und warten ab, bis sich Ihr Gesprächspartner „leer geredet" hat und schweigt. Erst dann stellen Sie die Gegenfrage:

   „Wie meinen Sie/meinst Du das konkret?"
   [Schweigen und den Partner offen anschauen.]

2. Die Antwort/Reaktion bis zum Ende anhören und **nur die letztgenannten Worte wörtlich wiederholen** (spiegeln). Die Stimmlage am Ende anheben, das Gesagte als Frage in der Luft hängen lassen und schweigen. Der Partner wird jetzt noch konkreter in seinen Äußerungen. Sie gewinnen Zeit und vor allem Überblick über seine wahren Motive.

3. Möglicherweise möchten Sie nun, nach erfolgter Konkretisierung, darauf eingehen. Wenn das so ist, tun sie es. Auf jeden Fall haben Sie durch Ihre Fragen geführt und Zeit gewonnen. Sollten Sie weiterhin nicht darauf eingehen wollen, ignorieren Sie die Ausführungen des Partners. Was auch immer er jetzt zu Ihnen sagt oder gesagt hat, gehen Sie nicht darauf ein. Stattdessen wechseln Sie das Thema in eine Richtung, die Ihnen wichtig ist, bei der Sie aber auch ein Interesse Ihres Gegenübers vermuten können (Themen aus den Bereichen Arbeit, Hobby, Familie, Freunde, Sport usw.). Sie sagen mit Engagement: **„Lassen Sie/Lass' uns über** [hier das neue Thema einbringen] **reden. Wie denken Sie/denkst Du darüber?"** Den Partner offen anschauen, Kopf leicht schräg nach rechts neigen, Zuhörhaltung signalisieren und schweigen. Sie werden meistens erleben, dass der Partner auf Ihre Gegenfrage eingeht. Im besten Fall gelingt es Ihnen, das Thema komplett zu wechseln – das funktioniert häufiger als man glauben mag –, weil Ihr Partner sich ablenken lässt.

In der Regel wird Ihr Partner auf das neue Thema eingehen. Dann haben Sie eindeutig gewonnen. Falls das nicht geschieht, sondern reklamiert wird, dass Sie auf die ursprüngliche Frage noch nicht eingegangen sind, ziehen Sie erstaunt die Augenbrauen hoch und sagen: **„Gut, aber ohne YXZ** (gemeint ist das von Ihnen neu eingeführte Thema) **kommen wir nicht weiter! Was sollen wir da machen?“** Wichtig ist, dass Sie mit einer offenen Frage die Kommunikation abschließen. Wer fragt, der führt! Ihre Frage veranlasst zum Nachdenken und fordert eine Reaktion heraus.

Fallbeispiel: Männer und Frauen im Beruf

Die Vorgesetzte (V) spricht mit einem Mitarbeiter, der als Gruppenleiter für die Vorbereitung eines Kongresses zuständig ist. In sechs Monaten soll der Kongress stattfinden. Es stellt sich heraus, dass bislang noch nicht sehr viel veranlasst wurde. Sie ist besorgt und reagiert zunehmend heftiger auf jede weitere Information, die Unerledigtes offenbart. Im Verlaufe des hitziger werdenden Gesprächs sagt der Mitarbeiter (MA):

MA „Für Sie ist immer alles ganz einfach. Delegieren und vergessen. Wir müssen zusehen, wie wir das geregelt bekommen. Funktioniert's nicht, wer ist schuld? Wir, immer wir!“

V „Wie meinen Sie das konkret?

MA „Konkret? Konkret meine ich, dass ich von morgens bis abends am Schuften bin, meine Kollegen und Kolleginnen in Überstunden absaufen und Sie fordern immer mehr und noch mehr von uns. Obwohl wir Sie dringend um personelle Unterstützung gebeten haben. Und ich, ich mach' hier den Kuli für alle!

V „Den Kuli?“

MA „Allerdings! Wer ist morgens zuerst da, wer ist abends der Letzte und schließt das Büro ab? Wer sorgt dafür, dass hier alles immer ordentlich aussieht, wer macht die Urlaubsplanung für die Abteilung, organisiert die Reisen und erledigt anschließend auch noch die Reisekostenabrechnungen? Wer spricht mit den Kolleginnen und Kollegen, wenn hier mal wieder etwas unklar ist, oder beruhigt sie, wenn sie wie die aufgeschreckten Hühner nicht wissen, wo sie zuerst anpacken sollen?

V „Wo Sie das jetzt gerade sagen: war die Jubiläumsfeier der Mustermann AG in dieser oder in der kommenden Woche?“

MA „Jubiläum der Mustermann AG? Diese Woche Donnerstag um 13:00 Uhr, Festakt in der Kongresshalle. Da müssen Sie auch noch eine Rede halten. Herr Vielschreiber hat Ihnen einen Entwurf per Mail geschickt.“

V „Ja, sehr brauchbar, wirklich gut! Bitte bestellen Sie ihm, dass ich ihn heute um 15:30 Uhr in meinem Büro treffen möchte. Dann möchte ich nicht gestört werden. Ich muss die Rede in Ruhe durch gehen, da kommen viele wichtige Leute!"

Unter uns: Ich weiß aus vielen Seminaren, dass einige Teilnehmer kritisch über solche Kommunikationstechniken denken; sie seien unnatürlich und überdies manipulativ. So etwas solle man nicht anwenden und darüber hinaus: „Im wirklichen Leben funktioniert das ja doch nicht!"

Einerseits kann ich diese Bedenken verstehen, andererseits müssen wir uns bewusst werden, dass professionelles Kommunizieren - wie jede andere professionell betriebene Tätigkeit - einer Technik bedarf, so wie z.B. das professionelle Singen. Ohne gute Technik, ohne theoretisches Grundwissen und ohne Übung werden wir schwierige Situationen kaum meistern können. Überdies ist das wichtigste Ziel, Schwierigkeiten zu vermeiden und mit bewusst eingesetzter Technik gewinnbringend für alle zu kommunizieren.

11.4 Zuhören

Haben Sie das auch schon einmal erlebt?

Sie hören jemandem zu und plötzlich wird durch dessen Worte Ihre Aufmerksamkeit auf einen Punkt gelenkt, der Sie gedanklich zu beschäftigen beginnt. Sie hören immer weniger, was ihr Partner sagt, Ihre Gedanken kreisen um den Punkt Ihres Interesses. Das Gesagte rauscht mehr oder weniger an Ihnen vorbei. Eigentlich warten Sie nur auf eine Gelegenheit, auch einmal etwas sagen zu können. Seit einiger Zeit hören Sie nicht mehr zu.

Sie treffen jemanden, den Sie schon seit langer Zeit nicht mehr gesehen haben. Sie beide freuen sich über das Wiedersehen. Die Person erzählt und erzählt und hört nicht mehr auf zu reden. Nach 30 Minuten entsteht eine Lücke im Redefluss, Sie kommen jetzt zu Wort, Ihre Stimme klingt plötzlich fremd für Sie. Ein Beweis dafür, dass Sie lange Zeit nichts gesagt haben. Ihr Gesprächspartner hat jetzt aber leider keine Zeit mehr, muss rasch weiter und sagt: „Das war toll, Sie nach so langer Zeit wieder zu sehen. So einen intensiven Meinungsaustausch sollten wir unbedingt bald wiederholen."

Zuhören ist offenbar schwierig für viele Menschen. Es erfordert Geduld und Interesse an der anderen Person, ihrer Meinung und ihren Gefühlen. Wer zuhören will, muss die eigenen Belange zurückstellen und sich auf den Anderen einlassen. Wer zuhört, erfährt mehr über seine Gesprächspartner. Wer fragen *und* zuhören kann, verfügt über eine wichtige Voraussetzung für erfolgreiche Führungstätigkeit.

Die Natur gab dem Menschen zwei Ohren, aber nur eine Zunge! Wenn es Ihnen gelingt, sich zurückzunehmen und Ihren Redeanteil zu mäßigen, sind Sie gegenüber den meisten Menschen im Vorteil. Sie erfahren mehr und werden darüber hinaus als Gesprächspartner geschätzt. Hört man uns zu, wird unser Selbstwertgefühl positiv berührt, unser Ego „gestreichelt".

Zehn Grundregeln für effektives Zuhören

Diese Regeln sind eine Anregung, die zum besseren Zuhören führt. Sie sind die Grundlage für die Entwicklung besserer Gewohnheiten beim Zuhören, die Ihnen vielleicht Ihr Leben lang nützlich sein werden.

10 Regeln für effektives Zuhören	Der schlechte Zuhörer	Der gute Zuhörer
Finden Sie das Interessante heraus	... „schaltet ab" bei trockenen Themen.	... nutzt die Gelegenheit: „Welchen Vorteil kann ich daraus ziehen?"
Bewerten Sie den Inhalt, nicht die Vortragsweise	... „schaltet ab" bei langweiligen Rednern.	... konzentriert sich auf den Inhalt und nicht auf Vortragsmängel.
Bleiben Sie zurückhaltend	... tendiert zum Disput.	... urteilt erst nachdem er alles aufgenommen hat.
Entdecken Sie neue Anregungen	... achtet nur auf Sachdetails.	... achtet auf das zentrale Thema.
Seien Sie flexibel	... schreibt intensiv mit, wie es die meisten Zuhörer tun.	... notiert weniger, konzentriert sich auf die Aussagen und Wirkung des Redners.
Geben Sie sich Mühe beim Zuhören	... zeigt keinen Einsatz und markiert lediglich Aufmerksamkeit.	... arbeitet intensiv mit, hat eine aktive Körperhaltung.
Widerstehen Sie Ablenkungen	... wird leicht abgelenkt.	...bekämpft oder vermeidet Ablenkungen, toleriert Rednermängel und weiß sich zu konzentrieren.
Hören Sie auch schwierig erscheinende Ausführungen an	... lehnt schwierige Darstellungen ab und lässt sich ablenken.	...nutzt schwierige Stoffe als Zuhör- und Konzentrationstraining.
Seien Sie tolerant	... reagiert auf emotional gefärbte Worte.	... ordnet Subjektives richtig ein und regt sich nicht darüber auf.

10 Regeln für effektives Zuhören	Der schlechte Zuhörer	Der gute Zuhörer
Profitieren Sie davon, dass die Gedanken schneller sind als das gesprochene Wort	... tendiert dazu, bei langsamen Sprechern gedanklich abzuschweifen.	... wägt ab, denkt voraus, fasst gedanklich zusammen, bewertet die Aussagen und hört auf Untertöne.

11.4.1 Aktives Zuhören

Wer Kommunikationsprozesse verstehen und steuern will, muss die Technik des „Aktiven Zuhörens" beherrschen. Zuhören ist unsere wichtigste Kommunikations-Aktivität. Zuhören-Können ist die Kommunikationsfähigkeit, die am häufigsten gebraucht, aber am wenigsten gelehrt wird.

Beim Aktiven Zuhören versucht man, sich in den Gesprächspartner einzufühlen, um ihm wiederzugeben, was man sachlich und emotional verstanden hat. Man bemüht sich, für eine begrenzte Zeit den Standpunkt des Anderen einzunehmen, die Dinge aus seinem Blickwinkel zu betrachten. Dieser Perspektivwechsel bringt den Kommunikationspartnern Erkenntnisse, die auf andere Weise nicht zustande gekommen wären. Für eine begrenzte Zeit den Standpunkt des Anderen einzunehmen ist nicht gleichbedeutend damit, dessen Standpunkt anzunehmen.

Das Aktive Zuhören basiert auf drei Voraussetzungen:

- Aktivierung der Beziehungsebene
- inhaltlichen Verstehen
- Verbalisieren der wahrgenommenen Gefühle

Wann wird das Aktive Zuhören angewendet? In Beratungen kann ich meinem Gesprächspartner helfen, seine Gedanken zu ordnen, größere Klarheit über seinen Standpunkt, seine Wünsche oder Probleme zu gewinnen, ihm helfen, die Lösung seiner Probleme selbst zu finden und konstruktive, eigene Ziele zu formulieren. Man kann davon ausgehen, dass die meisten Menschen die Lösung ihrer eigenen Probleme oder Konflikte unbewusst kennen. Statt sie ihnen mittels eines Ratschlages aufzudrängen, ist es wirksamer, sie auf dem Weg der Selbsterkenntnis zu unterstützen und den Erkenntnisprozess zu fördern. Guten zwischenmenschlichen Beziehungen ist das Zuhören – nicht nur mit den Ohren, sondern auch mit den Augen und dem Herzen – zuträglicher als das Reden.

Das Aktive Zuhören wird angewendet, um

- Wertschätzung zu vermitteln
- Missverständnisse zu verringern
- Beziehungsebene aufzubauen
- Ja-Haltung zu erzeugen

Wichtig dabei ist:

- Aufmerksamkeit zeigen mit dem Ziel, zu vermitteln:
  „Ich bin an dir interessiert."
  „Ich nehme dich ernst und versuche, dich zu verstehen."
- Ablenkungen und Nebenbeschäftigungen vermeiden
- sich Zeit nehmen
- Den Anderen zum Sprechen ermuntern:
  „Wo brennt's?"
  „Was ist passiert?"
  „Wie kann ich Ihnen helfen?"
- schweigen, nicht sprechen, sondern sprechen lassen
- bestätigen durch kurze Einwürfe wie z.B. „Ja", „interessant", „hm", „aha", „ich verstehe", um dem Partner zu signalisieren: „Ich bin bei Dir, ich höre Dich, ich versuche, Dich zu verstehen."

Die Methoden des Aktiven Zuhörens

Paraphrasieren (mit eigenen Worten das Gesagte oder Gemeinte wiedergeben.)

hat das Ziel,	sich zu vergewissern, ob die Botschaft richtig verstanden wurde, ein besseres Verständnis der Partner füreinander zu erreichen,
bedeutet	das sinngemäße und wertneutrale Umschreiben und Wiedergeben eines Sachverhaltes mit eigenen Worten,
erfordert	Konzentration auf die verbalen und nonverbalen Signale des Partners,

Formulierungsbeispiele zur Einleitung des Paraphrasierens.

- „Wenn ich Sie richtig verstanden habe, meinen Sie ..."
- „Sie wollen wissen, ob ... / wie ... / was ..."
- „Mit anderen Worten ..."
- „Zusammengefasst meinen Sie ..."

- „Das heißt also, ..."
- „Ihrer Meinung nach ist das also ..."
- „Ihnen kommt es darauf an, dass ..."
- „Das bedeutet für Sie, ..."
- „Für Sie ist es also besonders wichtig, dass ...

Verbalisieren (Sprechen Sie das Gefühl an, das Sie bei Ihrem Partner wahrnehmen.)

hat das Ziel,	die wahrgenommenen Gefühle mit eigenen Worten zu umschreiben und wiederzugeben,
bedeutet,	das Gefühl, das sich durch das Verhalten des Gesprächspartners vermittelt, zu beschreiben, unangenehme Gefühle zu neutralisieren, angenehme Gefühle bewusst zu machen und konstruktiv zu denken, einfühlendes Verständnis, Geduld und Zeit für den anderen aufzubringen und dadurch das Akzeptanzgefühl des Partners zu stärken,
erfordert	die Fähigkeit, seine Wahrnehmungen artikulieren zu können und Gefühle nicht als Frage, sondern als Feststellung zu formulieren.

- als sichere Feststellung (des Gefühls):

Phase 1:	„Jetzt sind Sie enttäuscht/unzufrieden/sauer."
Phase 2:	„Sie zweifeln/Sie sind noch nicht überzeugt."
Phase 3:	„Sie fühlen sich verunsichert/übergangen/herabgesetzt."
Phase 4:	„Jetzt sind Sie erleichtert/zufrieden."
Phase 5:	„Da sind Sie froh."

oder

- als Vermutung:
  - „Hört sich an, als stünden Sie unter Zeitdruck."
  - „Ich habe den Eindruck, dass Sie damit unzufrieden sind."
  - „Sieht aus, als hätten Sie noch Zweifel."
  - „Es scheint Ihnen wichtig zu sein, dass ..."

oder

- als Verbalisierung des Gefühls in Verbindung mit den gefühlsauslösenden Bedingungen:
  - „Sie zweifeln, ob Sie diese Statements in der Praxis anwenden können."
  - „Sie sind ungeduldig, wenn wir so lange über denselben Punkt reden."
  - „Sie sind zuversichtlich, dass Sie diese Methode beherrschen."

Einige Verhaltensweisen, die üblicherweise in Gesprächen mit großer Selbstverständlichkeit praktiziert werden, sind beim Aktiven Zuhören strengstens untersagt. Im folgenden „Lasterkatalog" finden Sie, was beim Aktiven Zuhören unter allen Umständen zu unterlassen ist:

- sich einbringen
  - Das ist mir kürzlich auch passiert.
  - Das kann ich Ihnen nachfühlen.
- konkrete Sachfragen stellen
  - Wie ist das denn passiert?
  - Wo war denn das?
- werten, qualifizieren
  - Das ist sehr gut.
  - Das ist sehr schlecht.
  - So ein Mist!
  - Oh, verdammt.
- kritisieren, moralisieren, verallgemeinern
  - Da haben Sie einen Fehler gemacht.
  - Das gehört sich nicht.
  - Erstens kommt es anders und zweitens als man denkt.
- beruhigen, beschwichtigen, trösten, bagatellisieren
  - Das ist doch nicht so schlimm.
  - Nehmen Sie es nicht so tragisch.
  - Es wird schon wieder werden.
  - Wenn's weiter nichts ist.
  - Es gibt Schlimmeres.
- Ratschläge erteilen, belehren, warnen
  - Da machen Sie am besten gleich Folgendes ...
  - Da weiß ich einen guten Rat ...
  - Das müssen Sie in Zukunft anders machen ...
  - Passen Sie auf, das kann schlimme Folgen haben.

Dieser Lasterkatalog gilt in erster Linie für das Aktive Zuhören und nicht für alltägliche Gespräche.

11.4.2 Übung: Äußerungen abtasten

Durch diese Übung bekommen Sie ein Gefühl für die Wirkung des Aktiven Zuhörens. Suchen Sie sich einen Mitspieler und instruieren Sie ihn anhand des folgenden Textes über den Ablauf. Jedes Gespräch dauert ca. 10 Minuten.

- Partner A beginnt damit, eine Aussage über sich selbst zu machen. Diese Aussage soll nur einen Satz umfassen.
- Der Partner B tastet den Kontext und die Hintergründe der Äußerung ab, indem er die beschriebenen Techniken des Aktiven Zuhörens (paraphrasieren und verbalisieren) anwendet.
- A reagiert „natürlich" im Kontext des Themas und vermeidet es, das Rollenspiel künstlich zu lenken oder zu erschweren.
- Wenn A sich verstanden fühlt, beendet er das Gespräch mit dem Satz „Danke, dass Du mir zugehört hast."
- Jetzt können die Rollen getauscht werden.
- Anschließend tauschen sich die Partner aus über ihre Erfahrungen und Wahrnehmungen bei dieser Übung.

Fallbeispiel: Magenschmerzen

A: „So geht das nicht mehr weiter!"

B: „Du bist unzufrieden."

A: „Da haben die doch schon wieder ein Planungsmeeting ohne mich durchgeführt!"

B: „Du fühlst Dich übergangen."

A: „Stimmt. Die haben alle keine Ahnung, planen aber die wildesten Sachen. Ich bin der Fachmann und mich fragt keiner. Wenn sie nicht weiter wissen, soll ich mich zu Details äußern, deren Zusammenhang ich nicht überblicken kann, weil man mich ja nicht einbindet! Das geht so nicht weiter!"

B: „Nicht weiter?"

A: „Seit einem Jahr geht das nun schon so, seit dieser neue Manager die Führung übernommen hat. Der ist komplett inkompetent, hat keine Ahnung von unserem Betrieb, stattdessen aber jede Menge absonderlicher Ideen und lässt keine Meinung außer seiner gelten."

B: „Deiner Meinung nach gefährdet dieser neue Manager durch seine fachliche Inkompetenz den Betrieb und demotiviert Dich durch sein Verhalten."

A: „Genau! Wenn das so weiter geht, werde ich noch krank. Ich habe jetzt schon jeden Morgen Magenschmerzen, wenn ich nur daran denke, mit diesem Menschen reden zu müssen."

B: „Du stehst unter Druck."

A: „Ich mach' das nicht mehr länger mit. Ich gehe zum Betriebsrat. Vielleicht können die etwas unternehmen. Der kann sich doch hier nicht ungestraft wie die Axt im Walde benehmen und den Laden an die Wand fahren!"

B: „Du willst aktiv werden."

A: „Ja! Ich gehe heute noch zum Betriebsrat und rede mit denen. Es muss etwas geschehen. Ich bin entschlossen, das nicht mehr länger zu ertragen.

B: „Sieht aus, als hättest Du einen Weg gefunden, Deine Situation zu verändern."

A: „Stimmt. Danke, dass Du mir zugehört hast."

So, nun sind Sie an der Reihe. Suchen Sie sich einen Partner und gehen Sie vor wie in der Aufgabenstellung angegeben.

Notieren Sie hier die wichtigsten Erkenntnisse aus Ihrem Übungsgespräch:

Was lief gut?

Was war schwierig?

Worauf müssen Sie besonders achten?

Was sollten Sie üben, um das Aktive Zuhören besser anwenden zu können?

Wie können Sie diese Gesprächstechnik im beruflichen oder privaten Umfeld schon jetzt einsetzen?

11.4.3 Fallstudie - Das Karrieresprungbrett

Aktives Zuhören in der Praxis

Die Situation: Der Manager eröffnet einem Fachspezialisten die Chance, sich innerhalb des Unternehmens weiter zu entwickeln. Die Stelle eines Dozenten für innerbetriebliche Weiterbildung soll wegen Pensionierung des Stelleninhabers neu besetzt werden. Es handelt sich um eine sowohl innerhalb des Unternehmens als auch außerhalb sehr angesehene Position, die mit Forschungstätigkeit und Vortragsreisen im In- und Ausland verbunden ist – ein Karrieresprungbrett ohnegleichen. Der Fachspezialist, Anfang 40, verheiratet, zwei Kinder im Vorschulalter, ist seit 12 Jahren im Unternehmen tätig. Sein bisheriges Aufgabengebiet und seine geleistete Arbeit lassen ihn für die neue Aufgabe prädestiniert erscheinen. Der Umgangston zwischen Manager (A) und Fachspezialist (B) ist kollegial, gleichwohl hat man die nötige Distanz und Achtung voreinander.

Das erste Gespräch

A: „Wie du weißt, geht Herr Wohlverdient in einem Jahr in den Ruhestand. Seine Nachfolge müssen wir jetzt klären, denn in Anbetracht der Spezialisierung seiner Tätigkeit und der zahlreichen – auch internationalen – Kontakte und Verpflichtungen, sollte eine gleitende Übergabe stattfinden. Die Geschäftsleitung ist erfreulicherweise meiner Empfehlung gefolgt und hat mich beauftragt, dir diese Stelle anzubieten. Das ist ja auch ein deutlicher Ausdruck des Vertrauens und der Wertschätzung, die das Unternehmen dir damit entgegenbringt. Ich freue mich für dich und gratuliere dir herzlich zu diesem Erfolg!"

B: „Das überrascht mich jetzt aber total. Danke! Wie muss ich mir die Aufgabe im Detail vorstellen? Sind die Schuhe nicht eine Nummer zu groß für mich? Da müsste ich noch manches lernen, ehe ich das wirklich übernehmen könnte. Wie ist diesbezüglich deine Einschätzung meiner Fähigkeiten?"

A: „Natürlich wirst du in die Aufgabe hineinwachsen. Wir werden dir jede Unterstützung geben. Du wirst deine derzeitige Seminartätigkeit bis auf einen Tag reduzieren und dich voll auf das Neue konzentrieren können – Bücher lesen, Seminare und Kongresse besuchen, als Gast und als Redner. Gut, Vorträge zu halten ist im Augenblick noch nicht deine Stärke, aber da helfen wir dir, das lernst du schon. Ich biete an, dass wir beide eng zusammenarbeiten. Da werde ich dich begleiten und coachen."

B: „Hm, klingt gut. Und wie wird das mit der Reisetätigkeit? Herr Wohlverdient ist ja ziemlich stramm unterwegs, wenn ich das richtig wahrgenommen habe?"

A: „Ja, das wird wohl etwas mehr werden als in deiner jetzigen Position. Andererseits: du siehst was von der Welt, kommst herum, lernst viele interessante Menschen kennen. Das wird dich enorm weiter bringen, in jeder Hinsicht. Also, was ist? Wann fangen wir an?"

B: „Das ist wirklich eine tolle Chance. Bis wann brauchst du eine Entscheidung?"

A: „Entscheidung? Was gibt's da lange zu überlegen? Das ist *der* Job für dich, wie maßgeschneidert!"

B: „Ich habe das Prinzip, wichtige Entscheidungen eine Nacht zu überdenken und vor allem auch mit meiner Frau zu besprechen. Bitte verstehe das."

A: „Gut, dann bis morgen!"

Das zweite Gespräch

A: „Na, wie sieht es heute aus?"

B: „Ich habe da noch einige Verständnisfragen. Wie viele Tage müsste ich mehr auf Reisen sein als derzeit? Sicher wesentlich mehr, oder?"

A: „Wesentlich mehr?"

B: „Ja, das denke ich schon. Der Wohlverdient ist doch kaum im Büro. Heute hier und morgen dort. Dauernd unterwegs:"

A: „Du bist besorgt wegen der Familie?"

B: „Ich möchte meine Kinder aufwachsen sehen, sie als Vater begleiten und nicht überwiegend nur durch das Telefon mit ihnen reden. Mir ist das wichtig. Meine Frau ist mit dem Kleinen im Augenblick voll gefordert und der Dreijährige wird auch immer anspruchsvoller. Ich kann sie jetzt nicht damit allein lassen. Das möchte ich nicht."

A: „Du machst dir Sorgen um die Belastung für deine Frau. Wenn ich dich richtig verstehe, dann hast du Zweifel, die Stelle anzunehmen, weil du befürchtest, dass das Familienleben darunter leiden wird und die Lebensqualität für euch alle geringer wird?"

B: „Ja, das ist ein wichtiger Punkt!"

A: „Angenommen, wir würden eine Lösung finden, die Reisetätigkeit für eine noch zu bestimmende Zeit verträglicher zu gestalten, würde das deine Bedenken auflösen?"

B: „Teils ja, aber da ist noch etwas, was mir durch den Kopf geht. Ich kenne Herrn Wohlverdient und seinen Arbeitsstil. Ich schätze ihn fachlich und menschlich sehr. Bitte verstehe mich recht, aber ich habe ihn häufig als sehr dominant erlebt und ich, ich brauche meine Freiheit. Ich glaub' das geht nicht gut mit ihm und mir."

A: „Nicht gut mit euch?"

B: „Ja, er ist so bestimmend, weiß immer, was richtig und falsch ist, halt so bestimmend. Ich bin da anders, brauch' auch mehr Zeit, Dinge zu durchdenken oder zu entwickeln. Ich fühle mich bei dem Gedanken an die enge Zusammenarbeit schon jetzt unter Druck gesetzt."

A: „Hört sich an als fühltest du dich durch *ihn* unter Druck gesetzt."

B: „Na ja, so wollte ich das eigentlich nicht sagen. Versteh' mich bitte richtig. Ich brauche meine Ruhe, eine gewisse Unabhängigkeit, um gut arbeiten zu können."

A: „Ich war der Meinung, dir gestern eine ausgezeichnete Karrierechance eröffnet zu haben, eine einzigartige Gelegenheit und bei dir auch grundsätzlich Interesse an dieser Position bemerkt zu haben. Heute führst du Aspekte an, die dich von der Übernahme dieser Position abhalten: Die Familie, eine gewisse Unabhängigkeit und Ruhe, um gut arbeiten zu können. Du zweifelst noch."

B: „Ja, richtig."

A: „Ich habe den Eindruck, dass die Dominanz von Herrn Wohlverdient für dich zusätzlich ein Problem darstellt.

B: „Da kommt vieles zusammen."

A: „Ja, ich danke dir für dieses offene Gespräch. Wie wollen wir jetzt weiter verfahren?"

B: „Ich danke dir ebenfalls für die Ruhe und Offenheit. Ich fühle mich jetzt sehr erleichtert. In den kommenden fünf Jahren möchte ich gerne meine jetzige Aufgabe unverändert weiter betreuen. Dann sind die Kinder aus dem Gröbsten heraus, und ich wäre bereit, über andere Aufgaben noch einmal zu reden. Ich bitte dich und die Geschäftsführung um Verständnis für meine Einstellung."

A: „Das werde ich so weiter geben. Allerdings kann ich nicht zusagen, dass eine solche Chance sich in absehbarer Zeit wieder ergeben wird. Deine Haltung respektiere ich. Wir werden weiterhin gut zusammenarbeiten und die Dominanz von Herrn Wohlverdient ist ja in einem Jahr kein Thema mehr."

Ende des Gesprächs

Aufgabe

In diesem Gespräch werden seitens des Managers verschiedene Techniken des Aktiven Zuhörens angewendet.

An welcher Stelle des Gesprächs beginnt das Aktive Zuhören?

Welche Techniken des Aktiven Zuhörens werden an welcher Stelle angewandt?

Musteranalyse

Analyse		Gesprächsverlauf
		Das zweite Gespräch
	A:	„Na, wie sieht es heute aus?"
	B:	„Ich habe da noch einige Verständnisfragen. Wie viele Tage müsste ich mehr auf Reisen sein als derzeit? Sicher wesentlich mehr, oder?"
Hier beginnt das aktive Zuhören. A wiederholt das zuletzt Gesagte (spiegelt) und lässt es mit einem Fragezeichen im Raum stehen.	A:	„Wesentlich mehr?"
	B:	„Ja, das denke ich schon. Der Wohlverdient ist doch kaum im Büro. Heute hier und morgen dort. Dauernd unterwegs:"
A verbalisiert als sichere Feststellung	A:	„Du bist besorgt wegen der Familie."
	B:	„Ich möchte meine Kinder aufwachsen sehen, Sie als Vater begleiten und nicht überwiegend via Telefon mit ihnen reden. Mir ist das wichtig. Meine Frau ist mit dem Kleinen im Augenblick voll gefordert und der Dreijährige wird auch immer anspruchsvoller. Ich kann sie jetzt nicht damit allein lassen. Das möchte ich nicht."
A paraphrasiert	A:	„Du machst dir Sorgen um die Belastung für deine Frau. Wenn ich dich richtig verstehe, dann hast du Zweifel, die Stelle anzunehmen, weil du befürchtest, dass das Familienleben darunter leiden wird und die Lebensqualität für euch alle geringer wird."
	B:	„Ja, das ist ein wichtiger Punkt!"

Analyse		Gesprächsverlauf
Klärung, ob es sich um einen Einwand oder Vorwand handeln könnte	A:	„Angenommen, wir würden eine Lösung finden, die Reisetätigkeit für eine noch zu bestimmende Zeit verträglicher zu gestalten, würde das deine Bedenken auflösen?“
	B:	„Teils ja, aber da ist noch etwas, was mir durch den Kopf geht. Ich kenne Herrn Wohlverdient und seinen Arbeitsstil. Ich schätze ihn fachlich und menschlich sehr. Bitte verstehe mich recht, aber ich habe ihn häufig als sehr dominant erlebt und ich, ich brauche meine Freiheit. Ich glaub' das geht nicht gut mit ihm und mir.“
A wiederholt das zuletzt Gesagte.	A:	„Nicht gut mit ihm und mir?“
	B:	„Ja, er ist so bestimmend, weiß immer, was richtig und falsch ist, halt so bestimmend. Ich bin da anders, brauch' auch mehr Zeit, Dinge zu durchdenken oder zu entwickeln. Ich fühle mich bei dem Gedanken an die enge Zusammenarbeit schon jetzt unter Druck gesetzt.“
A verbalisiert als Vermutung	A:	„Hört sich an als fühltest du dich durch ihn unter Druck gesetzt.“
	B:	„Na ja, so wollte ich das eigentlich nicht sagen. Versteh' mich bitte richtig. Ich brauche meine Ruhe, eine gewisse Unabhängigkeit, um gut arbeiten zu können.“
A verbalisiert als sichere Feststellung	A:	„Wir reden seit gestern über eine ausgezeichnete Karrierechance für dich, eine einzigartige Gelegenheit. Gestern hast du noch großes Interesse gezeigt und heute führst du Aspekte an, die dich von der Übernahme dieser Position abhalten: Die Familie, eine gewisse Unabhängigkeit und Ruhe, um gut arbeiten zu können. Du zweifelst noch.“
	B:	„Ja, richtig.“

Analyse	Gesprächsverlauf	
A verbalisiert als Vermutung	A:	„Ich habe den Eindruck, dass die Dominanz von Herrn Wohlverdient für dich ein weiteres Problem darstellt. Sieht so aus, als wäre dieser Aspekt zusätzlich auch sehr wichtig für deine Haltung."
	B:	„Da kommt vieles zusammen."
	A:	„Ja, ich danke dir für dieses offene Gespräch. Wie wollen wir jetzt weiter verfahren?"
	B:	„Ich danke dir ebenfalls für die Ruhe und Offenheit. Ich fühle mich jetzt sehr erleichtert. In den kommenden fünf Jahren möchte ich gerne meine jetzige Aufgabe unverändert weiter betreuen. Dann sind die Kinder aus dem Gröbsten heraus und ich wäre bereit, über andere Aufgaben noch einmal zu reden. Ich bitte dich und die Geschäftsführung um Verständnis für meine Einstellung."
	A:	Das werde ich so weiter geben. Allerdings kann ich nicht zusagen, dass eine solche Chance sich in absehbarer Zeit wieder ergeben wird. Deine Haltung respektiere ich. Wir werden weiterhin gut zusammenarbeiten und die Dominanz von Herrn Wohlverdient ist ja in einem Jahr kein Thema mehr."

11.4.4 Übung: Aktives Zuhören oder kontrollierter Dialog

Suchen Sie sich zwei Mitspieler.

Zwei Personen (A und B) überlegen sich ein Thema, bei dem sie möglichst unterschiedlicher Meinung sind.

A und B führen ein Gespräch über das gewählte Thema, während die dritte Person C sie beobachtet und zuhört.

A beginnt mit einer Aussage, die B anschließend sinngemäß wiederholen muss (Paraphrasieren).

Gibt B den Sinn richtig wieder, bestätigt A dies mit „stimmt" und B kann nun auf die Aussage von A antworten.

Gibt B den Sinn nicht richtig wieder, sagt A „falsch" und B muss es erneut versuchen. Gelingt es auch dann wieder nicht, wiederholt A seine Aussage und B versucht wiederum, sie sinngemäß zu wiederholen. C beobachtet den Prozess, achtet auf die Einhaltung des vereinbarten Zeitrahmens und greift ein, falls die Spielregeln verletzt werden. Er notiert sich, wie die beiden Gesprächspartner verbal und nonverbal aktives Zuhören und einfühlendes Verstehen zeigen.

Nach 15 Minuten wird die erste Gesprächsrunde beendet und C berichtet A und B von seinen Beobachtungen (ca. 5 Minuten). Danach werden die Rollen gewechselt, sodass jeder einmal Beobachter sein kann.

Beispiel: Zwei Führungskräfte unterhalten sich über die Motivation der Mitarbeiter.

A: Ich kann das Gerede über die Motivation der Mitarbeiter nicht mehr hören! Morgens spät kommen und abends zum Ausgleich früher heimgehen. Die meisten betrachten ihre Arbeit ja doch nur als störende Unterbrechung ihrer Freizeit. Und wenn sie dann mal wirkliche eine gewisse Zeit rangeklotzt haben, dann sind sie ja auch vollkommen erschöpft und beantragen Bildungsurlaub. Drei Wochen am Stück! Kreatives Töpfern in der Toskana auf Kosten der Firma. Die sollen froh sein, einen sicheren Arbeitsplatz bei uns zu haben und nicht immer gleich beim Betriebsrat auf dem Schoß sitzen, wenn man mal eine deutliche Ansage gemacht hat. Wir Manager sind doch nicht dafür verantwortlich, die Leute auch noch zu pampern!

B: Du bist gegen Bildungsurlaub auf Kosten der Firma.

A: Falsch!

B: Du siehst die Verantwortung für die Motivation der Mitarbeiter nicht nur bei den Führungskräften, sondern auch bei den Mitarbeitern selbst. Statt eine übermäßige Anspruchshaltung gegenüber der Firma an den Tag zu legen, sollten sie überlegen, was sie für das Unternehmen tun könnten, um ihren Arbeitsplatz zu erhalten.

A: Stimmt!

B: Mit ist diese Sichtweise zu einseitig. Ich bin überzeugt davon, dass unsere Mitarbeiter von sich aus motiviert sind. An deren Leistungsbereitschaft zu zweifeln, sehe ich keinen Anlass. Vielmehr sehe ich Schwierigkeiten bei den Rahmenbedingungen, die wir bieten. Da ist vieles nicht gerade zum Besten ...

A: ....

11.5 Die Sach- und Beziehungsebene

Der Sender drückt bei jeder Kommunikation auf zwei Ebenen gleichzeitig etwas aus. Auf der Sachebene wird der sachliche Inhalt der Aussage transportiert. Auf der Beziehungsebene wird das Ich-Du-Verhältnis der Gesprächspartner zueinander bestimmt.

Abbildung 11.10 Kommunikationsmodell VI

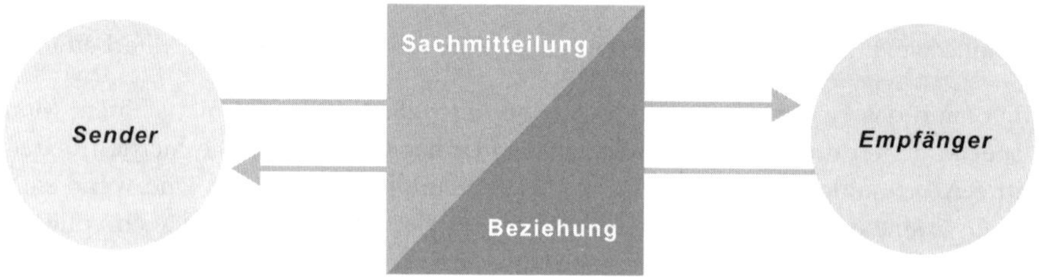

Die beiden Ebenen sind nicht immer klar voneinander zu unterscheiden. Wenn man jedoch weiß, woran man die Ebenen erkennen kann, lassen sie sich auch auseinanderhalten.

Hierbei ist zu beachten, dass der Beziehungsaspekt viel weniger deutlich in der Kommunikation in Erscheinung tritt als der Sachaspekt.

Je konfliktträchtiger allerdings die Grundbeziehung zwischen den Gesprächspartnern ist, desto mehr gewinnt die Beziehungsebene an Bedeutung.

Die Beziehungsebene wird dabei vor allem von Kommunikationsanreizen aus dem nichtsprachlichen Bereich bestimmt. Dazu gehören u.a.:

- Tonfall
- Sprechtempo
- Gestik
- Hektik
- Mimik
- Blickkontakt
- Einhaltung der Distanzzonen
- die gesamte Körperhaltung

Je konfliktträchtiger die Beziehung der Gesprächspartner ist, desto stärker beeinflusst die Beziehungsebene die Sachaussage.

11.5.1 Die Grundpositionen auf der Beziehungsebene

Im Kommunikationsprozess nehmen die Beteiligten – meist unbewusst – eine sog. Grundposition ein. Diese Grundposition steuert ihr Verhalten. Sie kann im Verlauf eines Gespräches mehrfach wechseln. In den entscheidenden, weichenstellenden Gesprächsmomenten jedoch wird bevorzugt eine Grundposition eingenommen. Es lassen sich vier solcher Grundpositionen unterscheiden:

- Ich +/Du +

  Ich bin okay und bei näherem Hinsehen gibt es keinen Grund, dich nicht auch als okay zu sehen. Es ist auch in Ordnung, dass du anderer Meinung bist als ich. Wir wollen gemeinsam Probleme lösen, zum beiderseitigen Wohl.

- Ich +/Du –

  Ich bin okay, du bist nicht okay. Ich werde dir sagen, wo dein Platz ist. Probleme sind deine Schuld, nicht meine. Wenn du nicht wärst, hätte ich keine Probleme. Ich werde also versuchen, dich los zu werden.

- Ich –/Du +

  Ich bin nicht okay, du bist okay. Ich sehe, dass du der Stärkere bist und mache, was du sagst. Es wird das Beste sein, wenn ich mich zurückziehe. Sage du mir doch, was ich tun soll. Ich halte mich erst mal mit meinen Forderungen, Ansprüchen, Wünschen usw. zurück.

- Ich –/Du –

  Ich bin nicht okay, du bist nicht okay. Und weil das so ist, will ich mit dir nichts erreichen. Es ist mir egal, was bei unserem Gespräch heraus kommt. Wofür soll man sich noch anstrengen? Es hat ja alles sowieso keinen Sinn.

An einem Beispiel wird deutlich, welche Beziehungsdefinitionen denkbar sind: Der Vorgesetzte sagt zu seinem Mitarbeiter: „Wie meinen Sie das genau?" Das ist die Sachaussage. Je nachdem, welches Ich-Du-Verhältnis die beiden zueinander haben, liest sich dieser Satz wie folgt:

Ich +/Du +
Du bist für mich kompetent. Wenn du mir das erklärst, dann weiß ich, dass das stimmt.

Ich +/Du –
Jetzt zeig mal, ob du was drauf hast. Ich bin gespannt, was dir jetzt Kluges einfällt.

Ich –/Du +
Drück dich doch bitte klarer aus. Ich kann dir nicht folgen. Ich bin auf dich angewiesen.

Ich –/Du –
Ich weiß nicht Bescheid. Und so, wie du dich ausdrückst, kapier' ich das auch nicht. Aber versuchen wir das Unmögliche noch einmal, es wird ja doch nicht klappen.

Kommunikationsstörungen treten immer dann auf, wenn sich einer der Beteiligten gegen die Beziehungsfestlegung durch den Anderen wehrt. Zu bemerken ist dies an zunehmenden „Missverständnissen", „So-habe-ich-das-nicht-gemeint-Aussagen", Fehlinterpretationen, Unterstellungen, schneller und lauter werdendem Sprechen, gegenseitigem „Einander-Ins-Wort-Fallen" usw.

In der Kommunikation gibt es keine Wahrheiten, sondern nur Übereinkünfte. Für den Sender einer Nachricht bedeutet dies, dass er sich stets davon überzeugen muss, ob ihn der „Empfänger" auch richtig verstanden hat. Sorgt der Sender nicht für diese absichernde Rückmeldung, kann er den „Empfänger" nicht für falsches Verhalten verantwortlich machen. Die Verantwortung für exakte Kommunikation liegt beim Sender.

In der Praxis gestaltet sich das schwierig. Unsere Kommunikation ist angefüllt mit Versuchen der Klarstellung, Gegenbehauptungen und Korrekturen von Missverständnissen.

> „So habe ich das nicht gesagt/nicht gemeint/nicht gewollt."
> „Das haben Sie aber gründlich missverstanden."
> „Das sehen Sie falsch."

Kann der *Sender* überhaupt die Verantwortung dafür übernehmen, was der *Empfänger* versteht? Was der *Empfänger* versteht, ist vom *Sender* nicht verlässlich zu beeinflussen. Er kann sich zwar bemühen, so eindeutig wie möglich zu formulieren, seine Wortwahl dem Thema und der vermuteten intellektuellen Verständnisebene des Empfängers anzupassen, aber Worte bilden den kleinsten Teil menschlicher Ausdrucksfähigkeit. Kommunikation besteht zu 80% aus Körpersprache und nur zu 20% aus sprachlichen Anteilen (Wortschatz, Sprachmelodie, Sprechrhythmus).

Körpersprachliche Signale zu steuern ist schwierig. Unser Körper „spricht" und „sagt" immer, was wir denken und fühlen, weil unsere körpersprachlichen Signale unbewusst gesendet werden und nur bedingt steuerbar sind. Was und wie wir denken, wird durch unsere Körpersprache reflektiert. Alle Menschen sind Experten in körpersprachlicher Kommunikation: In Bruchteilen von Sekunden deuten wir die körpersprachlichen Signale unseres Gegenübers und reagieren automatisch, unbewusst!

In Verhandlungen, Besprechungen, im Smalltalk und in allen anderen kommunikativen Begegnungen führen unsere Körper ihre eigene Unterhaltung miteinander – über Haltung, Mimik, Gestik, Augenkontakt, Stimme. Tatsächlich werden auf dieser Meta-Ebene die eigentlichen Entscheidungen gefällt.

Dies bedeutet, dass es neben dem Inhalt ganz entscheidend darauf ankommt, *wie* etwas ausgedrückt wird. Gestik, Mimik, Tonfall, aber auch Husten, Räuspern sowie Schmuck und Kleidung.

Nun können wir nicht ständig die fremden oder die eigenen Verhaltensbewertungen kommentieren oder Richtigstellungen in unsere Kommunikation einbringen.

Die folgende Darstellung „Teufelskreis der Verhaltensbeurteilung" zeigt, wie wechselseitige Verhaltensbewertungen zu Konflikten führen können.

11.5.2 Teufelskreis der Verhaltensbeurteilung

Verhaltensbeurteilung	Partner A	Partner B
– A tut oder sagt etwas.	lässt während eines Gesprächs den Blick an die Zimmerdecke schweifen und runzelt die Stirn.	
– B nimmt das Verhalten wahr.		verfolgt aufmerksam den Blick von A.
– Gefühle werden ausgelöst.		denkt: „Es ist A nicht wichtig, was ich zu sagen habe."
– Das wahrgenommene Verhalten wird beurteilt.		denkt: „A langweilt sich. Es interessiert nicht, was ich zu sagen habe."
– B reagiert und verhält sich.		denkt: „Gut! Dann bin ich eben ab sofort ruhig und sage keinen Ton mehr."
– A nimmt das Verhalten von B wahr.	denkt: „Was ist denn jetzt mit B los?"	
– Das löst Gefühle bei A aus.	denkt: „Ich hab' doch nur den braunen Fleck an der Decke angeschaut. Ist da Wasser durch die Decke gekommen? Meine Güte, B soll nicht so rum zicken!"	
– A beurteilt das Verhalten von B.	denkt: „B ist jetzt beleidigt."	

Verhaltensbeurteilung	Partner A	Partner B
– A reagiert und verhält sich.	verzieht leicht gereizt die Mundwinkel und sagt: „Was ist? Stimmt was nicht?“	
– B nimmt das Verhalten wahr.		denkt: „Aha, jetzt reagiert A aggressiv.“
– Gefühle werden ausgelöst.		denkt: „Jetzt soll ich auch noch schuld sein!“
– Das wahrgenommene Verhalten wird beurteilt.		denkt: „Typisch für A! Erst mich links liegen lassen und mir obendrein ein ungutes Gefühl ein-reden wollen.“
– B reagiert und verhält sich.		sagt: „Wenn wir schon mal miteinander reden, dann demonstrierst Du, wie wenig wichtig es ist, was ich Dir zu sagen ha-be!“

Würde die Kommunikation in diesem Stil fortgesetzt, wäre ein Konflikt nicht auszuschließen. Wie können wir diesen Teufelskreis der Verhaltensbewertung und Konfliktentwicklung aufhalten oder entschärfen? Wie können wir dem Kommunikationspartner eine Rückmeldung über sein Verhalten und dessen Wirkung auf uns geben, ohne erneut missverstanden zu werden oder gar den Konflikt weiter anzuheizen?

Der Austausch über wahrgenommenes Verhalten kann den Beteiligten helfen, die Wirkung ihrer Handlungen und Aussagen auf andere besser einzuschätzen. Da wir nicht sicher sein können, ob unsere Äußerungen auch so angekommen sind, wie wir sie ursprünglich gemeint haben, ist es wichtig, die Wahrnehmung unserer Partner zu erfahren. Nur so können wir, falls erforderlich, unser Verhalten korrigieren.

11.6 Feedback

Wir brauchen Rückmeldungen (Feedback) von unseren Kommunikationspartnern. Der Begriff Feedback hat seinen Ursprung im technischen Bereich, in der Kybernetik. In diesem Zusammenhang bedeutet Feedback Rückmeldung oder auch Rückkoppelung aus dem Bereich von Regelungsprozessen. In der Sozialpsychologie wird unter Feedback die Rückmeldung an eine Person über die Wahrnehmung und Wirkung ihres Verhalten verstanden. Feedback ermöglicht einzuschätzen, ob die Auswirkungen des Verhaltens den eigenen Zielen und Absichten entsprechen. Der dadurch mögliche Abgleich von Selbst- und Fremdwahrnehmung kann bewirken, dass die Person ihr Verhalten verändert oder beibehält.

11.6.1 Funktionen des Feedback

Feedback kann ermutigen, die Motivation fördern, helfen, Fehler zu erkennen und sich selbst besser einzuschätzen. Da Feedback stets auf subjektiven Wahrnehmungen beruht, ist es wichtig, eine wertneutrale Beschreibung des Verhaltens anzubieten, die für den Empfänger nachvollziehbar ist. In der Kommunikation der Feedbackparteien schwingen in Anlehnung an das Kommunikationsquadrat von Schulz von Thun[34] die vier verschiedenen Aspekte des Inhalts und deren Bewertung mit.

Die Botschaft des Feedbackgebers enthält die Aspekte:

- Sachinhalt: Ich informiere über Sachverhalte und Beobachtungen.
- Selbstkundgabe: Ich gebe zu erkennen, was mich stört, was mir gefällt, was die Äußerungen oder das Verhalten des Feedbackempfängers bei mir auslösen.
- Beziehung: Ich teile mit, wie ich die Beziehung zwischen mir und dem Empfänger sehe, wie ich zu ihm stehe, was ich von ihm halte.
- Appell: Ich teile mit, was ich beim Empfänger erreichen möchte. Was soll er verändern, was beibehalten?

Der Feedbackempfänger muss über den Feedbackgeber herausfinden:

- Wie ist der Sachverhalt zu verstehen? (Sachinhalt)
- Was ist der Feedbackgeber für eine Person? (Selbstkundgabe)
- Wie redet der/die mit mir? Was hält der/die von mir? (Beziehung)
- Was soll ich aufgrund der Botschaft denken, fühlen, verändern usw.? (Appell)

[34] Vgl. Kap. 11.2.2.

11.6.2 Wirkung der Ich- und Du-Botschaft

Ich-Botschaft (Selbstkundgabe)

Teile ich mit, wie mir zumute ist, werde ich als Person und in meiner Rolle erkennbar. Der dazu notwendige Mut und die Offenheit signalisieren Vertrauen. Die Ich-Botschaft (z.B. *„Es ist nicht einfach für mich, noch einmal auf den Vorfall zurückzukommen, da ich befürchte, missverstanden zu werden. Da es mich aber immer noch sehr beschäftigt, suche ich das Gespräch".*) schafft einen neuen Gesprächsanlass und eröffnet neue Perspektiven. Die Ich-Botschaft sagt etwas über meine Gefühle aus, die durch das Verhalten des Anderen ausgelöst wurden. Das Gespräch auf der emotionalen Ebene geht tiefer als auf der rein sachlichen. Spreche ich über mich und meine Gefühle *(„Ich bin immer leicht nervös, wenn nicht alles von Anfang an nach Plan läuft, und werde dann auch schnell laut.")* kann mir der Partner eher zuhören, als wenn ich mit einer direkten Du-Botschaft auf ihn losgehen würde *(„Du bist immer der Letzte, der zur Arbeit erscheint.").*

Du-Botschaft (Beziehung)

Das Verhältnis der Kommunikationspartner wird von den Standpunkten *„Was ich von dir halte"* (Du-Botschaft) und *„Wie ich zu Dir stehe"* (Beziehungs-Botschaft) beeinflusst. Du-Botschaften haben eine stark emotionalisierende Wirkung. Der Empfänger erfährt durch die Du-Botschaft, wie er vom Sender gesehen wird, wie er auf ihn wirkt. Er kann sein Selbstbild mit der Wahrnehmung durch den Anderen (Fremdbild) vergleichen. Eine deutliche Du-Botschaft kann Korrekturen oder Verstärkungen von Verhaltensweisen auslösen. Eine wohlwollende Grundhaltung des Feedbackgebers wird die konstruktive Wirkung der Du-Botschaft unterstützen.

Beziehungs-Botschaft

Ist die Beziehung gestört, kommt es zu Schwierigkeiten. Ist z.B. der Partner unwillig, sich auf ein Gespräch einzulassen und baut er eine Mauer um sich herum auf, kann es hilfreich sein, diese Situation offen anzusprechen. Die Beziehungs-Botschaft das geeignete Mittel dafür. Sie besteht aus drei Teilen:

- Situation: „Seit fünf Minuten versuche ich dir zu schildern, was mich bewegt."
- Gefühl: *„Ich habe das Gefühl, du bist abgelenkt."*
- Konsequenz: *„Deine Meinung ist mir in diesem Fall besonders wichtig und ich hoffe, dass wir gemeinsam vielleicht eine Lösung für das Problem finden."*

Eine solche Beziehungs-Botschaft wird in der Regel den Gesprächspartner öffnen und die Voraussetzung für eine konfliktfreie Gesprächsführung schaffen.

Übung: Beziehungs-Botschaft senden

Bitte stellen Sie sich eine Situation vor, die Sie sehr betroffen gemacht hat, die Sie als unangenehm empfunden haben. Wenn Sie an diese Situation denken, was würden Sie der anderen Person gerne als Beziehungsbotschaft senden, um den Dialog wieder konstruktiv in Gang zu bringen? Formulieren Sie Ihre Beziehungsbotschaft und halten Sie sich streng an das oben vorgegebene Muster,

11.6.3 Regeln für das Geben und Empfangen von Feedback

Um persönliche Verletzungen, Konflikte oder Abwehrhaltungen zu vermeiden, ist es hilfreich, einige Regeln für das Geben und das Empfangen von Feedback zu beachten.

Gib Feedback, wenn der andere es hören kann und will, formuliere ausführlich und konkret. Beschreibe deutlich deine Wahrnehmungen, Vermutungen und Gefühle. Drücke sowohl positive als auch negative Gefühle und Wahrnehmungen aus. Vermittle deine Ansichten so respektvoll wie möglich. Behandle den Anderen so, wie du behandelt werden möchtest. Formuliere kurz, präzise und beziehe deine Äußerungen auf eine konkrete Situation. Gib dein Feedback möglichst unmittelbar im Zusammenhang mit der gemeinsam erlebten Situation.

Empfange Feedback und höre ruhig zu, lasse den Anderen ausreden – auch wenn's schwerfällt. Versuche nicht, dich zu rechtfertigen oder zu erklären, was warum wie gelaufen ist. Stelle, falls erforderlich, Verständnisfragen. Hat der Feedbackgeber seine Meinung mitgeteilt, danke ihm und sage zu, dass Du darüber nachdenken wirst. Das ist alles. Begehe nicht den Fehler, sofort darauf antworten zu wollen! Nimm Dir Zeit zum Nachdenken.

Beispiele für Du-Botschaften und die entsprechenden Ich-Botschaften

(Schulz, F.: Miteinander Reden 1, Reinbek 2009, S. 112.)

Du-Botschaften	Ich-Botschaften
Musst du eigentlich immer dazwischen reden? Du solltest mal in einen Diskutierkurs gehen.	*Ich bin sauer, wenn ich unterbrochen werde. Ich denke dann, das ist nicht interessant genug, was ich erzähle.*
Dir kann man wirklich nichts anvertrauen.	*Mir ist das ungeheuer peinlich, dass du das weiter erzählt hast*
Mit der Hose machst du dich doch lächerlich, zieh bloß eine andere an.	*Ich habe Angst, dass die Leute über deine Hose lachen und dann würde ich mich schämen.*

Bei einem Feedback sollten nur vertrauenschaffende Ich-Botschaften eingesetzt werden. Manchmal sind Ich-Botschaften mit einem hohen Wertungsanteil versehen und eigentlich verkleidete Du-Botschaften, die den Feedbackprozess nicht voranbringen.

Positives Beispiel	**Negatives Beispiel**
„Ich habe bemerkt, dass du bei deinem Vortrag sehr schnell gesprochen hast. Deswegen konnte ich manchmal nicht richtig folgen. Dadurch habe ich das Gefühl bekommen, dass du sehr unter Zeitdruck gestanden hast.“	*„Ich finde, du hast bei deinem Vortrag den Zeitdruck zu deutlich werden lassen, sonst hättest du nicht durchgehend zu schnell gesprochen.“*

Kehren wir zurück zu unserem Beispiel „Teufelskreis“. In der letzten Position des Schemas der Verhaltensbeurteilung bringt B zum Ausdruck: *„Wenn wir schon mal miteinander reden, dann demonstrierst Du, wie wenig wichtig es ist, was ich Dir zu sagen habe!“* Eine Eskalation droht. In dieser Situation sind unterschiedliche Feedback-Modelle von A oder B denkbar, die wir uns im Folgenden näher anschauen.

Noch einmal im Überblick die Elemente des Feedbackprozesses und die Botschaften:

Feedback	ist eine Rückkopplung	– erlaubt, Fehler zu korrigieren – überprüft die Art und Weise, in welcher der Andere spricht (ruhig, sachlich, analytisch, aggressiv, gelangweilt, defensiv usw.)
	geben:	– über die Wirkung des Wahrgenommenen auf mich (Empfänger) reden – ohne Wertung – konkret – kurz halten
	empfangen:	– zuhören – sich nicht rechtfertigen – nicht mit Ursachen erklären – darüber nachdenken – eigenes Verhalten im Hinblick auf die Wirkung bei anderen überprüfen
kann eingeleitet werden:	„Wenn ich richtig verstanden habe, ...“	

Feedback kann auf unterschiedliche Weise gegeben werden:	**Ich-Botschaft** (von B an A) Die Ich-Botschaft sagt etwas über mich aus, was vielleicht vom Anderen oder von bestimmten Umständen ausgelöst wurde. *„Wenn man mir nicht zuhört, bin ich sehr empfindlich. So etwas habe ich schon häufiger erlebt."* Ich kann auch über mich und meine Gefühle sprechen, um diese Botschaft zum „Türöffner" eines Gesprächs werden zu lassen. *„Wenn ich den Eindruck habe, dass man mich nicht ernst nimmt, werde ich leicht unwillig."*
	Du-Botschaft (von A an B) *„Du bist irritiert, weil ich an die Decke geblickt habe."* Der Sender teilt dem Empfänger mit, wie er von ihm gesehen wird. Die Du-Botschaft kann eine starke emotionale Wirkung haben. Um das Verhalten eines Anderen zu verändern oder zu bestätigen, muss ich ihm sagen, wie ich seine Leistung oder Verhaltensweisen beurteile. Das ist eine der wichtigsten Aufgaben einer Führungskraft. Um konstruktive Wirkung zu erzielen, muss die Du-Botschaft auf der Basis einer wohlwollenden Grundhaltung gegeben werden, z.B.: *„Dein Verhalten in dieser schwierigen Verhandlung war sehr geschickt. Du hast ihn sich leer reden lassen und ihm dann überzeugende sachliche Gründe geliefert."*
	Beziehungs-Botschaft (von B an A) Eine Beziehungs-Botschaft ist immer dann angebracht, wenn es notwendig ist, Störungen auf der Beziehungsebene zu klären und die Zusammenarbeit zu verbessern. *„Seit fünf Minuten versuche ich dir zu schildern, was mich bewegt. Ich habe das Gefühl, du bist abgelenkt. Deine Meinung ist mir besonders wichtig und ich hoffe, dass wir gemeinsam vielleicht eine Lösung für das Problem finden können."*

11.6.4 Johari-Fenster

Das „Johari-Fenster" (benannt nach den amerikanischen Sozialpsychologen Joseph Luft und Harry Ingham, University of California) ist ein Modell, welches das Verhalten eines Individuums aus der Sicht anderer Menschen darstellt. Es verdeutlicht, dass der Mensch nur von einem Teil seines Wesens bewusst Kenntnis hat, einige seiner Wesensmerkmale ihm jedoch verborgen und nur seiner Umwelt bekannt sind. Ziel eines gruppendynamischen Lernprozesses ist es, den als "blinden Fleck" bezeichneten unbekannten Wesensanteil einer Person zu beseitigen oder zu verkleinern, um stille innere Reserven zu mobilisieren.

Selbstwahrnehmung und Fremdwahrnehmung entsprechen einander nicht. So gibt es Bereiche des Verhaltens, in denen anderen unbeabsichtigt Mitteilungen über die eigene Person gemacht werden, während große Bereiche der eigenen Wahrnehmung verborgen bleiben.

Das, was von dem Verhalten einer Person jeweils wahrgenommen wird, ist also nur ein Bruchteil dessen, was für sie in einer sozialen Situation Bedeutung hat. Auch dem Einzelnen selbst sind wesentliche Aspekte des eigenen Verhaltens nicht bekannt und bewusst oder zugänglich. Vier Bereiche können unterschieden werden:

Abbildung 11.11 Johari-Fenster

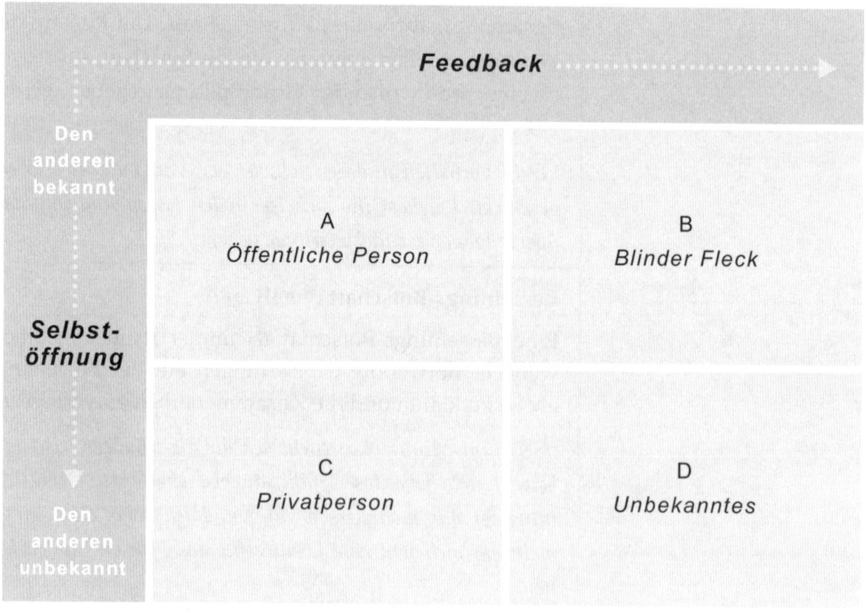

A umfasst den Teil des gemeinsamen Wissens, also jene Aspekte unseres Verhaltens, die uns selbst und den anderen Mitgliedern der Gruppe bekannt sind.

B umfasst den „blinden Fleck", also jenen Anteil unseres Verhaltens, den wir selbst wenig, die anderen Mitglieder der Gruppe hingegen recht deutlich wahrnehmen: die unbedachten und unbewussten Gewohnheiten und Verhaltensweisen, die Vorurteile, Zu- und Abneigungen. Hier können uns die anderen Gruppenmitglieder Hinweise auf uns selbst geben. Dieser Bereich wird überwiegend nonverbal, etwa durch Gesten, Kleidung, den Klang der Stimme, den Tonfall etc. kommuniziert und umfasst das Auftreten insgesamt. Ein großer „blinder Fleck" ist u.a. für eine effiziente Gesprächsführung hinderlich. Feedback kann dazu beitragen, den „Blinden Fleck" zu erhellen.

C umfasst den Bereich des Zurückgehaltenen, also jene Aspekte unseres Denkens und Handelns, die wir vor anderen bewusst verbergen – die „heimlichen Wünsche", die „empfindlichen Stellen", also unsere „private Person". Das subjektive Gefühl der Sicherheit und Vertrauen gegenüber den Gruppenmitgliedern können den Anteil des Zurückgehaltenen reduzieren.

D umfasst den unbewussten Bereich, der weder uns noch anderen unmittelbar zugänglich ist, beispielsweise verborgene Talente und ungenutzte Begabungen. Möglicherweise ist ein Abteilungsleiter ein talentierter Verkäufer, hatte aber im Rahmen seiner bisherigen Tätigkeiten noch nie mit dem Vertrieb von Produkten zu tun und infolgedessen haben weder er noch seine Vorgesetzten und Mitarbeiter Kenntnis von dieser Begabung.

Das Analyseschema des Johari-Fensters kann auf Einzelpersonen oder Gruppen bezogen werden. In der Kommunikation sind vor allem die Bereiche B und D von Interesse, weil hier durch Feedback Veränderungsprozesse eingeleitet werden können.

In einer neuen Gruppe ist Bereich A sehr klein und es sind nur wenige spontane Aktionen zu registrieren. Zudem wird häufig zu Beginn von Lernprozessen in Gruppen eine gewisse Verunsicherung Spannungen oder gar Ängste fördern, die das freie, aktive Verhalten zusätzlich einengen. Dieser Bereich, in dem freies Handelns entstehen kann, ist zugunsten des Bereichs des Verbergens und des blinden Flecks eingeschränkt.

Durch Feedback wird eine Person mit den Wahrnehmungen bekannt, die andere mit ihr in Verbindung bringen (Fremdbild) und erweitert auf diese Weise das Bild über sich selbst (Selbstbild). Das Feedback kann dazu beitragen, den Bereich des „Blinden Flecks" zu verringern. Ziel ist, dem Feedbackempfänger die Wirkung seines Verhaltens auf andere bewusst zu machen, damit er sein Verhalten reflektieren und ggf. verändern kann.

Für den Bestand und die Effizienz einer Gruppe ist es wichtig, den Bereich des freien Handelns zu fördern. Da die vier Bereiche des Johari-Fensters miteinander vernetzt sind, wirken sich Veränderungen in einem Bereich auch auf die anderen aus. Ein vertrauensvolles Klima kann sowohl den Bereich des Vermeidens und Verbergens reduzieren als auch die Chance bieten, durch Kontakte mit anderen Gruppenmitgliedern mehr über sich selbst, über den Bereich des blinden Flecks zu erfahren und damit dem Bereich des freien Handelns größeren Raum zu geben.

Dieses entspannende und vertrauensvolle Klima, das Einzelne möglichst umfassend in den Gruppenprozess mit einbezieht, stellt sich jedoch erst durch intensive Kontakte der Gruppenmitglieder untereinander und durch Vertrautheit mit den verschiedenen Aspekten dessen her, was die Gruppe prägt. Erst wenn in Bezug auf Ziele und Normen, auf die Struktur und die Stellung in der Gruppe ein alle Mitglieder befriedigender Konsens hergestellt ist, können ein gutes Gruppenklima und das Engagement aller Mitglieder erwartet werden.

Es lassen sich häufig verschiedene Phasen der Gruppenarbeit beobachten, die allerdings nicht zwingend in dieser Reihenfolge durchlaufen werden müssen:

- Orientierung – Unsicherheit und Angst darüber, was wohl auf den Einzelnen zukommt, kennzeichnen die Anfangszeit. Vorsichtiger Umgang mit den anderen Mitgliedern der Gruppe herrscht vor, man testet Sympathische auf Tauglichkeit.
- Auseinandersetzung – Die Beziehungen sind noch nicht stabil, egoistisches Denken herrscht noch vor. Mit Konkurrenten „kämpft“ man um seine Rolle in der Gruppe, deren Möglichkeiten sich jetzt abzuzeichnen beginnen.
- Bindung – Die Mitglieder identifizieren sich mit ihrer Rolle, den Gruppenzielen und den Mitwirkenden der Gruppe. Ein Sicherheitsgefühl und eine gute Atmosphäre in der Gruppe sind deutlich wahrnehmbar.
- Festigung – Es kommt zur Bildung von Meinungen, Einschätzungen und Bewertungen hinsichtlich der Qualität der eigenen Gruppe und der anderer. In der Regel wird die eigene Gruppe besser bewertet. Je größer die Distanz zu anderen Gruppen ist, desto enger wird die Zusammenarbeit in der eigenen Gruppe. In Extremfällen kann es hier zu unangemessenen Überlegenheitsgefühlen kommen.
- Auflösung – Nach Erreichen des gemeinsamen Ziels löst sich die Gruppe auf, falls sie keine neuen Ziele definiert hat, um in irgendeiner Form weiter zu bestehen.

11.6.5 Selbst- und Fremdwahrnehmung

Im Alltag machen wir uns relativ schnell ein Bild von anderen Menschen, das allerdings nur teilweise das Ergebnis sorgfältiger Beobachtung und Auswertung dessen ist, was wir in Erfahrung bringen können. Vielmehr entwickeln wir auf der Grundlage von Erfahrungen spontan ganz bestimmte Urteile und Eindrücke. Wir verallgemeinern das Beobachtbare, ordnen das Wahrgenommene in abgespeicherte Schemata, Raster und Schubladen ein, ergänzen das Wahrgenommene durch Annahmen und Denkgewohnheiten.

Wann immer wir es mit anderen Menschen zu tun haben, nehmen wir wahr, welche Eigenschaften sie besitzen, welche Bedeutung sie für uns haben könnten. Jeder Freund, Bekannte, Nachbar, aber auch Personen, die uns auf der Straße begegnen, werden in irgendeiner Form, sei es in Bezug auf ihr Aussehen oder ihr Auftreten, von uns beurteilt. Gleiches gilt für Gruppen von Menschen wie die eigene Familie oder den Kollegenkreis.

Die rasche Wahrnehmung und Bewertung von Eigenschaften uns unbekannter Menschen löst bei uns ein entsprechendes Verhalten aus, hilft uns, Absichten der anderen zu verstehen, vorauszusehen und uns vor unliebsamen Überraschungen zu schützen.

Die Mitglieder einer Gruppe wachsen durch gruppendynamische Prozesse im besten Fall zu einer arbeitsfähigen Einheit zusammen. Die Charaktereigenschaften, Interessen, Fähigkeiten und individuellen Ziele der Gruppenmitglieder beeinflussen die Qualität der Zusammenarbeit und der Arbeitsergebnisse. Wie sehr die Selbst- und Fremdeinschätzung differieren können, zeigt die folgende Befragung von 900 Führungskräften und deren Mitarbeitern.

Befragung zu den Diskrepanzen in der Selbst- und Fremdwahrnehmung[35]

Thesen	Selbsteinschätzung der Vorgesetzten	Fremdeinschätzung der Vorgesetzten durch ihre Mitarbeiter
Es wird autoritär geführt.	29%	70%
Alle Mitarbeiter verfügen über den gleichen, guten Informationsstand.	85%	40%
Alle Mitarbeiter werden über wichtige Entscheidungen informiert.	80%	43%
Ziele werden Mitarbeitern transparent gemacht.	90%	56%
Den Mitarbeitern werden ihre Aufgaben/Ziele sorgfältig erläutert.	75%	50%
Umfassende Handlungs- und Entscheidungsspielräume der Mitarbeiter	87%	66%
Entscheidungsbeteiligung der Mitarbeiter an Vorgesetzten-Entscheidungen	79%	7%

[35] Quelle: Wirtschaftswoche vom 11.03.94, 900 Mitarbeiter bewerten das Führungsverhalten ihrer 150 Chefs, S. 70.

Konstruktive Rückmeldung an Mitarbeiter (Anerkennung)	72%	39%
Feines Gespür für die Stimmung der Mitarbeiter	64%	35%
Mitarbeiter bekommen die Chance, sich nach oben hin zu profilieren.	88%	45%

Die Ergebnisse zeigen die Notwendigkeit, die Selbst- und Fremdwahrnehmung gelegentlich einer kritischen Prüfung zu unterziehen.

Selbstbild - Ich über mich

Vervollständigen Sie bitte die nachstehenden Sätze.

- Meine größte Stärke ist ...
- Meine größte persönliche Schwäche ist ...
- Das Befriedigendste an meiner Arbeit ist ...
- Das Lästigste an meiner Arbeit ist ...
- Wenn ich eines in meinem beruflichen Umfeld könnte, wäre das ...
- Am besten mache ich in meinem Beruf ...
- Was ich am dringendsten an meiner Arbeit/meinem Studium verändern müsste, ist ...
- Die Gefühle, die ich am schwierigsten auszudrücken finde, sind ...
- Wenn man mich fragen würde, ob ich ein guter Schüler war, würde ich sagen, ...
- Wenn jemand meine Analyse-Fähigkeit bewerten würde, wäre das Ergebnis ...
- Wenn ich einen Fehler mache, ...
- Was ich am liebsten erreichen möchte, ist ...
- Könnte ich etwas an mir ändern, wäre es ...

Wie zufrieden sind Sie mit Ihren Antworten und welche Erkenntnisse aus dieser Übung sind für Sie wichtig?

Selbstbild-Klärung für Führungskräfte

Hier ein Werkzeug zur Klärung Ihres Selbstbildes im Bereich der Mitarbeiterführung. Beantworten Sie bitte die Fragen so wahrheitsgetreu wie möglich.

Fragen	meine Antworten
1. Wie sehe ich mich selbst als Führungskraft?	
2. Wo liegen meine Stärken und Schwächen im Hinblick auf eine Führungstätigkeit?	
3. Was werde ich unternehmen, um meine Stärken zu fördern und meine Schwächen zu kompensieren?	
4. Wenn Sie bereits Mitarbeiter hatten: Wie sehen mich meine Mitarbeiter als Führungskraft?	
5. Falls Sie noch keine Führungsverantwortung hatten: Wie, vermuten Sie, werden Ihre künftigen Mitarbeiter sie als Führungskraft finden?	
6. Bin ich selbst und sind auch meine Mitarbeiter in der Lage, unsere drei wichtigsten Ziele aufzuschreiben, ohne nachschauen zu müssen? *	
7. Wenn Sie an Ihre Mitarbeiter und an Ihr Arbeitsumfeld denken, was erschwert Ihnen die Führungstätigkeit?	
8. Kennen Sie die individuellen Ansprüche Ihrer Mitarbeiter? Haben sich diese im Laufe Ihrer Führungstätigkeit verändert?	

* Falls Sie noch nicht in Führungsverantwortung gestanden haben, versuchen Sie sich bitte bei den Fragen 6. - 8. vorzustellen, was wäre, wenn ...

Übung: Profil zeigen

Das folgende Analyseverfahren können Sie für sich selbst oder auch für die Einschätzung von Mitarbeitern anwenden. Es wird Ihre Wahrnehmung über sich selbst oder andere aufzeigen.

Bitte schätzen Sie Ihre derzeitigen Fähigkeiten ein und kreuzen Sie den Status in der entsprechenden Spalte an. Anschließend verbinden Sie die Kreuze mit einer Linie und Sie erhalten einen Überblick über Ihr derzeitiges Profil. Sie können daraus erkennen, wo Sie stark sind und wo es noch Optimierungspotentiale gibt.

Hier ein Beispiel:

Abbildung 11.12 Profilbestimmung

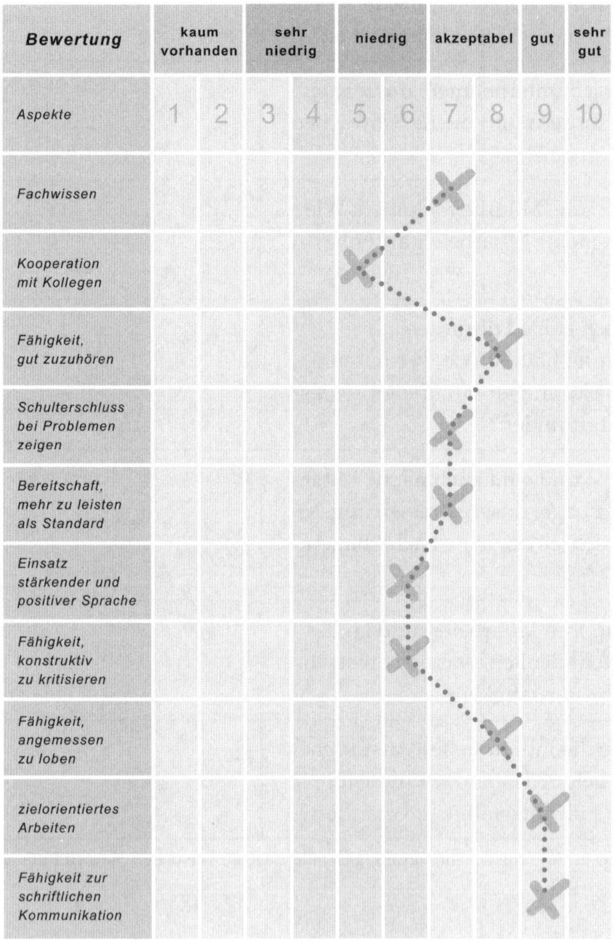

Hier können Sie Ihr Profil entwickeln. Verwenden Sie die Matrix als Kopiervorlage.

Die Auflistung der Bewertungsaspekte kann beliebig erweitert werden.

Mein Profil:

Abbildung 11.13 Kopiervorlage zur Profilbestimmung

Bewertung	kaum vorhanden		sehr niedrig		niedrig		akzeptabel		gut	sehr gut
Aspekte	1	2	3	4	5	6	7	8	9	10
Fachwissen										
Kooperation mit Kollegen										
Fähigkeit, gut zuzuhören										
Schulterschluss bei Problemen zeigen										
Bereitschaft, mehr zu leisten als Standard										
Einsatz stärkender und positiver Sprache										
Fähigkeit, konstruktiv zu kritisieren										
Fähigkeit, angemessen zu loben										
zielorientiertes Arbeiten										
Fähigkeit zur schriftlichen Kommunikation										

11.7 Beraten und verhandeln

In Gesprächen mit Kunden, Mitarbeitern oder Vorgesetzten geht es häufig um die Aspekte beraten und verhandeln. Jede Frage, auch eine kritische, kann als Signal des Interesses gewertet werden. Nicht immer ist das deutlich erkennbar. Manche als Ablehnung wahrgenommene Äußerung, mancher Einwand ist im Grunde nur ein Zögern oder ein Signal für einen Bedarf an überzeugenden Informationen. Im Folgenden werden wir uns mit zwei weiteren wichtigen Techniken der Kommunikationssteuerung befassen, der Behandlung von Einwänden und der Behandlung von positiven Signalen, den Zustimmungssignalen. Unter dem Begriff „Zustimmungssignal" werden all jene nonverbalen Botschaften zusammengefasst, die Interesse und damit ein Eingehen des Kommunikationspartners auf das Thema des Senders signalisieren.

Wir werden sehen, wie man in Gesprächen Einwände von Vorwänden unterscheiden und angemessen darauf reagieren kann und uns weiter damit beschäftigen, wie Gespräche durch Fragen gesteuert werden und wie eine überzeugende Argumentation aufgebaut ist.

11.7.1 Argumentieren

Erinnern wir uns an die Fallstudie "Der Autokauf", in der es darum ging, durch Fragen und Zuhören die Bedürfnisse des Kunden so gut wie möglich zu verstehen. Durch die Fallstudie haben wir die Bedeutung der vier Stufen eines guten Beratungsgespräches kennengelernt, die hier noch einmal aufgeführt sind:

- Eine freundliche Atmosphäre herstellen.
- Die Bedürfnisse des Kunden erfragen.
- Aus der Situation des Kunden heraus argumentieren.
- Das Produkt oder die Dienstleistung anbieten.

Wir beschäftigen uns jetzt eingehender mit der dritten Stufe "Aus der Sicht des Kunden heraus argumentieren". Beim Argumentieren geht es darum, jemanden von einem Sachverhalt oder einer Behauptung zu überzeugen. In der Regel wird eine Behauptung aufgestellt, mit nachvollziehbaren Argumenten begründet und dadurch die Zustimmung des Partners erreicht. Wenn es z.B. beim Autokauf um die Entscheidung für einen Benzin- oder Dieselmotor ginge, könnte die Argumentation für den Dieselmotor wie folgt lauten:

- Der Dieselmotor als Alternative zu einem vergleichbaren Benziner ist günstiger im Verbrauch und emittiert deutlich weniger Schadstoffe.
- Der um (xx) Cent geringere Preis für Dieselkraftstoff reduziert die Verbrauchskosten deutlich.
- Bedingt durch seine robuste Konstruktion ist auch der Verschleiß eines Dieselmotors geringer und somit seine Lebensdauer länger.

Wichtig ist, immer die Bedürfnisse des Kunden oder des Gesprächspartners im Auge zu behalten. Der Kunde ist vor allem an dem Nutzen interessiert, den er mit einem Produkt oder einer Dienstleistung erhält. Dazu ist es unerlässlich, dass wir seine Wünsche und Motive kennenlernen. Welche Aspekte den Kunden zustimmen lassen, teilt er uns mit, wenn wir ihm aufmerksam zuhören. Haben wir herausgefunden, welche Aspekte für unseren Gesprächspartner vorrangig interessant sein könnten, stellen wir uns darauf ein und können davon ausgehen, dass man infolge dessen unsere Argumentation als nützlich akzeptieren wird. Es ist gut, verbal zu argumentieren, aber besser ist, das Produkt zu zeigen oder vorzuführen. Noch besser ist, den Kunden das Argument durch eigenes Erproben erleben zu lassen und ideal ist es, alle drei Möglichkeiten zu kombinieren. Mit seiner Argumentation liefert der Berater die Übersetzung zwischen den Produktmerkmalen und dem Nutzen für den Kunden. Er baut auf diese Weise eine Brücke zwischen dem Angebot und den Kaufmotiven.

Der Übersetzungsprozess vollzieht sich in drei Schritten:

- Beschreibung des Merkmals (Produkt, Dienstleistung),
- Nennen der Übersetzungsformel,
- Beschreibung des dem Kaufmotiv des Kunden entsprechenden Nutzens.

Wir müssen unserem Gesprächspartner aufzeigen, welche Bedeutung unsere Argumentation für ihn hat und welcher Nutzen sich für ihn daraus ergibt. Um die Bedeutung eines Arguments zu vermitteln, bieten sich Formulierungen an wie

- „... das bedeutet für Sie ..."
- „... das beinhaltet ..."
- „... das zeigt ..."
- „... das soll das heißen ..."
- „... mit anderen Worten ..."

Beispiele für die Anwendung der Übersetzungsformel:

Merkmal	**Übersetzungsformel**	**(Nutzen)**
„Unsere Werkstatt hat einen 24-Stunden-Notdienst.	Das garantiert Ihnen	verlässliche Hilfe im Pannenfall." (Betreuung)
„Unsere Werkstatt bietet Ihnen einen Direktannahmen-Service.	Dadurch haben Sie	keine langen Wartezeiten und kleine Reparaturen werden schnell erledigt." (Zeit ist Geld)
„Bei Vollbremsungen verhindert das ABS ein Blockieren der Räder.	Das bedeutet für Sie, dass	Ihr Fahrzeug in dieser Situation jederzeit lenkbar und fahrstabil bleibt." (Fahrsicherheit)
„Klimaanlagen verringern die Luftfeuchtigkeit.	Der Vorteil für Sie ist:	kein lästiges Wischen und gefährliches Beschlagen der Scheiben mehr." (Komfort und Sicherheit)

Während der Erläuterung der Bedeutung unseres Arguments lässt sich an der Reaktion des Partners ablesen, ob dieser die Ausführungen positiv aufgefasst hat. Um uns zu vergewissern, können wir z.B. fragen

„ ... nicht wahr?"

„ ... wie denken Sie darüber?"

„ ... wie sehen Sie das?"

„ ... oder was meinen Sie dazu?"

So lässt sich überprüfen, ob das Argument „angekommen" ist. Natürlich ist auch mitunter Zustimmung erkennbar, ohne dass es einer (Vergewisserungs-)Frage bedarf, da sie nonverbal artikuliert wurde. Eine positive, zustimmende Äußerung schafft eine gemeinsame Basis für weitere Vereinbarungen.

Die zuvor dargestellten Wirkungsmechanismen des Argumentierens gelten für alle denkbaren Gesprächssituationen - im privaten wie im beruflichen Bereich.

11.7.2 Ein- oder Vorwände?

Nicht immer erhalten wir in Gesprächen eindeutige Zustimmungssignale. Wird unsere Vergewisserungsfrage z.B. "Wie denken Sie darüber?" mit einer Aussage beantwort, die wir nicht erwartet hatten, müssen wir herausfinden, ob es sich um einen Einwand oder um einen Vorwand handelt.

Einwände geben einen Hinweis darauf, dass der Gesprächspartner grundsätzlich interessiert ist und dies durch seine Einwände zum Ausdruck bringt. Einwände sind also nicht grundsätzlich negativ zu werten. Ein Einwand ist keine endgültige Ablehnung, sondern die Mitteilung, dass es noch Fragen oder Bedenken gibt, bevor Zustimmung möglich ist.

Ein Vorwand ist wie eine Wand, die man vorzieht, um sich dahinter zu verbergen und nicht die wahren Beweggründe nennen zu müssen. Es ist eine Art Fluchtmanöver. Wird der Vorwand aufgedeckt, wird der Gesprächspartner gewissermaßen bloßgestellt – Gesichtsverlust droht. Es besteht die Gefahr, dass die Beziehung in diesem Fall irreparabel gestört wird. Haben wir den Eindruck, unser Partner äußert einen Vorwand, sollten wir nicht versuchen, diesen bloßzulegen oder zu entkräften – nicht gegen einen Vorwand argumentieren!

Wie lassen sich Einwand und Vorwand voneinander unterscheiden?

Gehen wir noch einmal zu dem Gespräch „Karrieresprungbrett" aus dem Bereich des Aktiven Zuhörens (S. 201 f.) und prüfen, ob hier mit Einwänden oder Vorwänden gearbeitet wird.

Fallstudie: Das Karrieresprungbrett

A: „Na, wie sieht es heute aus?"

B: „Ich habe da noch einige Verständnisfragen. Wie viele Tage müsste ich mehr auf Reisen sein als derzeit? Sicher wesentlich mehr, oder?"

A: „Wesentlich mehr?"

B: „Ja, das denke ich schon. Der Wohlverdient ist doch kaum im Büro. Heute hier und morgen dort. Dauernd unterwegs."

Aussage 1: ... mehr auf Reisen sein als derzeit

A: „Du bist besorgt wegen der Familie?"

B: „Ich möchte meine Kinder aufwachsen sehen, Sie als Vater begleiten und nicht überwiegend durch das Telefon mit ihnen reden. Mir ist das wichtig. Meine Frau ist mit dem Kleinen im Augenblick voll gefordert und der Dreijährige wird auch immer anspruchsvoller. Ich kann sie jetzt nicht damit allein lassen. Das möchte ich nicht."

A: „Du machst dir Sorgen wegen der Belastung für deine Frau. Wenn ich dich richtig verstehe, dann hast du Zweifel, die Stelle anzunehmen, weil du befürchtest, dass das Familienleben darunter leiden wird und die Lebensqualität für euch alle geringer wird?"

B: „Ja, das ist ein wichtiger Punkt!"

Aussage 2: *... kann und möchte Frau und Kinder jetzt nicht so häufig alleine lassen*

Um herauszufinden, ob es sich bei beiden Aussagen um Einwände oder Vorwände handelt, stellt der Vorgesetzte die Frage „Angenommen, wir würden ..."

Im Falle eines Einwandes würden jetzt die Bedenken offengelegt und man könnte eine akzeptable Lösung oder einen Kompromiss finden.

A: „Angenommen, wir würden eine Lösung finden, die Reisetätigkeit für eine noch zu bestimmende Zeit verträglich zu gestalten, würde das deine Bedenken auflösen?"

B: „Teils ja, aber da ist noch etwas, was mir durch den Kopf geht. Ich kenne Herrn Wohlverdient und seinen Arbeitsstil. Ich schätze ihn fachlich und menschlich sehr. Bitte verstehe mich recht, aber ich habe ihn häufig als sehr dominant erlebt und ich, ich brauche meine Freiheit. Ich glaub' das geht nicht gut mit ihm und mir."

A: „Nicht gut mit euch?"

B: „Ja, er ist so bestimmend, weiß immer, was richtig und falsch ist, halt so bestimmend. Ich bin da anders, brauch' auch mehr Zeit, Dinge zu überdenken oder zu entwickeln. Ich fühle mich bei dem Gedanken an die enge Zusammenarbeit schon jetzt unter Druck gesetzt."

Aussage 3: *Auf die „Angenommen"-Frage reagiert B nicht direkt, sondern führt jetzt Herrn Wohlverdient und dessen dominantes Verhalten als weiteren Ablehnungsgrund an. Was also ist der eigentliche Grund für B – die intensivere Reisetätigkeit oder Herr Wohlverdient?*

A: „Hört sich an, als fühltest du dich durch ihn unter Druck gesetzt."

B: „Na ja, so wollte ich das eigentlich nicht sagen. Versteh' mich bitte richtig. Ich brauche meine Ruhe, eine gewisse Unabhängigkeit, um gut arbeiten zu können."

Aussage 4: *Die Behauptung des dominanten Verhaltens von Wohlverdient wird eingeschränkt. Bildlich gesprochen „mit dem Rücken zur Wand stehend" kommt heraus: „Ich brauche meine Ruhe, eine gewisse Unabhängigkeit ..."*

Hier sagt B klar, was für ihn wichtig ist.

A: „Ich war der Meinung, dir gestern eine ausgezeichnete Karrierechance eröffnet zu haben, eine einzigartige Gelegenheit und bei dir auch grundsätzlich Interesse an dieser Position bemerkt zu haben. Heute führst du Aspekte an, die dich von der Übernahme dieser Position abhalten: Die Familie, eine gewisse Unabhängigkeit und Ruhe, um gut arbeiten zu können. Du zweifelst noch."

B: „Ja, richtig."

A: „Ich habe den Eindruck, dass die Dominanz von Herrn Wohlverdient für dich ein weiteres Problem darstellt. Sieht so aus, als wäre dieser Aspekt zusätzlich auch sehr wichtig für deine Haltung."

B: „Da kommt vieles zusammen."

Vorwand erkannt *Der Vorgesetzte hat erkannt, dass der Mitarbeiter eigentlich keine sachlich begründeten Einwände hat, sondern ein großes Bedenken, welches er hinter dem Vorwand verbirgt, es werde mit Herrn Wohlverdient nicht funktionieren, da er sich von dessen dominantem Verhalten zu sehr unter Druck gesetzt fühle. Damit ist klar: die Aussagen 1-3 waren keine Einwände, sondern Vorwände.*

A: „Ja, ich danke dir für dieses offene Gespräch. Wie wollen wir jetzt weiter verfahren?"

B: „Ich danke dir ebenfalls für die Ruhe und Offenheit. Ich fühle mich jetzt sehr erleichtert. In den kommenden fünf Jahren möchte ich gerne meine jetzige Aufgabe unverändert weiter betreuen. Dann sind die Kinder aus dem Gröbsten heraus und ich wäre bereit, über andere Aufgaben noch einmal zu reden. Ich bitte dich und die Geschäftsführung um Verständnis für meine Einstellung."

Erkenntnis: *Der Mitarbeiter fürchtet eine tiefgreifende Veränderung seiner Lebens- und Arbeitssituation und möchte sich dieser nicht aussetzen. Dies ist der eigentliche Grund, verborgen hinter vermeintlichen Einwänden, die sich als Vorwände erwiesen haben.*

A: Das werde ich so weiter geben. Allerdings kann ich nicht zusagen, dass eine solche Chance sich in absehbarer Zeit wieder ergeben wird. Deine Haltung respektiere ich. Wir werden weiterhin gut zusammenarbeiten, und die Dominanz von Herrn Wohlverdient ist ja in einem Jahr kein Thema mehr."

Durch Kontrollfragen lässt sich klären, ob es sich um einen Einwand oder einen Vorwand handelt. Hier einige bewährte Formulierungen:

- „Angenommen, ich/wir würden ..."
- „Gesetzt den Fall, das wäre nicht so, würdest du dann ...?"
- „Gehen wir mal davon aus, das wäre theoretisch lösbar, gäbe es dann einen weiteren Grund, der dagegen spräche?"

Wird eine dieser Fragen mit „Nein" beantwortet, stellen wir eine Informationsfrage, um nach weiteren Gründen zu forschen. Wird eine dieser Fragen hingegen bejaht, handelt es sich sehr wahrscheinlich um einen Einwand. Diese Fragen sind im Sinne des Aktiven Zuhörens sehr geeignet, die Mitteilungsbereitschaft des Partners zu aktivieren. Sie werden in der Regel mit zwei Varianten beantwortet:

- „Da wäre noch ..." oder „Wenn das ..." usw. = Einwand
- „Das würde das Problem auch nicht lösen" oder ähnlich = Vorwand

Übung: In der Praxis – Einwand oder Vorwand?

Gehen wir jetzt in Ihre berufliche oder private Situation: Welche Einwände oder Vorwände haben Sie erlebt, womit hatten Sie Schwierigkeiten? Sammeln Sie die aus Ihrer Sicht problematischen Aussagen und tragen Sie diese in das folgende Formular unter der Rubrik „Aussage" ein. Entsprechend der vermuteten Reaktion ihres virtuellen Gesprächspartners auf Ihre „Angenommen-Frage" entscheiden Sie, ob die Aussage einen Einwand oder Vorwand darstellt. Kreuzen Sie die entsprechende Rubrik an. In der Spalte „Reaktion" notieren Sie bitte die Formulierung des Anderen, die Sie für wahrscheinlich halten. Die Ergebnisse Ihrer Überlegungen diskutieren Sie mit einer Person Ihres Vertrauens, um eine Rückmeldung zu erhalten.

- Sammeln Sie Aussagen, mit denen Sie in beruflichen oder privaten Zusammenhängen in Gesprächssituationen konfrontiert werden oder wurden.
- Prüfen Sie, ob es sich um einen Einwand oder einen Vorwand handelt.
- Überlegen Sie, wie Sie darauf reagieren könnten.

Aussage des Gesprächspartners	Ihre Kontrollfrage	vermutete Reaktion des Anderen	Einwand (ankreuzen)	Vorwand (ankreuzen)
Leider kann ich am Freitag nicht mit Dir essen gehen. Wie Du weißt, ist das Geld so kurz vor dem Ersten immer knapp.	Angenommen, ich lade Dich ein?	Ja, das wäre schon toll, aber da läuft doch das Bundesligaspiel, das muss ich unbedingt sehen.		X

Unsere Gesprächspartner haben ein Recht auf ihre Einwände. Ausgehend von einer positiven Grundannahme sollten wir versuchen zu verstehen, was unser Partner meint, was er uns mitteilen möchte. Es geht nicht darum, eine Diskussionsrunde zu gewinnen, den anderen zu „Überzeugen", ihn mundtot zu machen, sondern die tragfähige Basis für eine langfristig konstruktive Kommunikation zu schaffen. Sind Sie der Auffassung, es mit einem Einwand zu tun zu haben, können Sie versuchen, ihn durch Argumentation zu entkräften.

Übung: Einwände oder Vorwände behandeln

Sammeln Sie in der folgenden Matrix in der Spalte „Aussage“ Äußerungen, die Sie in Gesprächen zwischen Führungskraft und Mitarbeiter – oder auch im privaten Bereich – entweder selbst verwendet oder von anderen gehört haben. Mit welchen Ein- oder Vorwänden hatten Sie besondere Schwierigkeiten? Wichtig ist, dass diese Äußerungen sich auf Themen der Zusammenarbeit oder Aussagen zu irgendwelchen Abläufen beziehen.

Aussage des Partners	Vermuteter Beweggrund	Ihre Reaktion	Reaktion des Partners	Einwand? Vorwand?
Habe keine Zeit!	Steht unter Druck oder kein Interesse	Wann passt es Ihnen besser?	Das sieht im Augenblick nicht gut aus.	Vorwand
Ich bin mit Ihrem Mitbewerber zufrieden.	Er will keine Veränderung.	Was müsste geschehen, damit wir doch noch ins Geschäft kommen?	Da müssten Sie mit Ihren Preisen noch wesentlich tiefer gehen!	Einwand

Strategien zur Behandlung von Einwänden

Aktiv zuhören	Es ist insbesondere für die Einwandbehandlung von großer Bedeutung, dem Partner aktiv zuzuhören, da dadurch das Gleichgewicht der Gesprächsführung positiv beeinflusst wird. Wir halten Blickkontakt und zeigen eine offene Körperhaltung, signalisieren, dass wir zuhören, nicken mit dem Kopf und ermuntern durch kurze Bestätigungslaute („hm", „aha" usw.) zum Reden. Wir zeigen dem Partner, dass wir Wert auf seine Meinung legen und volles Verständnis für seine Einwände haben. Er wird dann eher bereit sein, unsere Antwort auf den Einwand anzuhören.
Einwand analysieren	Menschen werden von Antrieben, Empfindungen und Bedürfnissen gelenkt. Auch bei Einwänden lässt sich erkennen, welche Motive und Bedürfnisse ihnen zugrunde liegen. Wollen wir einen Einwand wirksam beantworten, müssen wir zunächst dessen Ursachen herausfinden. Unsere Argumente werden vom Partner besser verstanden und bereitwilliger angenommen, wenn wir uns seinen Blickwinkel zu eigen machen.
Bedingte Zustimmung	Die Technik der bedingten Zustimmung schließt aus, dass wir dem Partner offen widersprechen bzw. seinen Einwand bestätigen. Sie beinhaltet, dass wir seine Haltung verstehen (nicht akzeptieren!). Anschließend können wir versuchen, ihn mit unserer Antwort in eine neue, positive Richtung zu lenken. *Beispiele:* „Ich kann Ihre Frage in dieser Angelegenheit sehr gut verstehen. Ich selbst war anfangs skeptisch. Es hat sich jedoch erwiesen, dass ..." „Es mag so aussehen. Lassen Sie uns jedoch gemeinsam die Vorteile betrachten, die Sie hätten, wenn ..." Wie Sie an diesen Beispielen sehen, beginnt der Sender damit, dem Empfänger recht zu geben und vermeidet dadurch, ihm „auf die Füße zu treten".

Pause zum Nachdenken machen	Anstatt also rasch und schematisch zu antworten, machen wir eine Pause. Dies gibt dem Gesprächspartner das Gefühl, dass sein Einwand Gewicht hat. Die Pause gibt uns auch die Möglichkeit zu überlegen, welche wesentlichen Punkte die Antwort enthalten sollte. Mitunter erlebt man, dass der Partner während einer solchen Denkpause seinen Einwand korrigiert oder zurücknimmt.
Ruhig und überzeugend antworten	Haben wir die zuvor erwähnten Stufen der Einwandbehandlung befolgt, können wir damit rechnen, eine gute Ausgangsbasis für unsere Einlassung vorzufinden. Der Partner ist interessiert, unsere Haltung zu seinem Einwand zu erfahren und wird uns aufmerksam zuhören. Wir antworten ruhig und überzeugend, halten Blickkontakt, um unsere Wertschätzung zu demonstrieren und nicht das Gefühl zu vermitteln, wir befänden uns in einer Verteidigungsstellung.
Bezug auf dritte Person	Eine andere Technik, die uns hilft, ein Einverständnis zu erreichen, ist das Sich-Beziehen auf eine dritte Person oder Autorität. So braucht man die geäußerten Ansichten nicht persönlich zu verantworten. Wir beziehen uns auf die Erfahrung eines Dritten. *Beispiele:* „Ja, Herr A., diesen Eindruck könnte man haben. Vielleicht interessiert Sie dieser Erfahrungsbericht, der von ... erstellt wurde." „Einige meiner Kollegen haben sich anfangs genau die gleiche Frage gestellt, aber sie haben jetzt festgestellt ..."
Bumerang-Methode	Der negative Einwand z. B. in einem Verkaufsgespräch wird umgedreht und kehrt als (positives) Argument für den Verkäufer zum Kunden zurück. Beispiele: <u>Einwand:</u> „Ich fahre schon immer Opel." „Genau deshalb rufe ich Sie heute an, um Ihnen eine lohnenswerte Alternative vorzustellen." <u>Einwand:</u> „Zu teuer!" „Ihr Einwand zeigt, wie gewissenhaft Sie über Preis/Leistung nachdenken. Gerade deshalb sollen wir uns über Leasing unterhalten."

Vorwegnahme	Um einem Einwand zuvorzukommen, bietet es sich manchmal an, diesen vorwegzunehmen. Beispiele: „Sollte es Ihnen heute nicht passen, dann lassen Sie uns gleich einen Termin für morgen vereinbaren." „Bevor wir über die Verbrauchsangaben im Prospekt diskutieren, schauen Sie sich doch mal diesen Verbrauchstest aus der Autozeitschrift mot an."
Gegenfrage	Durch eine Gegenfrage werden Einwände des Kunden auf ihre Relevanz geprüft, ob dieser Einwand überhaupt durch ein Problem des Kunden begründet ist. Beispiele: „Sie fragen also, ob Sie bei uns die gleichen Serviceleistungen bekommen wie bei unserem Mitbewerber. Was lässt Sie daran zweifeln?" Kunde: „Ich halte nichts von all dieser Elektronik." Verkäufer: „Welche konkreten Bedenken lassen Sie daran zweifeln?" Kunde: „Der Kofferraum beim XYZ ist aber größer?" Verkäufer: „Aus welchem Grund ist das Gepäckraumvolumen für Sie so wichtig?"
vertagen	Es kann vorkommen, dass wir als Sender auf einen Einwand stoßen, den wir nicht beantworten können. In einem solchen Fall sollten wir nicht versuchen, um jeden Preis eine Antwort zu geben. Es zeugt von Selbstbewusstsein und Aufrichtigkeit, auch eventuelle Unkenntnis zuzugeben und dem Partner die Klärung zu versprechen. In dieser Lage könnte man beispielsweise sagen: „Ich notiere Ihren Standpunkt und werde auf diese Sache zurückkommen, sobald ich die Frage geklärt habe." Führungskräfte, die um jeden Preis eine Antwort auf unbekannte Einwände geben wollen, geraten oft in eine unbehagliche Situation, weil sie sich durch falsche Aussagen in Widersprüche verwickeln.

11.7.3 Fallstudie - „Primadonna“

Situation: Die Kollegin Meyer hat außer den üblichen administrativen Arbeiten, die in jedem Büro anfallen, ein Projekt in eigener Verantwortung zu managen. Dies verschafft ihr in der Gruppe der übrigen Kolleginnen, die als Sachbearbeiterinnen das Alltagsgeschäft bewegen, einen herausgehobenen Status, den sie auch bewusst ausspielt. In regelmäßigen Abständen sind in der Abteilung Rundschreiben größeren Umfangs auszusenden.

Die gemeinsam vereinbarte Regel besagt, dass *jede* Kollegin ihren Anteil an diesen Aussendungen verarbeitet. Kollegin Meyer versucht als einzige, sich stets davon fern zuhalten, indem sie auffälligerweise immer gerade dann, wenn der Versand der Rundschreiben auf der Tagesordnung steht, unaufschiebbare Arbeiten für ihr eigenes Projekt zu erledigen hat.

Gibt es hier Einwände oder Vorwände und falls ja, wie geht man damit um?

Selbstverständlich erwartet Frau Meyer, dass Rundschreibenarbeiten für ihr Projekt von allen Kolleginnen unverzüglich unterstützt werden. Die Kolleginnen sind mit diesem Verhalten ihrer Kollegin nicht einverstanden und bedrängen den Vorgesetzten, darüber mit Frau Meyer zu reden.

Vorbereitung

Bitte beschäftigen Sie sich mit den folgenden Fragen, bevor sie weiterlesen, und machen Sie sich Notizen.

- Aus welchen Gründen könnte sich Frau Meyer so verhalten?

- Wie könnten sich die Kolleginnen Frau Meyer gegenüber verhalten, um sie zu dem vereinbarten Verhalten zu bewegen?

- Wie könnten Sie als Vorgesetzter die Kollegin Meyer nachhaltig zu kollegialerem Verhalten bewegen, um in Zukunft die bekannten Konflikte zu vermeiden?

Vergleichen Sie Ihre Notizen mit den folgenden Ausführungen und analysieren Sie die Gründe, falls Ihre Annahmen deutlich differieren.

Zu 1. Aus welchen Gründen könnte sich Frau Meyer so verhalten?

Sie fühlt sich den anderen nicht gleichgestellt, sondern überlegen, weil sie eigenständig ein Projekt bearbeitet. Sie will diesen herausgehobenen Status den anderen deutlich machen, beansprucht eine Führungsrolle im Team. Welche Ziele verfolgt Frau Meyer mit ihrem Verhalten?

Zu 2. Wie könnten sich die Kolleginnen der Frau Meyer gegenüber verhalten, um sie zu dem vereinbarten Verhalten zu bewegen?

Die Kolleginnen könnten bei erneuter Weigerung zur Mitwirkung an die gemeinsame Vereinbarung appellieren und in Aussicht stellen, dass sie künftig keine Unterstützung mehr bei ihren Arbeiten erhalten wird. Motto: Alle für Einen, Einer für Alle.

Zu 3. Wie könnten Sie als Führungskraft die Kollegin Meyer nachhaltig zu kollegialerem Verhalten bewegen, um in Zukunft diese oder ähnliche Konflikte zu vermeiden?

Es sollte geklärt werden, wie sie die Zusammenarbeit mit den Kolleginnen sieht und welche Ziele sie in der Zusammenarbeit mit den Kolleginnen verfolgt.

Wie sieht sie sich selbst (Selbstbild) hinsichtlich ihrer Stellung in der Abteilung?

Welchen Veränderungsbedarf sieht sie bei sich selbst, den Kolleginnen oder der Arbeitssituation generell?

Welche Ziele verfolgt sie langfristig im Unternehmen?

Zu welchem Verhalten ist sie bereit, um die Arbeitssituation in der Abteilung harmonisch und produktiv zu gestalten?

Der Vorgesetzte klärt vor Beginn des Gesprächs die Rahmenbedingungen (Raum, Zeitpunkt, Dauer). Seine Vereinbarung des Gesprächstermins mit Frau Meyer enthält auch die Nennung des Themas: „Frau Meyer, ich bitte Sie zu einem Gespräch über die Zusammenarbeit in der Abteilung hinsichtlich der gemeinsamen Bearbeitung von Rundschreiben. Können wir uns morgen von 10.00 bis 11.00 Uhr im Raum 3 treffen?"

Das Gespräch wird nach folgender Struktur verlaufen:

1. Gesprächseinstieg
2. Führungskraft schildert ihre Sichtweise
3. Mitarbeiterin schildert ihre Sichtweise
4. Klärung der Hinter- und Untergründe
5. Lösungssuche und Vereinbarungen
6. Das Gespräch reflektieren

Simulation des Gesprächverlaufs

V = Vorgesetzter, FM = Frau Meyer

1. Gesprächseinstieg	V	„Frau Meyer, heute müssen wir über das Thema Rundschreiben in unserer Abteilung sprechen. Zunächst möchte ich Ihnen meinen Kenntnisstand mitteilen, um dann Ihre Sichtweise zu erfahren."
2. Führungskraft schildert ihre Sichtweise	V	„Vor geraumer Zeit haben wir vereinbart, dass alle Kolleginnen zu gleichen Teilen an der Bearbeitung von Rundschreiben der Abteilung mitwirken. Ihre Kolleginnen beklagen sich, dass Sie sich nur sehr selten – wenn überhaupt – daran beteiligen, weil sie ausgerechnet immer dann, wenn solche Arbeit ansteht, unabkömmlich sind, sich dringend um Ihr eigenes Projekt kümmern müssen. Das empfinden alle als unkollegial. Man ist regelrecht sauer auf Sie und denkt daran, Sie in Zukunft bei Ihren Rundschreiben nicht mehr zu unterstützen. Schließlich haben Sie alle ja, wenn ich das so ausdrücken darf, einen Vertrag auf Gegenseitigkeit geschlossen. Wie stehen Sie dazu, wie sehen Sie das?"
3. Mitarbeiterin schildert ihre Sichtweise	FM	„Sie wissen, dass ich in meiner Zielvereinbarung zugestimmt habe, bis zum Ende des Geschäftsjahres 120 neue allgemeinbildende Schulen zur Kooperation mit uns zu gewinnen und 7.000 Bücher zu verkaufen. Meine Kolleginnen haben nicht solche herausfordernden Ziele, sondern beschränken sich auf reine Sachbearbeitung. Meine Ziele, die ja in erster Linie die Ziele des Unternehmens sind, haben natürlich Priorität. Schließlich werde ich ja auch daran gemessen und mein Bonus hängt ebenfalls davon ab."
	V	„Habe ich Sie richtig verstanden, dass Sie sagen ‚Meine Ziele haben Vorrang und dafür muss alles getan werden, und wenn ich es zusätzlich einrichten kann, dann helfe ich mit, aber ansonsten muss ich mich um meine Verpflichtung kümmern? Und im Gegensatz zu den Anderen sehen Sie sich nicht als reine Sachbearbeiterin?"

	FM	„Schließlich habe ich ja Projekt- und Zielverantwortung. Da kann ich nicht auch noch bei jedem Rundschreiben mitmachen."
4. Klärung der Hinter- und Untergründe	V	„Frau Meyer, Sie haben eine Vereinbarung auf Gegenseitigkeit mit den Anderen geschlossen. Die Kolleginnen haben auch Ziele vereinbart, für die sie persönlich verantwortlich sind. Ich kann nicht verstehen, was Sie dazu bewegt, diese Vereinbarung, von der Sie sehr profitieren, einseitig aufzuheben, sich somit unkollegial zu verhalten, von den anderen jedoch nach wie vor Unterstützung zu erwarten."
	FM	„Aufgrund meiner Ausbildung bin ich nun wahrlich keine Sachbearbeiterin und Rundschreiben einzutüten, ist nicht gerade eine Tätigkeit, die meiner Qualifikation gerecht wird. Außerdem helfe ich den Kolleginnen so manches Mal in PC-Fragen weiter, wenn sie da Probleme haben. Ich denke, das gleicht sich schon aus, auf die eine oder andere Weise."
	V	„Damit wir uns recht verstehen, Frau Meyer, sie sind als Sachbearbeiterin eingestellt und haben auf eigenen Wunsch das Schulprojekt übernommen. Das ist ja auch eine Möglichkeit für Sie, sich weiter zu entwickeln und sich zu profilieren."
	FM	„Ja, das sehe ich genauso. Das finde ich auch sehr gut, dass ich das hier kann."

5. Lösungssuche und Vereinbarungen	V	„Es existiert nach wie vor die kollegiale Vereinbarung zur gegenseitigen Unterstützung beim Versand von Rundschreiben. Sie fühlen sich in erster Linie Ihren eigenen Zielen verpflichtet und nicht mehr gebunden, die Abmachung einzuhalten. Sie fühlen sich dazu berechtigt, weil Sie Ihrer Meinung nach eine höherwertige Arbeit als die anderen leisten. Fakt ist aber, dass alle Kolleginnen den gleichen Status haben, und Sie über diese Tätigkeit hinaus eine Chance zur Profilierung durch das Schulprojekt erhalten haben. Sie sehen in dieser Sonderaufgabe die Möglichkeit, sich für Aufgaben mit höherer Eigenverantwortung zu profilieren. Gerade solche Aufgaben erfordern ein hohes Maß an Verlässlichkeit und sozialer Kompetenz. Ihr derzeitiges Verhalten steht im Widerspruch zu diesen Anforderungen. Was gedenken Sie in Anbetracht dieser Lage und Fakten zu tun, um Ihr Ziel zu erreichen, mehr Verantwortung in unserem Unternehmen übernehmen zu können?"
Einwand oder Vorwand?	FM	„Ich würde ja mitmachen, aber ich habe wirklich viel damit zu tun, das Projekt zu bewegen. Das habe ich unterschätzt, als ich der Vereinbarung zugestimmt habe. Die Arbeitszeit reicht dann eben nicht, um alles zu bewältigen."
Klärung	V	„Was wäre Ihrer Meinung nach ein Lösungsweg?"
Einwand	FM	„Innerhalb der Regelarbeitszeit ist das alles für mich nicht zu schaffen, aber wenn ich die Arbeitszeit etwas flexibler gestalten könnte ..."
Vorschlag und Problemlösung	V	„Angenommen, wir würden einen Weg finden, in solchen Fällen die Arbeitszeit für Sie flexibel zu gestalten, wäre es dann zu schaffen?"
	FM	„Das wäre in der Tat hilfreich. Es ist ja nicht so, dass ich mich generell drücken will, aber meine Zielvereinbarung ist für mein weiteres Vorankommen sehr wichtig."
	V	„Also wäre eine flexible Arbeitszeitregelung die Maßnahme, das Problem dauerhaft zu beheben? Dann gäbe es keine derartigen Schwierigkeiten mehr?"

	FM	„Auf jeden Fall, wenn wir das so vereinbaren könnten, wäre das die Lösung! Ich fühle mich ja selbst nicht wohl in meiner Haut, wenn ich immer passen muss."
	V	„Ich fasse zusammen: Sie sind grundsätzlich bereit, die Vereinbarung einzuhalten. Sie sehen in Ihrer Mitwirkung keine Statusfrage, sondern Sie haben einen Zeitkonflikt, der mit Ihrer Verantwortung für das Schulprojekt zusammenhängt. Wir gewähren Ihnen nach vorheriger Absprache mit der Abteilungsleitung die notwendigen Überstunden, falls eine Beeinträchtigung Ihres Projekts durch die Mitwirkung an den Rundschreibenaktionen zu befürchten ist. Sie werden sich in Zukunft immer daran beteiligen und sich nicht mehr ausschließen."
	FM	„Ja, richtig."
6. Das Gespräch reflektieren	V	„Frau Meyer, lassen Sie uns überlegen, was dieses Gespräch für unsere weitere Zusammenarbeit bedeutet.
	FM	„Ich bin froh, dass wir offen darüber reden konnten, dass Sie mich angehört haben. Ich hatte schon Bendenken, dass Sie mich sehr kritisch sehen würden, aber jetzt bin ich erleichtert, dass wir einen Weg finden konnten, der beides ermöglicht, die Vereinbarung mit den Kolleginnen einzuhalten und das Einhalten meiner Zielvereinbarung."
	V	„Frau Meyer, mir ist klar geworden, dass Sie in einer Art Zielkonflikt standen und sich deswegen so verhalten haben. Ich habe den Eindruck, dass Ihnen bewusst geworden ist, dass Sie in Zukunft auch Ihre soziale Kompetenz für das weitere Vorankommen ausbauen müssen. Die flexible Mehrarbeitsregelung unterstütze ich in Ihrem Fall gern, weil Sie sich für Ihre und unsere Ziele engagieren. Bitte bedenken Sie immer, dass wir nur gemeinsam stark sein können und wir immer die Unterstützung der Anderen brauchen. In Zukunft lassen Sie uns rechtzeitig über die Dinge reden. Ich danke Ihnen für dieses Gespräch."
	FM	„Ja, auch ich danke für diese Gelegenheit zur Aussprache."

11.7.4 Zustimmungssignale

Mit einiger Erfahrung und Übung kann man meistens erkennen, zu welchem Zeitpunkt innerhalb des Gespräches der Partner bereit ist, einen Entschluss zu fassen. Entscheidend ist, diese Signale zu erkennen und entsprechend zu handeln. Diese Signale werden auch als „Zustimmungssignale" bezeichnet.

Im Verlauf eines Gespräches ist der Partner einer Zustimmung manchmal viel näher als wir vermuten. In solchen Situationen gibt er gewisse Signale. Erkennen wir diese frühzeitig und verstehen wir, sie richtig zu deuten, können wir das Gespräch schneller in unserem Sinne beenden.

Die Signale, die wir im Laufe des Gespräches wahrnehmen, können in Stärke und Deutlichkeit variieren. Manche kommen in einer sehr frühen Phase des Gesprächs. Sie werden „Interessensignale" genannt. Andere können stärker sein und anzeigen, dass der Gesprächspartner jetzt „reif" ist für einen Entschluss, für eine Zustimmung. Diese Signale werden „Zustimmungssignale" genannt.

Lassen Sie uns nun die Signale betrachten, die der Partner uns in der Phase gibt, die wir bislang als Argumentationsphase bezeichnet haben, in der wir nach der Bedarfsanalyse die "Übersetzung" unserer Argumente vornehmen. Die Signale können in drei Gruppen eingeteilt werden:

ausgesprochene Fragen, Kommentare oder Überlegungen

An der Art der Fragen, die der Partner während des Gespräches stellt, können wir erkennen, dass er einem Entschluss nahe ist. Kennzeichen hierfür ist oftmals die Einleitung einer Frage oder Äußerung mit folgendem Wortlaut:

„Geht es ... ?"	„Das wäre gut/hilfreich."	„Wer?"
„Kann man ... machen?"	„Wenn das so ginge ..."	„Wo?"
„Darf man ... ?"	„Man müsste mal überlegen ..."	„Welche?"
„Besteht die Möglichkeit ... ?"	„Gut wäre ja, ... „	„Wann?"
„Wie ... ?"		

Derartige Fragen können ein deutliches Zeichen für Zustimmungsbereitschaft sein.

nonverbale Reaktionen des Partners

Die unausgesprochenen Signale lassen sich schwerer erkennen. Es ist jedoch möglich, an dem Gesichtsausdruck oder der Gestik eines Gesprächspartners entsprechendes abzulesen. Mögliche Signale sind:

1. zustimmendes Kopfnicken,
2. aufmerksamer Blickkontakt zum Sprecher ggf. in Verbindung mit leicht schräg geneigtem Kopf und zustimmendem Nicken,
3. Kopfnicken und sich entspannende Gesichtszüge,
4. Partner rutscht plötzlich auf dem Sitz nach vorn und beugt sich über den Tisch,
5. Partner zieht die auf dem Tisch liegende Gesprächsunterlage zu sich heran und beugt sich darüber.

Aktivitäten des Partners

Gewisse Aktivitäten des Gesprächspartners können als starke Signale aufgefasst werden. Es könnte z.B. sein, dass er

- Aufstellungen und Unterlagen bringt, um sie uns zu zeigen,
- Jemanden als Referenz empfiehlt („Gerne können Sie sich bei YXZ erkundigen ..."),
- anbietet, etwas auszuarbeiten oder zu beschaffen,
- anfängt, in der Wir-Form über die Angelegenheit zu reden, sich also bereits innerlich damit identifiziert,
- in seinem Terminkalender zu blättern beginnt, um einen geeigneten Termin zu finden.

Wichtig ist, das Erkennen der oben genannten Arten von Signalen zu üben, um darauf eingehen zu können.

Manchmal sind Zustimmungssignale so stark, dass wir sofort etwas damit anfangen können. Sobald wir ein Signal des Partners erkannt haben, dürfen wir darauf nicht nur mit „Ja", „Nein" oder einer kurzen Information reagieren. Wenn wir ein Signal in wirksamer Weise beantworten wollen, lautet die Regel:

- Wir reagieren auf zuvor angesprochene Fragen, Kommentare oder Überlegungen.
- Wir stellen Fragen, die den Partner dahin leiten, eine Zustimmung zu artikulieren.

Hier ein Beispiel aus „Primadonna", dem Verlauf der Gesprächssimulation Punkt 6. „Lösungssuche und Vereinbarungen". Die grau markierten Sätze heben die Zustimmungssignale der Mitarbeiterin hervor.

Vorgesetzter: (...) „Was gedenken Sie in Anbetracht dieser Lage und Fakten zu tun, um Ihr Ziel zu erreichen, mehr Verantwortung in unserem Unternehmen übernehmen zu können?"

Frau Meyer: „Ich würde ja mitmachen, aber ich habe wirklich viel damit zu tun, das Projekt zu bewegen. Das habe ich unterschätzt, als ich der Vereinbarung zugestimmt habe. Die Arbeitszeit reicht dann eben nicht, um alles zu bewältigen."

Vorgesetzter: „Angenommen, wir würden (...) Wie wäre es dann?"

Frau Meyer: „*Das wäre in der Tat hilfreich.* Es ist ja nicht so, dass ich mich generell drücken will, aber meine Zielvereinbarung ist für mein weiteres Vorankommen sehr wichtig."

Vorgesetzter: „Also wäre eine flexible Arbeitszeitregelung die Maßnahme, das Problem dauerhaft zu beheben? Dann gäbe es keine derartigen Schwierigkeiten mehr?"

Frau Meyer: „*Auf jeden Fall, wenn wir das so vereinbaren könnten, wäre das die Lösung!* Ich fühle mich ja selbst nicht wohl in meiner Haut, wenn ich immer passen muss."

Zusammenfassung

Einwände und Vorwände sind Bestandteile des Kommunikationsrepertoires zur Durchsetzung oder Verschleierung von Absichten und Zielen. Einwände und Vorwände frühzeitig voneinander unterscheiden zu können, ist für den Kommunikationserfolg von wesentlicher Bedeutung. Da Einwände stets ein grundsätzliches Interesse signalisieren, können sie durch angemessene Gründe entkräftet werden. Vorwände werden zur Abwehr eingesetzt, um die wahren Beweggründe nicht offenlegen zu müssen. Gegen Vorwände, als solche erkannt, sollte man nicht mit Argumenten vorgehen – es verhärten sich nur die Fronten. Besser ist es, neue und andere Gemeinsamkeiten aufzuspüren und auf deren Ebene fortzufahren. Einwände und Vorwände finden sich sowohl in Beratungsgesprächen (Mitarbeiter/Führungskraft) als auch Verkaufsgesprächen. Einwände können wir bearbeiten und Lösungen anstreben.

In Gesprächssituationen zeigen die Partner mehr oder weniger deutlich Signale, die erkennen lassen, ob wir mit Zustimmung, Skepsis oder Ablehnung rechnen müssen. Diese Signale rechtzeitig zu erkennen, kann Zeit sparen und Missverständnisse reduzieren. Fragen und Zuhören, Einwände von Vorwänden trennen, sich in die Lage des Anderen versetzen und aus dessen Sicht argumentieren zu können, sind der Garant dafür, dass unsere Ideen oder Angebote Zustimmung erfahren.

11.8 Die pragmatischen Axiome von Paul Watzlawick

Gelungene Kommunikation – die Gestaltung der Kommunikationsbeziehungen – ist eine unabdingbare Voraussetzung für den Erfolg im Unternehmen. Dem (gemeinsamen) Gespräch aller Beteiligten kommt dabei eine zentrale Bedeutung zu. Der österreichische Psychologe Paul Watzlawick hat unter der Bezeichnung „Pragmatische Axiome" einige Kommunikationsgesetze beschrieben, die für das Verständnis von Kommunikationsprozessen hilfreich sind.

Das erste Axiom: Man kann nicht *nicht* kommunizieren.

Kommunikation bedient sich immer verbaler und nonverbaler Elemente. Angenommen, jemand versucht, durch Schweigen den Kommunikationsprozess zu unterbinden, so wird das nicht gelingen. Denn die körperliche Anwesenheit beeinflusst den oder die anderen Kommunikationspartner in jedem Fall und umgekehrt.

Das zweite Axiom: Jede Kommunikation hat einen Inhalts- und Beziehungsaspekt, derart, dass letzterer den ersten bestimmt und daher eine Metakommunikation ist.

Wir kommunizieren mit Verstand und Logik, denken wir. Fakt ist, dass auf der Verstandesebene die Inhalte und auf der Gefühlsebene die Beziehungsaspekte mitgeteilt werden. Jede zwischenmenschliche Kommunikation findet auf diesen beiden Ebenen gleichzeitig statt. Obwohl wir geneigt sind, der Inhaltsebene höhere Bedeutung einzuräumen, ist klar, dass der Beziehungsaspekt, die Gefühle, der wichtigere von beiden ist. Inhalte werden über Beziehungen transportiert oder erst möglich. Ist der Beziehungsaspekt gestört, ist es sinnlos auf der Inhaltsebene zu verhandeln. Also: Zuerst eine harmonische Atmosphäre herstellen und erst dann zum sachlichen Inhalt übergehen.

Watzlawick illustriert das erste und zweite Axiom anhand eines Beispiels: Zwei Damen, Frau A und Frau B, begegnen sich auf einer Party. Frau B trägt eine Perlenkette. Frau A fragt: „Sind die Perlen echt?" Abgesehen davon, dass die Frage nach der Echtheit unverschämt ist: Frau B kann sich der Kommunikation nicht entziehen. Selbst wenn sie die Frage einfach überhörte, wäre dieses Verhalten auch eine Antwort. Auch die Gültigkeit des zweiten Axioms wird dargestellt. Denn die Art und Weise, wie Frau A ihre Frage stellt, wird zweifelsfrei erkennen lassen, in welcher Beziehung sie zu Frau B steht. Die unterschiedlichen Betonungen der Worte und eine entsprechende Satzmelodie werden deutlich machen, was Frau A von Frau B hält: arme Schluckerin oder wohlhabende Frau.

Das dritte Axiom: Die Natur einer Beziehung ist durch die Interpunktion der Kommunikationsabläufe seitens der Partner bedingt.

Kommunikation verläuft in Phasen, die einer Gliederung unterliegen. Diese Phasen kann man unterschiedlich gewichten oder als Basis des weiteren Gesprächsverlaufs benutzen.

Das vierte Axiom: Menschliche Kommunikation bedient sich digitaler und analoger Modalitäten. Digitale Kommunikationen haben eine komplexe und vielseitige logische Syntax, aber eine auf dem Gebiet der Beziehungen unzulängliche Semantik. Analoge Kommunikationen dagegen besitzen dieses semantische Potential, ermangeln aber der für eindeutige Kommunikation erforderlichen logischen Syntax.

Das Gesprochene und die nonverbale Ebene, die Körpersprache, Gestik und Mimik, die Körperhaltung und die Sprechweise sind im gesamten Kommunikationsgeschehen zu berücksichtigen. Oft sind es die nichtsprachlichen analogen Elemente, die Aufschluss über die wirklichen Intentionen des Kommunikationspartners geben. Sie geben Hinweise zum eindeutigeren Verständnis der sprachlichen Aussage. Nicht selten steht diese im Widerspruch zum Gesagten: wilde Drohungen bei zugleich schüchterner Körperhaltung, ängstliche Stimmlage in einer Verhandlung usw. Sind verbale und nonverbale Aussagen nicht deckungsgleich, entsteht Misstrauen und Unbehagen. Wir fühlen uns nicht wohl, reagieren verunsichert. Verbale und nonverbale Kommunikation sollten sich ergänzen und nicht widersprechen.

Das fünfte Axiom: Zwischenmenschliche Kommunikationsabläufe sind entweder symmetrisch oder komplementär, je nachdem, ob die Beziehung zwischen den Partnern auf Gleichheit oder Unterschiedlichkeit beruht.

Ist der Status zweier Kommunikationspartner gleichrangig, spricht man von einer *symmetrischen* Kommunikation. Ist der Status der Partner ungleich, spricht man von einer *komplementären*, sich ergänzenden Kommunikation.

11.9 Die Transaktionsanalyse in Kommunikationsprozessen[36]

Gesprächsverläufe werden von Stimmungen und Persönlichkeitsaspekten beeinflusst. Die Mechaniken solcher durch unsere jeweiligen Persönlichkeitsanteile geprägten Gesprächsmuster sind Gegenstand der von dem amerikanischen Psychiater Dr. Eric Berne entwickelten Transaktionsanalyse (TA).

11.9.1 Transaktionsanalyse

Die Transaktionsanalyse ermöglicht, sowohl ein emotionales als auch ein intellektuelles Verständnis für sich und andere zu erlangen. Das Ziel besteht darin, eine möglichst offene Kommunikation zwischen emotionalen und intellektuellen Aspekten der Gesprächspart-

[36] Vgl. Bruhn, Christina/Zamoschchina, Magaritha: Referat im Studiengang Kultur- und Medienmanagement an der Hochschule für Musik und Theater Hamburg, Bereich Mitarbeiterführung, 2005, mit freundlicher Genehmigung der Autorinnen.

ner herzustellen. Die Transaktionsanalyse kann als Analyse der Kommunikation überall eingesetzt werden, wo es um menschliche Beziehungen geht.

Die zentrale Grundannahme in der TA lautet: Jeder Mensch hat, welches Verhalten auch immer er heute zeigt, einen gesunden und liebenswerten Kern. Folglich ist die von der TA angestrebte Grundeinstellung die letzte der vier im Folgenden genannten.

- „Ich bin nicht o.k. – du bist nicht o.k."
- „Ich bin nicht o.k. – du bist o.k."
- „Ich bin o.k. – du bist nicht o.k."
- „Ich bin o.k. – du bist o.k."

Sie ist nicht Ausdruck eines Werturteils, sondern von Akzeptanz. Sie ist Ausdruck des Glaubens an den Wert der Menschen, auch der eigenen Person. Sie bedeutet nicht, dass alle Menschen ohne Fehl und Tadel oder dass alle Handlungen gut sind. Sie bedeutet auch nicht, dass allen Handlungen das gleiche Verdienst zukommt oder dass alle Menschen gleich sind. Vielmehr gesteht man mit dieser Grundeinstellung sich und anderen Fehler zu. Je bewusster man sich dieser Auffassung von sich („ich bin o.k.") und anderen („du bist o.k.") ist, desto leichter fällt es, den Charakter seiner täglichen Kommunikation zu verändern. Obwohl diese Haltung gute Kommunikation und effektive Arbeit fördert, ist sie in Konfliktsituationen nur schwer durchzuhalten.

11.9.2 Ich-Zustands-Modell

Die Basis der TA bildet das Ich-Zustands-Modell. Es beschreibt die Strukturen unseres Denkens, Fühlens und Verhaltens in sehr lebensnahen, im Alltag wieder erkennbaren Bildern und Begriffen.

Ein praktisches Beispiel: Ich wache nach einer Reihe sehr arbeitsreicher Tage morgens auf. Zum ersten Mal seit Langem scheint strahlend die Sonne, und ausgerechnet heute stehen mir eine anstrengende Sitzung und einige unangenehme Gespräche bevor. Mir schießt der Gedanke durch den Kopf: „Ich könnte zu Hause bleiben und den Tag genießen!" In meinem Kopf entspinnt sich ein lebhafter innerer Dialog, in dem sich ganz verschiedene Stimmen zu Wort melden:

- „Oh ja, toll, ich werde an die See fahren, surfen, in der Sonne liegen, faulenzen, egal, was heute im Büro los ist!"
- „Was fällt Dir ein? Wenn das erst einmal einreißt! Beiß gefälligst die Zähne zusammen! Erst die Arbeit, dann das Vergnügen!"
- „Pah, wenn ich an die Kollegen denke, die tun doch sowieso nichts! Und der Chef, wie der mich letzte Woche angemacht hat – da mache ich nicht mit, für die lege ich mich doch nicht krumm. Die sollen sehen, wie sie klarkommen!"

- „Aber, wenn mich nun zufällig einer sieht, das könnte schlimme Folgen haben. Vielleicht sollte ich doch lieber zur Arbeit gehen. Ich werd's schon irgendwie hinter mich bringen!"
- „Allerdings hast du in letzter Zeit wirklich viel geackert! Denk an deine Gesundheit! Es ist wichtig, dass du dir auch Ruhe und Entspannung gönnst! Du hast es verdient!"
- „Stimmt. Wenn ich heute nicht hingehe, laufen so viele Sachen auf, dass ich hinterher umso mehr Mühe habe. Ich glaube, am nächsten Wochenende könnte ich den Freitag ganz freischaufeln! Wenn ich's mir recht überlege ..."

Dieser innere Dialog zeigt sechs unterschiedliche Stimmen. Sie entsprechen den Ich-Zuständen, die dem TA-Modell zufolge bei jedem gesund entwickelten Erwachsenen vorhanden sind.

Zunächst sind drei grundlegende komplexere Ich-Zustände zu unterscheiden. Sie werden im strukturellen Ich-Zustands-Modell dargestellt:

Abbildung 11.14 strukturelles Ich-Zustands-Modell

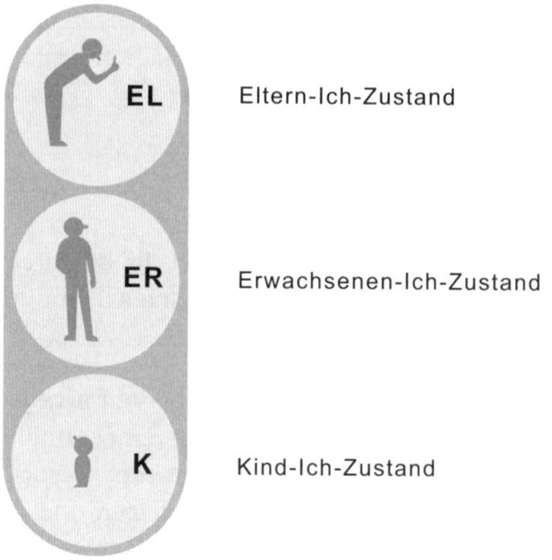

- Das **Kindheits-Ich** (K), mit dem wir so denken, fühlen und uns verhalten, wie wir es als Kind konnten und taten. Dieses Potential ist immer noch in uns vorhanden.
- Das **Eltern-Ich** (EL), mit dem wir so denken, fühlen und uns verhalten, wie wir es bei unseren Eltern und anderen Autoritätspersonen erlebt haben, als wir noch Kinder waren. Diese Eindrücke haben wir in uns gesichert und verinnerlicht. Vieles davon haben wir in unser Repertoire übernommen und benutzen es in bestimmten Situationen meist unreflektiert.

- Das **Erwachsenen-Ich** (ER), mit dem wir im Hier und Jetzt die Realität wahrnehmen und prüfen, Informationen aufnehmen und verarbeiten, Zusammenhänge erkennen, Wahrscheinlichkeiten abwägen, Schlussfolgerungen ziehen.

Diese drei Ich-Zustände bilden die Gesamtstruktur unserer Persönlichkeit. Wie stark und auf welche Weise diese Ich-Zustände in der Kommunikation zum Tragen kommen, das charakterisiert unsere Persönlichkeit.

Wie im inneren Dialog, so wirken sich unsere Ich-Zustände natürlich auch in der Kommunikation mit anderen aus. Was wir durch aufmerksame Selbstbeobachtung erkennen können, wird auch für andere hör- und sichtbar. Ich-Zustände sind somit nicht nur theoretische Konstrukte, sondern erlebbare Realität. Schaut man sich in den verschiedenen Bereichen des alltäglichen Lebens um, wird man unschwer entsprechende Belege finden und bald eine geschärfte Wahrnehmung dafür entwickeln, aus welchen Ich-Zuständen heraus wir und unsere Kommunikationspartner in bestimmten Situationen vorzugsweise agieren. Um einen Blick für die typischen Merkmale der Ich-Zustände und deren Zusammenspiel in der Kommunikation mit anderen zu bekommen, bietet sich an, eine Gesprächssituation aus dem alltäglichen Umfeld zu analysieren, wobei folgende Fragen nützlich sind:

- Was sagt oder tut jemand?
- Welche nonverbalen Signale vermittelt die Person dabei?
- Für welchen Ich-Zustand spricht das?
- Welche innere Reaktion spürt man selbst bei sich, auch wenn man nach außen hin gar nichts tut?
- Welchem Ich-Zustand entspricht das?
- Wie reagiert man anschließend tatsächlich?
- Welchem Ich-Zustand entspricht das?

Das Ich-Zustands-Modell ist ein Instrument, um für sich selbst verworrene Situationen zu klären, Schwierigkeiten besser zu verstehen und Entscheidungen bewusster und ausgewogener zu treffen. Wenn eigene Probleme in der Kommunikation mit anderen deutlich werden, kann man daran arbeiten, seine Wahlmöglichkeiten zu erweitern, mehr Alternativen zu finden, d.h. bestimmte Ich-Zustände stärker zu entwickeln. Setzt man das um, werden zugleich die Ich-Zustände, mit denen man bisher sich und anderen das Leben schwer gemacht hat, in den Hintergrund treten. Abzuraten ist davon, andere Menschen mithilfe des Ich-Zustands-Modells in Schubladen einzusortieren oder ihnen Etiketten zu verpassen.

11.9.3 Transaktionen

Der Begriff Transaktion bezieht sich auf einen Kommunikationsprozess, bestehend aus einem Stimulus sowie der darauf folgenden Reaktion und umfasst sowohl die verbalen als auch die nonverbalen Aspekte der Kommunikation. Es gibt drei Grundmuster von Transaktionen:

Komplementäre Transaktionen

Wenn ein Mensch mit einem anderen kommuniziert, enthält sein Eröffnungszug – der Stimulus – zugleich auch eine Information darüber, wie der Angesprochene reagieren soll. Der Stimulus kommt aus einem Ich-Zustand und richtet sich an einen bestimmten Ich-Zustand der anderen Person. Nimmt der andere diese Einladung an und reagiert wie erwartet, so ergibt sich daraus eine komplementäre Reaktion. Diese Art von Transaktion bestimmt unsere alltägliche Kommunikation. Das Gespräch ist im Fluss und könnte im Prinzip endlos weiter gehen, da die Erwartungen und Reaktionen der Partner einander entsprechen. Ist der Verlauf auch stringent, so sagt er nicht zwingend etwas über die Qualität der Kommunikation aus.

Abbildung 11.15 komplementäre Transaktionen

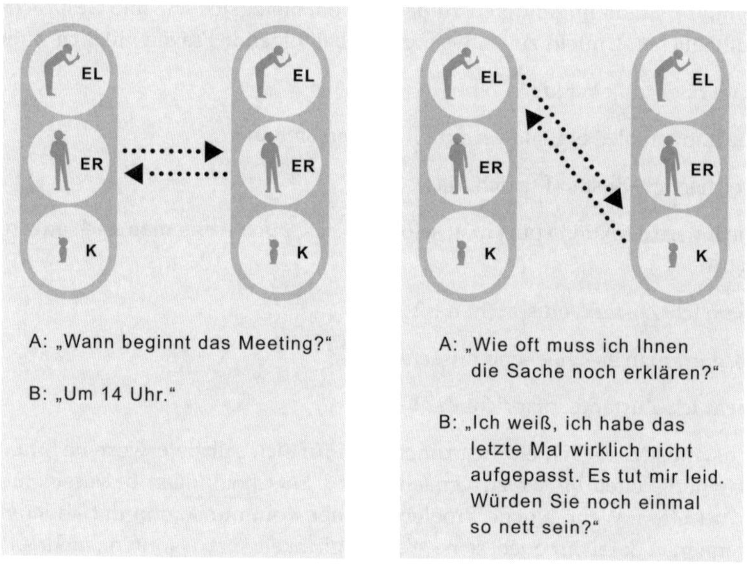

Gekreuzte Transaktionen

Kommt es in Gesprächen zu überraschenden Wendungen, unerwarteten Manövern und Irritationen, nach denen man sich fragt „Was ging denn schief?" oder denkt „Den hab' ich wohl auf dem falschen Fuß erwischt!", liegt in der Regel eine gekreuzte Transaktion vor. Ihr Wesen besteht darin, dass B nicht mit dem Ich-Zustand reagiert, an den A sich gerichtet hatte. Es folgt eine zumindest kurzzeitige Unterbrechung, dann möglicherweise ein Abbruch, zumeist aber eine ganz andere Entwicklung des Geschehens (erstes und zweites Beispiel).

Abbildung 11.16 gekreuzte Transaktionen

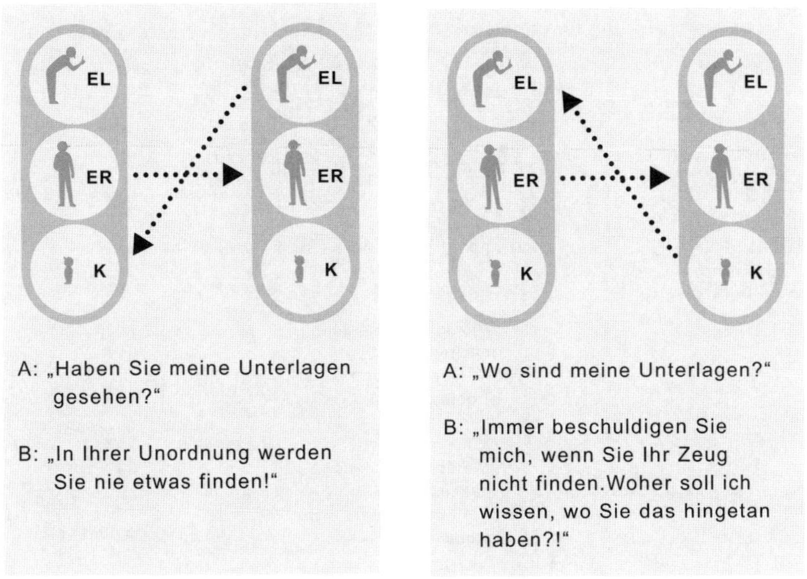

Neben diesen unproduktiven Kreuzungstransaktionen, die zu Verwirrung, Ärger, Enttäuschung und anderen schlechten Gefühlen führen, gibt es auch die Möglichkeit, Transaktionen positiv zu kreuzen. Durch bewusst gesetzte Kreuztransaktion kann ich den Gesprächspartner einladen, einen unergiebigen Weg zu verlassen und mit etwas Erfreulicherem weiterzumachen.

Abbildung 11.17 gekreuzte Transaktionen

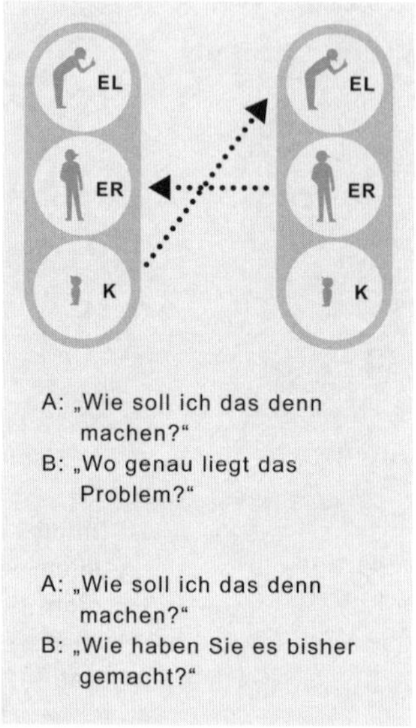

Im Bereich der Mitarbeiterführung können Kreuztransaktionen zugleich zur Mitarbeitermotivation eingesetzt werden. Der Vorgesetzte kann den Mitarbeiter zum selbständigen Denken aufrufen und sein Erwachsenen-Ich stimulieren. Dies geht am besten durch W-Fragen. Der Mitarbeiter wird zunächst verdutzt sein, aber in der Regel nach einer gewissen Pause erklären, wie er es bisher gemacht hat.

Verdeckte Transaktionen

In vielen Gesprächen finden Transaktionen statt, bei denen neben der oberflächlich erkennbaren noch eine tiefe, verdeckte Ebene vorliegt. Es sind somit zwei Ich-Zustände im Spiel. Man nennt die zwei Ebenen bei verdeckten Transaktionen die soziale (offene) und die psychologische (verdeckte) Ebene. Das, was eigentlich gemeint ist, wird nicht oder nicht direkt angesprochen, sondern ist nur indirekt zu erschließen – aus dem Klang der Stimme, der Betonung, der Mimik, der Erinnerung an vorangegangene Situationen etc. Oft ist den betreffenden Personen gar nicht bewusst, dass noch eine verdeckte Ebene mitschwingt, etwa wenn es um Wünsche geht, die man sich nicht offen auszusprechen traut, oder um Kritik, zu der man nicht offen stehen mag. Das Spektrum indirekter Kommunikation reicht bis zum beiderseits bewussten Spiel. Das kann harmlos oder sogar lustvoll sein, wenn es als behutsames Herantasten mit offener Rückzugsmöglichkeit benutzt wird und keine der beteiligten Personen eine Abwertung oder Verletzung erfährt.

Abbildung 11.18 verdeckte Transaktionen

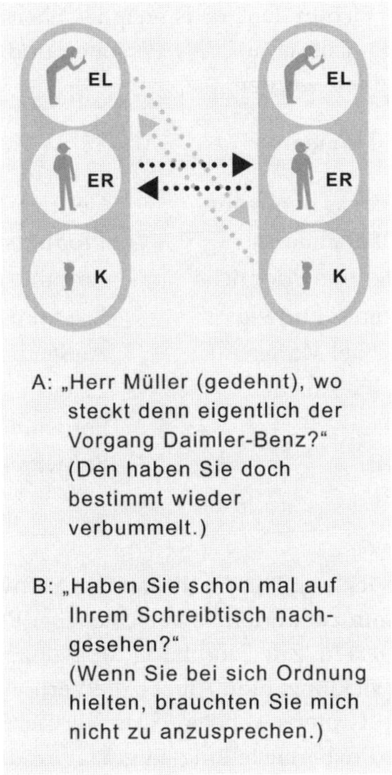

Die Transaktionsanalyse ist komplex und umfasst ein großes Wissensgebiet. Die Beschäftigung damit ist lohnenswert.[37]

[37] Literaturempfehlungen:

Harris, Thomas A. (1975): Ich bin o.k. Du bist o.k., Reinbek, 1975.

Berne, Eric (1967): Spiele der Erwachsenen, Reinbek, 1967.

11.10 Zu guter Letzt: Die Verhinderer - eine Fallstudie

Vorbemerkung: Der Fall hat sich in der Praxis ereignet, ebenso wie der am Ende der Fallstudie wiedergegebene Gesprächsverlauf. Die Personen und Sachbezüge sind aus Gründen des Datenschutzes verändert worden.

Die Personen und deren Funktionen:

	Andreas Bergmann	Vertriebsleiter
Die Verhinderer	Rolf Hamann	Produktspezialist
Die Verhinderer	Peter von Friedrichs	Produktspezialist
Die Verhinderer	Thomas Ludwig	Produktspezialist
Die Verhinderer	Michael Martens	Außendienstmitarbeiter
	Sabine Albers	Leiterin der Abteilung Softwareentwicklung
	Metz	Software-Entwickler

Die Situation

Die Abteilung Softwareentwicklung hat den bekannten Software-Entwickler Metz, beauftragt, ein neuartiges Programm zum Erlernen verschiedener PC-Softwareanwendungen im Gruppenunterricht zu entwickeln. Zur Erprobung des Konzepts hat er durch die Leiterin der Abteilung Software-Entwicklung, Frau Albers, die Vertriebsabteilung um die leihweise Bereitstellung hochwertiger Laptops gebeten. Der Vertriebsleiter, Herr Bergmann, hat bereits vor acht Monaten die Bereitstellung zugesagt und seinen Produktspezialisten Herrn Hamann mit der Auslieferung beauftragt.

Da im Unternehmen ein ähnliches Lernprogramm bereits existiert und von der Vertriebsabteilung mit gutem Erfolg vermarktet wird, den Mitarbeitern dieser Abteilung die Inhalte und Zielsetzungen des neuen Programms jedoch nicht bekannt sind, beschließen Sie, das Projekt durch Nichtbelieferung mit den Laptops, zu behindern.

Frau Albers erfährt von Herrn Metz anlässlich eines Projektmeetings, dass nach nunmehr acht Monaten die Laptops immer noch nicht angeliefert worden sind. Auf die Frage, was man ihm seitens der Vertriebsabteilung als Grund für die Verzögerung genannt habe, berichtet er, dass man ihm etwas von Lieferengpässen erzählt habe. Man wolle abwarten bis die Geräte vollzählig am Lager seien, um dann die Auslieferung an ihn vorzunehmen. Ihn habe diese Entwicklung in eine unangenehme Lage gebracht, da er den PC-Clubmitgliedern und deren Angehörigen, die den Prototyp seiner Neuentwicklung testen wollen, seinerzeit begeistert von der großzügigen Bereitstellung der Laptops berichtet habe. Da auch mehrmaliges Nachfragen in der Vertriebsabteilung bisher die Anlieferung nicht beschleunigen konnte, habe er für die Clubmitglieder Fremdfabrikate, die längst nicht so gut seien, anschaffen müssen, um den Fortgang des Projekts nicht zu gefährden.

Frau Albers bittet darum, ihr den Stand der Dinge schriftlich mitzuteilen, damit sie die Angelegenheit intern mit Nachdruck vorantreiben könne. Den Brief von Herrn Metz gibt sie dem Vertriebsleiter Herrn Bergmann zur Kenntnis. Dieser schickt daraufhin die gesamte Email-Korrespondenz zu diesem Vorgang an den mit der Auslieferung der Laptops beauftragten Produktspezialisten Rolf Hamann mit der Bitte um Klärung. Frau Albers erhält von Herrn Bergmann die Email-Kopie des Vorgangs, der sich ihr erst durch das Lesen der gesamten Mail-Kommunikation in allen Facetten und Dimensionen erschließt. Ungefähr zeitgleich erfährt sie, dass am selben Tage die Auslieferung der Laptops durch den Produktspezialisten Thomas Ludwig veranlasst worden sein soll. Zufall? Sie gewinnt den Eindruck, dass die Mitarbeiter der Vertriebsabteilung die Auslieferung der Laptops vorsätzlich verzögert haben, um die Entwicklung eines aus ihrer Sicht mit dem existierenden Konzept konkurrierenden Produkts zu verhindern.

Die gesamte Email-Korrespondenz zum Vorgang:

Von: andreas bergmann
An: rolf hamann
Kopie: sabine albers
Thema: Antwort: Neues Programm - Ausleihe von Laptops

Lieber Rolf,

ich habe gestern mit Frau Albers über die kommende Tagung in Leipzig gesprochen und gegen Ende unserer Unterredung mit Entsetzen erfahren, dass Herr Metz immer noch nicht die Laptops hat, um welche er gebeten hatte.
Es war Deine Aufgabe, die Bereitstellung der Geräte auszuführen und die kompetente Verbindung aus Sicht der Vertriebsabteilung zu gewährleisten.
In der Anlage findest Du die gesammelte - zum Glück interne - Kommunikation zu dem Thema. Wenn es sich bewahrheiten sollte, dass wir z.B. durch unsere Untätigkeit und Ignoranz gegenüber Herrn Metz den Projekterfolg der Entwicklung des neuen Programms behindert haben, indem Du Deinen Auftrag nicht oder verzögert ausgeführt hast, zwingst Du mich, schwere Vorwürfe gegen Dich erheben zu müssen. Soeben sehe ich durch die E-Mail von Thomas Ludwig, dass wir die Laptops nunmehr bereit gestellt haben. Heute Morgen habe ich ein Schreiben von Metz bekommen, der sehr frustriert ist, Kopie anbei.
Was können wir nun Deiner Meinung tun, um das Ganze irgendwie noch zu retten?

Danke und Gruß

Von: fischer
An: peter v. friedrichs
Thema: Neues Programm

Sehr geehrter Herr Friedrichs,

ich hoffe, dass Sie und Ihre Familie ein schönes Osterfest verleben konnten. Ich möchte Sie kurz über den Stand der Dinge im Bereich der Entwicklung der neuen Software unterrichten. Ich habe nun fast alle didaktischen und methodischen Elemente des ersten Bandes erprobt. Das Programm hat sich bis zu diesem Stand in der Praxis mit Jugendlichen und Erwachsenen hervorragend bewährt. Alle Probanden äußern sich begeistert und weisen auch bemerkenswerte Fertigkeiten in der Handhabung nach. Im neuen Geschäftsjahr werden wir die Arbeit weiter fortführen und die endgültige Positionierung des Programms im Marketingkonzept festlegen können. Wann kann ich mit den Laptops rechnen? Man wartet mit Ungeduld auf den Beginn der weiteren Kurse!

Mit freundlichen Grüßen
Metz

Von: peter von friedrichs
An: thomas ludwig, rolf hamann
Kopie: andreas bergmann
Thema: Neues Programm - Ausleihe der Laptops

Thomas und Rolf,
wir müssen hier langsam wirklich aktiv werden ...
Michael Martens hat auf der Messe mit Albers über dieses Thema gesprochen. Es ist zwar kein wirklicher Zusammenhang zu unserer PC-Softwarephilosophie zu erkennen, dennoch besteht weiterhin die Anforderung, die Laptops leihweise zur Verfügung zu stellen. Wie wollen wir jetzt verfahren?

Peter

Von: rolf hamann
An: peter von friedrichs
Kopie: michael martens, andreas bergmann
thomas ludwig
Thema: Antwort: Neues Programm - Ausleihe der Laptops

Mir wird jedes Mal richtig schlecht, wenn ich an diese Sache denke.
Lasst uns nächste Woche noch mal zusammen mit Andreas sprechen.
Ich bin strikt gegen diese Jux-Nummer. Das ist absolut kontraproduktiv zu unserem bestehenden Programm und völlig inkompatibel mit dem guten Ruf unseres Unternehmens.

Von: andreas bergmann
An: rolf hamann
Kopie: michael martens , thomas ludwig, peter von friedrichs
Thema: Antwort: Neues Programm - Ausleihe von Laptops

Bitte vergiss Deine Bedenken einstweilen und schick die angeforderten Laptops. Es ist doch nicht in Ordnung, dass wir Herrn Metz so lange auf die Folter spannen. Der steht hundertprozentig loyal zu unserem Unternehmen; ich hatte bereits via Albers unsere Unterstützung zugesagt; und dass sich Hamann bei Metz meldet, um produktspezifische Unterstützung zu geben. Kann doch nicht so schwer sein ...

Danke und Gruß!

Von: rolf hamann
An: andreas bergmann
Kopie: thomas ludwig, michael martens, peter von friedrichs
Thema: Antwort: Neues Programm - Ausleihe von Laptops

Bei der nächsten Aufräum-Aktion (Gemeint ist das Leihlager, in dessen Bestand die zu verleihenden Laptops aufgenommen werden. Ab einer entsprechenden Verweildauer im Bestand wird das Abteilungsergebnis negativ beeinflusst. Wichtig ist also, in regelmäßigen Abständen eine Leihlagerentlastungs-Aktion durchzuführen und die Geräte zu Sonderkonditionen an Fachhändler zu verkaufen.) werde ich daran erinnern, für welchen Scheiß wir unsere Geräte blockieren müssen. Wer hat eigentlich die Liste?
Es wäre wirklich an der Zeit, dass der ahnungslose Metz sich mal die Materialien unseres bestehenden Projektes anschaut, um zu merken, dass seine Aktion völlig für die Katz ist. Er muss das Rad doch nicht neu erfinden. Statt dessen soll er mal nach Leipzig (Anmerkung: In Leipzig finden zentral für Deutschland die Fortbildungsveranstaltungen für angehende Computer-Kursleiter statt) zum Kurs gehen, damit er mal erfährt, wie wunderschön man mit dem bereits existierenden Material arbeiten kann. Aber, wenn Du meinst, wir müssen das machen, dann machen wir's natürlich. Ich hoffe nur, dass das Ganze anonym bleibt.

Aufgabe

Ihre Aufgabe ist der Situation entsprechend komplex. Sie können sich alleine oder im Team damit befassen.

Die Führung (Leiter der Abteilung Vertrieb und Leiterin der Abteilung Software-Entwicklung) muss erreichen, dass die Mitarbeiter...

- einsehen, dass ihr Verhalten nicht korrekt war.
- die Zusicherung geben, dergleichen in Zukunft nicht zu wiederholen.

- die missliche Situation durch freundliches und korrektes Verhalten im Sinne des Unternehmens Herrn Metz gegenüber rasch wieder gut machen.
- eine langfristig vertrauensvolle Basis der Zusammenarbeit mit Herrn Metz, dem bekannten Software-Entwickler schaffen.

Die Aufgabe eignet sich sowohl als Rollenspiel als auch zur schriftlichen Bearbeitung. Wenn Sie diesen Fall schriftlich bearbeiten wollen, gehen Sie bitte folgendermaßen vor:

a. Erstellen Sie eine Analyse, um die unterschiedlichen Motive und Ziele der Personen und des Unternehmens sowie die daraus resultierenden Verhaltenseisen übersichtlich aufzuzeigen. Dafür bietet sich die Form einer Matrix an (s. Muster).

b. Entwickeln Sie eine Strategie für die Bearbeitung des Falles aus Sicht der Führungskräfte Bergmann und Albers. Wie könnten die beiden vorgehen, wie sich in Gesprächen mit den Kollegen verhalten, mit welchen Reaktionen seitens der Mitarbeiter ist zu rechnen. Wie können die Führungskräfte darauf reagieren und ihre Mitarbeiter auf die oben genannten Ziele hinlenken und entsprechende Vereinbarungen treffen?

c. Simulieren Sie schriftlich das Gespräch, welches Bergmann und Albers mit den Kollegen in gemeinsamer Runde führen, um den Vorgang aufzuklären und verlorenes Vertrauen wieder herzustellen. Verwenden Sie dazu das folgende Muster eines Kritikgesprächs.

Bevor Sie sich ans Werk machen, lesen Sie noch diese Informationen über das Verhalten einiger beteiligter Mitarbeiter während des Gesprächs.

v. Friedrichs = gibt sich uneinsichtig: „Ich habe dafür keine Zeit, das jetzt zu diskutieren, habe Wichtigeres zu tun." Verhält sich ablehnend und uninteressiert, demonstriert, dass er sich nichts vorzuwerfen hat.

Hamann = Ist ein Gemütsmensch, mit dem man gut klarkommt, wenn man nicht zu sehr anderer Meinung ist. „Bauernschlau" mimt er den Unschuldigen: „Ich weiß gar nicht, worum es bei dem neuen Programm geht. Was soll das eigentlich? Warum hat man uns nicht einbezogen? Es wäre notwendig gewesen, uns zu informieren." Er dreht den Spieß um und versucht, die Schuld für das Geschehene der Leiterin der Abteilung Software zuzuweisen, die, wenn alles mit rechten Dingen zugegangen wäre, zuvor ausführlich hätte informieren müssen. Da alles so unklar gewesen sei, habe man auch keine sonderliche Eile verspürt, den Leihauftrag unverzüglich auszuführen.

Bergmann = Ist ein ruhiger und ausgeglichener Mann, der gut zuhören kann und auch selbstkritisch seine Handlungen reflektiert. Er gibt auf entsprechende Argumentation von Frau Albers zu, dass er sich nicht intensiv genug, um die Angelegenheit gekümmert hat und dass er seine Mitarbeiter nicht über die Absprachen mit Frau Albers und deren Angebot berichtet habe, in einem gesonderten Meeting die Mitarbeiter ausführlich über die Zielsetzungen des neuen Lernprogramms zu informieren. Wegen anderer Prioritäten sei dieses Angebot in Vergessenheit geraten. Er bedauert diese Entwicklung.

Albers = Eine erfahrene Managerin, die schon manche kritische Situation gemeistert hat. Ihr Motto: „Jedes Unternehmen ist ein Dschungel." Sie versucht, die Hintergründe der Situation zu klären und die Mitarbeiter für ihr Verhalten zu sensibilisieren. Aus ihrer Sicht ist das Vertrauensverhältnis Ihrer Abteilung zu den Mitarbeitern der Vertriebsabteilung gestört. Deren Verhalten hat das Image des Unternehmens bei dem Autor und den PC-Clubmitgliedern erheblich geschädigt. Der Zeitrahmen für das Software-Projekt ist nicht mehr einzuhalten. Lediglich das gute Verhältnis zu ihrem Kollegen Bergmann hält sie davon ab, den Vorgang mit dem Betriebsrat und der Personalabteilung zu erörtern, um Abmahnungen der Beteiligten zu bewirken, denn dieser Vorgang ist im Prinzip gegen die Interessen des Unternehmens gerichtet und nicht hinnehmbar. Als letzte Möglichkeit schließt sie diesen Schritt jedoch nicht aus. Sie erwartet mindestens Einsicht seitens der Mitarbeiter, dass ihr Verhalten nicht korrekt war, die Zusicherung, dergleichen in Zukunft nicht zu wiederholen und, dass sie die missliche Situation durch freundliches und korrektes Verhalten im Sinne des Unternehmens rasch wieder gut machen. Es soll eine langfristig vertrauensvolle Basis der Zusammenarbeit mit dem Autor Metz geschaffen werden.

Hier ein Vorschlag, wie die Analyse-Matrix aufgebaut sein könnte. Falls Ihnen andere oder weitere Aspekte wichtig sind, verändern Sie diesen Vorschlag bitte entsprechend. Wichtig ist es, sich einen Überblick zu verschaffen über die Motive und Ziele, die das Verhalten der Personen in diesem Fall leiten.

Person	Funktion	Motive	Ziele	Verhalten	Gesprächsstrategie
Bergmann	Vertriebsleiter				
Hamann	Produktspezialist				
Friedrich	Produktspezialist				
Ludwig	Produktspezialist				
Martens	Außendienstmitarbeiter				
Albers	Leiterin der Abteilung Softwareentwicklung				
Metz	Autor				

Für die Simulation der schriftlichen Darstellung des Gesprächsverlaufes oder der Durchführung eines Rollenspieles verwenden Sie bitte diese Struktur eines Kritikgesprächs:

1. Beschreiben Sie aus Ihrer Sicht die Sachlage präzise hinsichtlich des beobachteten Fehlverhaltens oder der mangelnden Leistung.

2. Begründen Sie, warum Sie betroffen sind und bitten Sie den Mitarbeiter um Mithilfe bei der Lösung des Problems.

3. Suchen Sie gemeinsam nach den Ursachen des Problems (Den Erklärungen des Mitarbeiters genau zuhören!).

4. Entwickeln Sie gemeinsam Lösungsmöglichkeiten.
5. Entscheiden Sie, welche konkreten Maßnahmen ergriffen werden sollen. Machen Sie Ihre Erwartungen deutlich, aber vermeiden Sie Drohungen.
6. Vereinbaren Sie einen Termin für ein Folgegespräch und beenden Sie das Gespräch harmonisch; drücken Sie Ihre Hoffnung und Erwartung auf die konstruktive Wirkung des heutigen Gesprächs aus. Ermutigen Sie!

Basierend auf Ihrer Analyse simulieren Sie nun das Gespräch. Das Ergebnis sollten Sie einer kompetenten Person Ihres Vertrauens vorstellen und deren Einschätzung erbitten. Diese Technik der schriftlichen Simulation einer komplexen Gesprächssituation ist ein wirksames Mittel der Vorbereitung auf die Realität. Durch die Analyse und den Versuch, sich in die Lage der betroffenen Personen hineinzuversetzen, erlangt man ein umfassendes Verständnis für deren Motive und Ziele, ist auf die sehr wahrscheinlich zu erwartenden Äußerungen, Vorwandmanöver, Einwände oder Manipulationsversuche gut vorbereitet und kann ruhig und gelassen seine Gesprächsziele verfolgen.

Simulation des Gespräches der Fallstudie „Die Verhinderer"

Situation: Die Abteilungsleiter Herr Bergmann und Frau Albers führen ein Gespräch mit den Herren Hamann und Friedrich, um zu erreichen, dass diese Mitarbeiter ...

- einsehen, dass ihr Verhalten nicht korrekt war.
- die Zusicherung geben, dergleichen in Zukunft nicht zu wiederholen.
- die missliche Situation durch freundliches und korrektes Verhalten im Sinne des Unternehmens Herrn Metz gegenüber rasch wieder gut machen.
- eine langfristig vertrauensvolle Basis der Zusammenarbeit mit Herrn Metz, dem bekannten Software-Entwickler schaffen.

Die Analyse der aus der Fallbeschreibung bekannten Aspekte und Aussagen hat folgende Erkenntnisse für die Gesprächsführung ergeben:

Person/ Funktion	Motive	Ziele	Verhalten	Gesprächsstrategie für die gemeinsame Runde
Bergmann / Vertriebsleiter	Den Umsatz seiner Abteilung steigern	Seine Mitarbeiter zu konstruktivem Verhalten anleiten und erreichen, dass seine Anordnungen respektiert werden.	Unterstützt konstruktive Ansätze zur Änderung des Verhaltens.	Erst einmal zuhören, was die Mitarbeiter an Erklärungen vorbringen, aber sehr deutlich sagen, dass heimlicher Boykott nicht das Mittel der konstruktiven Auseinandersetzung sein kann und darf.
Hamann/ Produktspezialist	Eifersucht auf andere erfolgreiche Software Entwicklungen	Das neue Programm verhindern.	Metz' Kompetenz anzweifeln	Abwarten und nur reden, wenn es nicht vermeiden lässt. „Die Schuld an allem hat Frau Albers, die uns nicht einbezogen hat".
Friedrich/ Produktspezialist	Will sich aus allem raushalten.	Keine Verantwortung über-nehmen.	Unbeeindruckt alles an sich abprallen lassen	Ablehnend, uninteressiert und in keiner Weise für etwas verantwortlich zu machen
Ludwig/ Produktspezialist	In Ruhe gelassen werden, nur keinen Stress!	Seine Arbeit in Ruhe so gut wie möglich erledigen.	In der Abteilung nicht aus dem Rahmen fallen, sich anpassen.	Abwarten und am besten nichts sagen, unauffällig bleiben.

Person/ Funktion	Motive	Ziele	Verhalten	Gesprächsstrategie für die gemeinsame Runde
Martens/ Außendienstmitarbeiter	Stets an Neuem interessiert	Den Software-Entwickler nach Kräften fördern, um selbst bessere Arbeit leisten zu können.	Konstruktiv und unterstützend	Zuhören und nicht den guten Draht zu den anderen Kollegen aufs Spiel setzen.
Albers/ Leiterin der Abteilung Software-Entwicklung	Die attraktivste Software herstellen.	Den Umsatz und das Image des Unternehmens nachhaltig fördern und die Nummer Eins im PC-Geschäft werden.	Konstruktiv an Ergebnissen arbeiten, die persönlichen Erbhöfe zählen nicht, nur das Ergebnis ist wichtig.	Den Beteiligten ihr Fehlverhalten bewusst machen und eine neue tragfähige Basis für die Zusammenarbeit schaffen.
Metz/ Autor	Beste Hard- und Software gehören zusammen	Seine Position als unumstrittener "König der Software-Entwickler" ausbauen	Konstruktive Zusammenarbeit mit jedem, der die Sache voranbringt	Zuhören und abwarten, wie die Feuerlinien verlaufen, die vorteilhafteste Position unterstützen.

Die Gesprächsteilnehmer: Albers = A, Bergmann = B, Hamann = H, Friedrichs = F

Zu 1. Beschreiben Sie aus Ihrer Sicht die Sachlage präzise hinsichtlich des beobachteten Fehlverhaltens oder der mangelnden Leistung.	B: Wir müssen heute über die Bereitstellung der Laptops für die Abteilung Software-Entwicklung reden. Wir hatten vereinbart, Herrn Metz die Laptops für die Entwicklung einer neuen Software, die in PC-Clubs erprobt werden soll, leihweise zur Verfügung zu stellen. Es war Deine Aufgabe Rolf (Hamann), das in die Wege zu leiten. Acht Monate sind ins Land gegangen und wir haben die Geräte immer noch nicht ausgeliefert. Herr Metz musste sogar Geräte von einem Mitbewerber kaufen, um das Programm fortsetzen zu können.
Zu 2. Begründen Sie, warum Sie betroffen sind und bitten Sie den Mitarbeiter um Mithilfe bei der Lösung des Problems.	Zufällig erfahre ich vom Kollegen Albers, dass wir die Angelegenheit seitens der Vertriebsabteilung bislang nicht erledigt haben, obwohl wir im Wort sind. Wir laufen Gefahr, Herrn Metz, der in der Szene eine Schlüsselfunktion einnimmt, zu verärgern. Ich muss fest stellen, dass meine Anordnung nicht befolgt, sondern stillschweigend außer Kraft gesetzt wird. Dies alles macht mich sehr betroffen. Ich habe Frau Albers gebeten, an unserem Gespräch teilzunehmen, weil auch sie und ihre Abteilung durch diese Situation in eine unangenehme Lage gebracht worden sind. Rolf (Hamann) und Herr Friedrich, bitte helfen Sie uns, die Hintergründe Ihres Handelns zu verstehen. Was kann und muss geschehen, Herrn Metz wieder zufriedenzustellen und wie können Sie für die Zukunft gewährleisten, dass sich dergleichen nicht wiederholt?
Zu 3. Suchen Sie gemeinsam nach den Ursachen des Problems. Den Erklärungen des Mitarbeiters genau zuhören!	F: Ich weiß ehrlich nicht, warum ich das jetzt diskutieren soll. Erstens habe ich direkt mit der verzögerten Auslieferung nichts zu tun und zweitens habe ich wahrlich wichtigere Aufgaben zu erledigen, als mich in diese Nabelschau zu begeben. H: Uns war die Bedeutung der ganzen Aktion nicht bewusst. Es wurde ja zu keinem Zeitpunkt über Inhalte und Ziele geredet. Ich habe nur gehört, dass wir eine erhebliche Anzahl unserer aktuellen und großen Geräte weggeben sollen, die wir an anderer Stelle wirklich dringender brauchen. Die Abteilung Software-Entwicklung hat sich mit Informationen sehr bedeckt gehalten. Die Dringlichkeit ist für uns nicht deutlich geworden.

	A: Herr Hamann, wir haben Sie gleich zu Beginn der Aktion, vor acht Monaten, ausführlich über die Ziele und Vorgehensweisen in dem Projekt informiert. Bereits damals haben Sie sich abfällig über Herrn Metz und über unser Vorhaben geäußert. H: Wir haben bereits ein wunderbares Programm, mit dem in Schulen und Clubs seit geraumer Zeit ausgezeichnete Arbeit geleistet wird: Es wäre ja zu erwarten gewesen, dass Herr Metz sich einmal unser Material anschaut und uns dann darlegt, was er wohl wie besser machen könnte. Seine Aktion ist völlig für die Katz! Er muss doch das Rad nicht neu erfinden. Wie stehen wir denn draußen bei unseren Kunden da, wenn er mit seinem Bespaßungsprogramm in unserem Namen auftritt? Da hätte man vorher mit uns drüber reden müssen! A: Herr Hamann, Sie bleiben sich wirklich treu. Ihre Ablehnung gegenüber dem Projekt und Herrn Metz haben wir soeben noch einmal deutlich vor Augen geführt bekommen. Herr Friedrich auch Ihr Desinteresse an der Erörterung dieses Falles macht uns sehr nachdenklich. F: Wie bitte? Metz hat doch heute die Geräte bekommen! Ist doch alles im Lot. H: Genau!
Zu 4. Entwickeln Sie gemeinsam Lösungsmöglichkeiten.	A: Unsere Sicht der Dinge stellt sich folgendermaßen dar: Wir haben Sie von Beginn an über das Projekt informiert, eine Reihe von Mails belegt dies eindeutig und zwei Meetings zum Thema haben auch stattgefunden. Darüber hinaus habe ich Herrn Bergmann angeboten, dass wir jederzeit bereit sind, Sie mit weiteren Informationen auszustatten. Von diesem Angebot haben Sie keinen Gebrauch gemacht. Weder haben Sie darum gebeten, weitere Informationen zu erhalten, noch haben Sie grundsätzliche Bedenken geäußert. Vielmehr haben Sie uns im Glauben gelassen, dass Sie mit allem einverstanden seien. Sie haben das Ansehen unseres Unternehmens bei Herrn Metz und seinen Clubmitgliedern durch das Verzögern der Auslieferung der Leihgeräte beschädigt. Sie haben gegen die Anordnung Ihres Vorgesetzten gehandelt und dadurch die Vertrauensbasis empfindlich beeinträchtigt. Ihr Verhalten verstößt gegen jeden

Grundsatz konstruktiver Zusammenarbeit und stellt einen schwerwiegenden Verstoß gegen Ihre Pflichten als Mitarbeiter unseres Unternehmens dar. Wenn Sie an unserer Stelle wären, Herrn Bergmanns und meine Position den Kunden und der Unternehmensleitung gegenüber zu vertreten hätten, was würden Sie über Mitarbeiter denken, die sich so verhalten, wie Sie es getan haben? Und was würden Sie von denen in Zukunft erwarten?

H: Ja, so betrachtet, sieht das natürlich nicht gut aus. Ich würde erwarten, dass man mich rechtzeitig informiert, wenn es noch Einwände gibt. Ansonsten muss der Auftrag ausgeführt werden, das würde ich erwarten. Na, ja, und dass die Mitarbeiter diesen Fehler korrigieren.

B: Also ich muss an dieser Stelle eingestehen, dass ich Ihr entgegenkommendes Angebot, Frau Albers, uns in einem gesonderten Meeting vertiefende Informationen zu geben, nicht weiter verfolgt habe. Das ist mein Versäumnis und das tut mir leid. Somit trage auch ich einen Teil der Verantwortung an dieser Situation. Wie dem auch sei: Es kann ja vorkommen, dass wir unterschiedlicher Meinung sind, aber stillschweigender Boykott, meine Herren, ist destruktiv und nicht tolerierbar.

H: Ja, das sehe ich ein. Wir waren halt verärgert, dass dieser Herr Metz nun auch in unserem Gebiet herumwurschtelt und wir nicht mal wissen, was da eigentlich für die Firma von Vorteil sein soll.

A: Herr Friedrich?

F: Ich denke, es ist alles gesagt worden.
A: Sie haben sich noch nicht geäußert.

F: Ja, ... das war nicht in Ordnung, aber wir haben's dann ja doch noch hinbekommen.

A: Hinbekommen?
F: OK, es war zu spät und unser Verhalten ... war auch nicht korrekt.

B: Welche Möglichkeiten sehen Sie, Herr Hamann und Herr Friedrich, wie wir jetzt weiter verfahren können?
F: Wir fahren zu Herrn Metz und entschuldigen uns für die Verzögerung. Bei dieser Gelegenheit lassen wir uns über

	den Stand der Entwicklungen informieren und überlegen, welche Schnittmengen es zu seiner und unserer Arbeit geben kann. H: Wir könnten ihn auch zu unseren Workshops einladen, über seine Arbeit zu referieren. Vielleicht kann daraus ja etwas werden. Es tut mir leid, dass wir solche Probleme verursacht haben. Das darf und soll sich nicht wiederholen. F: Das sehe ich ebenso.
Zu 5. Entscheiden Sie, welche konkreten Maßnahmen ergriffen werden sollen. Machen Sie Ihre Erwartungen deutlich, aber vermeiden Sie Drohungen.	A: Sie schlagen vor, den Informationsaustausch zwischen uns und Herrn Metz zu intensivieren, um synergetische Potentiale zu aktivieren? H: Ja, genau. B: Sie haben aus der Besorgnis heraus gehandelt, die Firma könnte durch die Kooperation mit Herrn Metz Schaden nehmen und deswegen die Auslieferung der Leihgeräte bewusst hinausgezögert. Sie waren besorgt, verärgert und verunsichert. F: So ist es. Wir wollten eigentlich nichts Schlechtes. H: Wir hätten reden müssen! B: Ich denke, auch ich hätte mir mehr Zeit nehmen müssen, die Zusammenhänge ausführlicher zu diskutieren und das Meeting mit Frau Albers wahrzunehmen. Das sehe ich jetzt. Ich bedaure das und denke, ... das muss in Zukunft besser werden. Ich hatte seinerzeit so viele andere Jobs. Lasst uns mit der Abteilung Software-Entwicklung und Herrn Metz ein ausführliches Meeting machen und eine neue und tragfähige Basis bilden. A: Dann haben wir jetzt folgende Vorschläge: Meeting mit Vertriebsabteilung, Software-Entwicklung und Herrn Metz, um Gemeinsamkeiten zu erkennen und auszubauen. Herr Hamann, Sie und Herr Friedrich wollen zuvor Herrn Metz aufsuchen und für die verzögerte Belieferung die Verantwortung übernehmen. Eventuell wollen Sie Herrn Metz als Referenten zu Ihren Workshops einladen. In Zukunft reden wir zeitnah miteinander, um Missverständnisse zu vermeiden und Sachfragen frühzeitig zu klären.

	B: Das sehe ich genauso, so machen wir's! Ich gehe davon aus, dass wir ab jetzt offen, sachlich und konstruktiv miteinander umgehen. Wir sind hier nicht zu unserem Privatvergnügen, sondern wir wollen gemeinsam unser Unternehmen voranbringen. Wir haben gemeinsame Ziele! H: Ja, auf jeden Fall machen wir das so. F: Hm, genau.
Zu 6. Vereinbaren Sie einen Termin für ein Folgegespräch und beenden Sie das Gespräch harmonisch; drücken Sie Ihre Hoffnung und Erwartung auf die konstruktive Wirkung des heutigen Gesprächs aus. Ermutigen Sie!	A: Ich danke Ihnen für dieses offene und konstruktive Gespräch. Es ist gut, dass wir jetzt eine neue Basis der Zusammenarbeit gefunden haben. Anfangs könnte es noch die eine oder andere Schwierigkeit geben, aber mit Offenheit und Teamgeist sollten wir den Restart hinbekommen. B: Wann können wir das Meeting mit beiden Abteilungen und Herrn Metz terminieren? H: Herr F. und ich werden zunächst Herrn Metz besuchen und einen Terminvorschlag mitbringen. A: Gut, dann warten wir auf Ihren Vorschlag. Danke für dieses Gespräch. B: Dem kann ich mich nur anschließen. H: Ich bin froh, dass wir das jetzt so klären konnten. F: Genau.

12 Von der Idee zur Planung

Zu den wichtigen Aufgaben einer Führungskraft gehört die Entwicklung von Ideen oder Konzepten bis zur Durchführung. Es reicht nicht, eine gute Idee zu haben, man muss sie auch realisieren können. Häufig fehlt es an grundlegender methodischer Befähigung, Ideen so auszuarbeiten, dass andere sie verstehen und sich dafür einsetzen. Viele sind von ihrer Idee überzeugt, ohne deren Zielsetzungen und Auswirkungen zu kennen, sie je auch nur ansatzweise untersucht zu haben und sind betroffen, weil andere ihren Gedankengängen nicht folgen können oder wollen. Der Grundidee dieses Buches folgend, dass erfolgreiche Mitarbeiterführung durch soziale Kompetenz möglich wird, werden Sie in diesem Kapitel lernen, systematisch eine Idee zu einer kommunizierbaren und umsetzbaren Planung zu entwickeln. Alle hier beschriebenen Werkzeuge und Vorgehensweisen eignen sich hervorragend dafür, Kollegen und Mitarbeiter aktiv an dem Entwicklungsprozess zu beteiligen. Die motivierenden Auswirkungen der Mitarbeiterbeteiligung am Planungsablauf haben wir hinlänglich im Kapitel Motivation kennengelernt.

Bevor Sie mit der systematischen Bearbeitung einer Idee beginnen, prüfen Sie die folgenden Fragen:

- Welches Kernproblem löst meine Idee für welche Zielgruppe?
- Steht meine Idee in Konkurrenz mit anderen oder wird dadurch eine Lücke geschlossen, die bislang noch nicht bearbeitet wird?
- Habe ich für die Realisierung meiner Idee die passenden Fähigkeiten (Stärken)?
- Wie sind die Marktchancen nach jetziger Kenntnis und Intuition einzuschätzen?

Zeigt sich eine grundsätzlich positive Tendenz, befassen Sie sich mit den Überlegungen zur Strategiebildung.

12.1 Die Engpasskonzentrierte Strategie

„Die Engpasskonzentrierte Verhaltens- und Führungsstrategie (EKS) nach Mewes[38] setzt die persönlichen und betrieblichen Kräfte gezielt ein; Ziel ist es, durch die Kombination

---

[38] Mewes, Wolfgang, Jahrgang 1924, Systemforscher und Kybernetiker. Aus der Analyse der unterschiedlichen Karrierewege seiner Schüler und Kunden entwickelte er 1970 die „Engpasskonzentrierte Verhaltens- und Führungsstrategie" (EKS), die es ermöglicht, sich strategisch zu orientieren und dadurch mit geringerem Kräfteeinsatz erfolgreich zu werden. Die Bezeichnung EKS wird vielfach auch durch die Bezeichnungen Energo-Kybernetische Strategie und Evolutionskonforme Strategie ausgeschrieben. Sie bezeichnen alle drei dieselbe Strategie – kennzeichnen aber einen leicht veränderten Schwerpunkt des Betrachters.

individueller Stärken, Beziehungen und Fähigkeiten ein unverwechselbares Profil zu erarbeiten und daraus eine Spitzenleistung für eine bestimmte Zielgruppe zu entwickeln, in dem man sich an deren brennendstem Problem orientiert.

Die Umsetzung der Engpasskonzentrierten Verhaltens- und Führungsstrategie im privaten oder betrieblichen Umfeld geschieht durch die Konzentration der vorhandenen Kräfte und Ressourcen auf den wirkungsvollsten Punkt.

Ein auf Sand gebautes Haus wird nie sicher stehen – wenn das Fundament nicht trägt, wenn die Voraussetzungen nicht stimmen, wird die beste Idee nicht umgesetzt werden können. Guter Wille und 100%iger Einsatz helfen da nicht weiter. Erst wenn ein Vorhaben in einen größeren Zusammenhang gestellt wird, einem übergeordneten Plan folgt, auf einer ganzheitlichen Strategie beruht, wird sich der Erfolg einstellen.

Eine Strategie fordert und fördert Denken und Handeln in Zusammenhängen – für Schnellschüsse ist da wenig Platz. Die Engpasskonzentrierte Verhaltens- und Führungsstrategie deckt mit nur vier auf Erkenntnissen des Naturwissenschaftlers Justus von Liebig basierenden Prinzipien das ganze Spektrum erfolgreichen Vorgehens ab. Einmal verinnerlicht, führen diese vier Prinzipien ans Ziel, auch wenn der Weg anfangs unüberschaubar und mühevoll erscheint – diese Strategie gibt jederzeit Orientierung und Sicherheit im Handeln."[39]

12.1.1 Die 4 Prinzipien

Prinzip 1: Konzentration der Kräfte auf Stärkenpotentiale, Abbau von Verzettelung.

Alles was ich erreiche, kommt aus mir selbst. Es gibt keinen Misserfolg, es gibt nur Ergebnisse – Ergebnisse meiner eigenen Anstrengungen und Bemühungen. Unterstützt durch eine Vorgehensweise, die sich an meinen Fähigkeiten und meinen Möglichkeiten orientiert und im Einklang mit meiner Mitwelt steht, schaffe ich, was ich mir vornehme und weiß jederzeit, was ich tue.

Prinzip 2: Orientierung der Kräfte auf eine eng umrissene Zielgruppe.

Nicht für jeden ist meine Leistung, sind meine Produkte gleichermaßen sinnvoll und nützlich – ganz bestimmte Menschen aber brauchen sie dringend. Für diese setze ich mich ein, denen stelle ich all mein Wissen und meine Fähigkeiten zur Verfügung. Diese Zielgruppe ist auch bereit, meine Leistung entsprechend dem daraus für sie erwachsenden Nutzen zu würdigen.

---

[39] http://www.wolfgangmewes.de/eks-die_strategie.htm, 03.05.2010.

Prinzip 3: In die Lücke, in die Nische gehen.

Was bereits angeboten wird, kann nicht meine Sache sein. Meine Lösungen zielen auf Bereiche, die bisher vernachlässigt wurden oder die es noch zu entdecken gilt. Dafür hole ich mir gerne auch Anregungen aus anderen Disziplinen – ich setze meine ganze Fantasie ein.

Prinzip 4: Sich in die Tiefe der Problemlösung entwickeln, Markführerschaft anstreben.

Wenn ich Anerkennung gefunden habe, mich bewährt und volles Vertrauen meiner Auftrag-geber oder Vorgesetzten erworben habe, wenn die Lösungen stimmen, dann führt das zu einer Symbiose, zu einem gegenseitigen Nutzen zwischen meiner Zielgruppe (meinen Kunden) und mir; wir entwickeln uns gemeinsam weiter und nutzen dabei die entstehenden Synergien voll aus. Durch die enge und vertrauensvolle Zusammenarbeit entwickle ich mich zum besten Problemlöser in diesem Bereich, zum Marktführer innerhalb meiner Zielgruppe – gewollt und unterstützt von meinen Partnern und meiner Mitwelt, konkurrenzlos und einzigartig.

12.1.2 Das 7-Phasen-Programm

Die EKS-Strategie basiert auf den folgenden Konzeptions-Phasen:

- Analyse der Ist-Situation des Unternehmens oder der Position einer Geschäftsidee
- Analyse der speziellen Stärken des Unternehmens im Vergleich zu den Wettbewerbern
- Analyse des erfolgversprechendsten Geschäftsfeldes
- Suche nach der erfolgversprechendsten Zielgruppe
- Analyse der Probleme und Marktlücken
- Zielgruppentest
- Umsetzung der EKS-Strategie

Das Ziel ist die Profilierung des Unternehmens als anerkannt bester Problemlöser für eine bestimmte Kunden- bzw. Zielgruppe. Je genauer die speziellen Stärken des Unternehmens oder des Produkts mit den speziellen Bedürfnissen der Zielgruppe übereinstimmen, desto leichter, sicherer, schneller und stärker sind Akzeptanz und Erfolg bei der Zielgruppe zu erreichen.

12.1.3 Wesentliche Unterschiede

Wesentliche Unterschiede zwischen der Engpass-Konzentrierten Strategie (EKS) und anderen Verhaltens- und Managementlehren sind:

- Orientierung an den Entwicklungsgesetzen der Natur
  Die EKS-Strategie ist kein theoretisches Modell, sondern eine Verhaltenslehre, die sich an den Entwicklungsgesetzen der Natur orientiert. Sie beruht auf der Annahme, dass für soziale Systeme die gleichen Entwicklungsprinzipien gelten wie für die biologischen Systeme: Pflanzen wachsen durch die Lücken zwischen ihren Nachbarn auf die Sonne zu, um möglichst viel Energie einzufangen; Menschen streben danach, möglichst viel materiellen Wohlstand und Kapital anzusammeln. Pflanzen verbessern ihre energetischen Verhältnisse, Menschen ihre materiellen und finanziellen Verhältnisse.

- Der Minimumfaktor
  Mit dem sog. Minimumfaktor entdeckte Justus von Liebig 1855 die zentrale Reglerfunktion für das Wachstum von Pflanzen und revolutionierte damit die Landwirtschaft. Er fand heraus, dass eine Pflanze vier Mineralien – Stickstoff, Kali, Kalk und Phosphorsäure – benötigt, um wachsen zu können. Sind diese Mineralien in ihrer Umwelt vorhanden, entwickelt sich die Pflanze problemlos und selbständig. Ist eines der Mineralien aufgebraucht, wird sie in ihrer Entwicklung behindert. Es entsteht ein Engpass (z.B. Phosphorsäure). Wird dieser Engpass beseitigt, indem z.B. das fehlende Mineral nachgedüngt wird, wächst die Pflanze weiter, bis sie erneut von einem anderen Engpass (z.B. Stickstoff) behindert wird. Wird nun wegen des vorherigen Erfolges die Düngung mit Phosphor fortgesetzt, wird aus dem Mangel ein Überschuss. Dies jedoch ist kontraproduktiv, da inzwischen ein anderer Faktor zum Engpass geworden ist. Schlimmer noch: der Überschuss an Phosphorsäure übersäuert den Boden und vergiftet ihn. Je intensiver diese Düngung betrieben wird, desto rückläufiger werden die Erträge sein und desto erheblicher wird die Umwelt geschädigt. Wird die Düngung hingegen auf den neuen Engpass konzentriert, wird das Wachstum erneut angeregt. Dieses Beispiel zeigt, dass man bei Pflanzen eine Wachstumssteigerung auslösen kann, sofern man ihnen den für ihre Entwicklung jeweils fehlenden Nährstoff zuführt. Jeder andere Einsatz von Kräften oder Mitteln bleibt demgegenüber erfolglos. Der Engpass „fehlender Nährstoff" wird durch die gezielte Düngung beseitigt und das führt zu höheren Erträgen. Diese Wirkungsmechanismen sind auf Menschen und Betriebe übertragbar.

- Nutzen-Denken statt Gewinnorientierung
  Anstatt sich, wie üblich, sich auf die Steigerung des Gewinns zu fokussieren, richtet die EKS die Überlegungen auf die Steigerung des Nutzens für die Zielgruppe und die Förderung der Anziehungskraft der angebotenen Leistung oder des Produktes für die Zielgruppe. Die hohe Schule des Nutzenbietens besteht nun darin, sein Angebot so zu gestalten, dass es als Lösung für ein spezielles Engpass-Problem empfunden und entsprechend stärker nachgefragt wird.

- Auf die immateriellen Werte kommt es an
  Obwohl immaterielle Werte wie Fachwissen, Erfahrung, Kundentreue, Image usw. von großer Bedeutung für die Entwicklung der materiellen und finanziellen Werte eines Unternehmens sind, werden sie in der Bilanz und von der Kostenrechnung nicht erfasst. Der Einsatz der immateriellen Werte spielt in der EKS-Philospohie eine wichtige Rolle.

- Problemlösungs-Kettenreaktionen auslösen
  Üblicherweise versucht man, die Probleme in jedem Bereich einzeln anzugehen. Die EKS beruft sich dagegen auf die synergetische Vernetzung aller Teile und Vorgänge eines sozialen Systems, analog zu den Prozessen in der Natur. Gelingt es, das Kernproblem einer Zielgruppe zu ermitteln und zu beheben, lösen sich die meisten anderen Probleme kettenreaktionsartig von selbst oder lassen sich zumindest leichter bewältigen (s. Punkt 2).

- Die EKS ist eine Problemlösungs- und keine Produktionslehre
  Immer nur mehr Güter zu produzieren führt zwangsläufig zu einer Marktsättigung. Wer stattdessen die wirklichen Bedürfnisse seiner Zielgruppe gründlicher analysiert und spezifische Lösungen anbietet, kann neuen Bedarf wecken. Funktioniert ein System nur in Abhängigkeit von quantitativem Wachstum, ist sein Kollaps vorprogrammiert. Unternehmen sollten sich an einer Funktion und nicht nur an bestimmten Produkten orientieren – Produkte kommen und gehen, Funktionen bleiben.

- Spezialisierung
  Spezialisierung kann die Produktivität und auch die Kreativität erheblich steigern. Allerdings sind mit einer Spezialisierung auch Gefahren verbunden. Die EKS-Strategie lehrt eine Spezialisierung, die alle Vorzüge einer Kräftekonzentration zur Geltung bringt – raschere Durchsetzung, größere Bekanntheit, stärkere Anziehungskraft –, aber alle Gefahren einer Spezialisierung, die nicht der EKS-Philosophie folgt, zuverlässig vermeidet.

- Kybernetisches Vorgehen (EKS = Energo-Kybernetische-Strategie)
  Ein Projekt – beispielsweise der Bau eines Hauses – muss in allen Details geplant werden. Vom Fundament bis zum Dach müssen die Arbeiten in der richtigen Reihenfolge durchgeführt werden. Bei einem strategischen Entwicklungsprozess hingegen kommt es darauf an, diesen von dem wirksamsten Ansatzpunkt aus in Gang zu setzen und schrittweise weiterzuführen.

12.1.4 Wir brauchen eine neue Strategie

Die geläufigsten Strategien beziehen sich auf die Schaffung oder Lösung von Konflikten. Ziel von Konfliktstrategien ist die Zerstörung gegnerischer Systeme. Integrationsstrategien sind jedoch auf Dauer wirksamer. Ihr Ziel ist es, Feinde zu Freunden zu machen und sich mit ihnen zu größeren und effektiveren Systemen zu vernetzen. Jeder Mensch und Betrieb ist Teil eines übergeordneten Systems, beispielsweise einer Abteilung oder einer Branche. In diesem System sollte er sich unter Einsatz seiner Stärken und Kompetenzen auf die

Bearbeitung bestehender Mängel, Lücken und zentraler Probleme konzentrieren. Da Konfliktstrategien lediglich neue Spannungen und Feindschaften erzeugen, sind Integrationsstrategien diesen deutlich überlegen. Integration wirkt intensiver, reibungsloser und vor allem nachhaltiger. Überall, wo man bisher durch Kampf zu siegen versuchte, kann man durch eine Integrationsstrategie sicherer und dauerhafter und vor allem risikoloser erfolgreich werden.

Menschen und Betriebe orientieren ihre Überlegungen und Handlungen vornehmlich an der Erzielung größtmöglichen Gewinns oder Gehalts; sie verhalten sich überwiegend kapitalorientiert. Alle anderen Systeme des Universums hingegen verhalten sich energieorientiert. Sie haben den größtmöglichen Zuwachs von Energie zum Ziel. Eine Pflanze wird in der Regel nicht unter einer anderen Pflanze aus der Erde wachsen und diese verdrängen; vielmehr wird sie die Lücke zwischen zwei Pflanzen nutzen, um ausreichend Licht und Nährstoffe aufzunehmen, sich mit den benachbarten Pflanzen zum gegenseitigen Nutzen zu verbinden und infolgedessen in Ruhe wachsen und gedeihen zu können. Verhalten sich Mensch und Betriebe ähnlich, werden auch sie schneller und widerstandsloser erfolgreich.

Nicht breit, sondern spitz: Die Durchsetzungskraft jeder Form von Energie steigt, je spitzer sie konzentriert wird. Sie nimmt ab, je breiter sie verteilt wird. Beispiel: Mit der flachen Hand kann der Mensch nicht einmal den Widerstand einer stärkeren Papierschicht überwinden. Konzentriert er seine Kraft aber auf die Fingerspitzen oder die Spitze eines Messer oder eines Bohrers, kann er mit der gleichen Kraft vorher unüberwindlich erscheinende Widerstände überwinden. Die Breite geistigen Energieeinsatzes führt häufig zur Verzettelung, zu Defiziten, Enttäuschungen, Frustration und Resignation. Der auf einen Punkt konzentrierte Energieeinsatz hingegen bewirkt schnelle und ermutigende Anfangserfolge, die sich über wachsendes Interesse und wachsende Entschlossenheit zu immer größeren und sich gegenseitig verstärkenden Erfolgserlebnissen entwickeln.

Nicht auf den großen Haufen zu, sondern auf eine Lücke zwischen die anderen. Während sich eine Pflanze immer wieder neu auf eine Lücke zwischen den anderen Pflanzen ausrichtet, orientieren sich Menschen und Betriebe an Vorschriften, Plänen, Rollenvorstellungen, Leitbildern, statt an den tatsächlichen Lücken und Engpässen. Was alle anderen auch wissen, können oder produzieren, ist so viel wert wie der Sand in der Wüste. Man muss lernen und produzieren, was die Kenntnisse, Fähigkeiten und Produkte der Mitbewerber ergänzt. Das Zielen auf Lücken hat eine doppelte Wirkung. In die Lücke hinein kann sich der Mensch bzw. Betrieb entfalten, ohne die Mitbewerber auf den Plan zu rufen und in Ruhe seine Stärken ausbauen.

Nicht in die Breite und Perfektionierung des Marktes oder Fachgebietes, sondern Konzentration auf die Bearbeitung der zentralen Probleme und Zusammenhänge des jeweiligen Marktes. Bei der Entwicklung in die Breite und der Perfektionierung können Menschen bzw. Betriebe einander gegenseitig beeinträchtigen, während sie sich in Richtung auf die zentralen Probleme und Zusammenhänge problemloser entwickeln können und dabei zunehmend die Unterstützung durch andere finden werden.

Menschen und Betriebe spezialisieren sich oft ziemlich wahllos auf die merkwürdigsten Dinge; bisher hat man sich in der Wirtschaft vorwiegend produktionsorientiert spezialisiert: auf bestimmte Rohstoffe, Techniken, Funktionen und Produkte. Diese Spezialisierung ist fragwürdig. Vorübergehend mag sich zwar ein Vorsprung einstellen, man mag sich vom Erfolg bestätigt sehen, wird möglicherweise arrogant, verpasst den Anschluss an die Entwicklung und fällt schließlich zurück. Die Bedeutung von Rohstoffen, Techniken, Verfahren und Funktionen verändern sich zu schnell, um auf Dauer tragfähig zu sein.

Leistungs- und Produktionssteigerung wird gegenüber einer genauen Kenntnis und Befriedigung der Bedürfnisse der Verbraucher immer weniger wichtig. Deshalb sind nicht mehr die Betriebe mit den größten Produktionsanlagen, der größten Produktivität und der größten Produktionsmenge am erfolgreichsten, sondern diejenigen, denen es gelingt, die Grundbedürfnisse einer bestimmten Zielgruppe effizient zu befriedigen.

12.1.5 Ermittlung von Grundbedürfnissen

Wirtschaftszweige sind häufig auf bestimmte Rohstoffe, Verfahren, Produkte o.ä. spezialisiert. Da aber die Bedürfnisse und Anforderungen der Verbraucher einem stetigen Wandel unterliegen, der eine Anpassung der Rohstoffe, Verfahren und Produkte erfordert, ist ihr Niedergang nur eine Frage der Zeit. Es wird in Zukunft wichtig werden, sich nicht auf die Branche, sondern auf die Ermittlung der Grundbedürfnisse potentieller Kunden zu konzentrieren. Zweck aller wirtschaftlichen Tätigkeit ist es, die Grundbedürfnisse der Verbraucher immer besser zu befriedigen. Einzig der Vorsprung in dieser Richtung ist maßgeblich für Gewinn und Sicherheit. Produkte, Betriebe und Technologien sind lediglich Mittel, die Grundbedürfnisse einer klar definierten Zielgruppe immer exakter zu erfüllen; wer sich ausschließlich auf die Verbesserung seines Produktes konzentriert, verpasst neue Marktchancen.

Die Produkte und Techniken sind vielfach bis zur übertriebenen Perfektion entwickelt worden und nur noch mit hohem Kosteneinsatz zu verbessern. Neue Marktpotentiale eröffnen neue Denkrichtungen, die zwischen den vorhandenen Produkten und Grundbedürfnissen, die sie erfüllen sollen, riesige und leicht zu erschließende Service-Möglichkeiten aufzeigen.

Ermittlung der Grundfunktion

Zur Befriedigung eines Grundbedürfnisses sind zahlreiche Betriebsfunktionen nötig. Die wichtigsten sind Rohstofferzeugung, Veredelung, Großhandel, Einzelhandel, Verbraucherservice (Kundendienst), Information, Beratung und sonstige Dienstleistungen. Die verbrauchernahen Betriebsfunktionen sind vorzuziehen, weil mit der stetig fortschreitenden Automatisierung die Konkurrenz in den Erzeugungs- und Herstellungsfunktionen immer härter wird. Hierin liegt die Ursache für das Aufblühen des Dienstleistungs-Sektors, während der Bereich „Erzeugung und Herstellung" schrumpft. In verbrauchernahen Betriebsfunktionen wie Information, Kundendienst, Finanzierung usw. werden mit geringeren Investitionen und Risiken größere Gewinne erzielt. Um diese Arbeit leisten zu können, müssen wir uns klar werden über die

- Zusammensetzung der Zielgruppe,
- Bedürfnisse der Zielgruppe,
- Kaufgewohnheiten der Zielgruppe,
- Gebrauchsgewohnheiten der Zielgruppe,
- Potentiale der möglichen Mitbewerber,
- Bekanntheitsgrad unseres Angebotes,
- Image unserer Leistungen und Produkte,
- Verteilung der Marktanteile pro Anbieter,
- Stärken und Schwächen der Konkurrenten.

12.1.6 Kernsätze der EKS

- Strategie ist die Ökonomisierung des Kräfte-Einsatzes im Hinblick auf ein grundsätzliches Ziel.
- Nicht die Größe der Kräfte, Anstrengungen und Mittel entscheidet über Erfolg oder Misserfolg. Ausschlaggebend ist vielmehr die Strategie, also *wie* die vorhandenen Kräfte und Mittel eingesetzt werden.
- Einen „zwingenden Nutzen“ zu bieten heißt, etwas anzubieten, das zur Lösung eines brennenden Problems notwendig gebraucht wird.
- Bei einer Zielgruppe das Image zu haben, für eine bestimmte Problematik der optimale Partner zu sein, beflügelt die persönliche und geschäftliche Entwicklung.
- Verdrängungswettbewerb, Preiskampf, „hard selling“, die Konkurrenz in allem nachahmen? Was wäre nach der EKS die Alternative? Bedürfnislücken aufspüren, eine bessere (neue) Problemlösung bieten, sich spezialisieren und kooperieren.
- Die Erfolgreichen sind nicht deshalb erfolgreicher, weil sie auf vielen Gebieten qualifizierter sind als andere, sondern weil sie auf einem speziellen Gebiet die Bedürfnisse ihrer Zielgruppe besser kennen und befriedigen.
- Der Königsweg zum Erfolg: Nicht primär die eigenen Probleme lösen wollen, sondern das jeweils „brennendste“ Problem der sorgfältig ausgewählten Zielgruppe.
- Die EKS-Strategie führt weg von der „ego-zentrischen“, d.h. ausschließlich der am eigenen Gewinn orientierten Verhaltensweise hin zu einem „sozio-orientierten“ Verhalten, das auf die Steigerung des Nutzens für eine bestimmte Zielgruppe und die Umwelt gerichtet ist.

Nach diesen Vorüberlegungen geht es nun um die Entwicklung der Idee zur Planung. Nicht immer ist es notwendig, den dargestellten ausführlichen Weg einzuschlagen. Sind die Rahmenbedingungen bekannt und überschaubar, können auch die anschließenden

Konzepte, Planungsprozess in 12 Schritten und Rahmenkonzept für Projektentwicklung hilfreiche Werkzeuge sein.

12.2 Szenario-Technik

Erstellung eines Zukunftsszenarios

Stellen Sie sich vor, Sie sind im Kulturmanagement tätig und wollen eine neue Unternehmenskonzeption entwickeln. Zunächst brauchen Sie einen Überblick über den Bedarf an Kulturangeboten in den kommenden fünf Jahren.

Ein bewährtes Verfahren zur Gewinnung von Annahmen über zukünftige Entwicklungen ist die Szenario-Technik. Ein Szenario in dem hier verwendeten Zusammenhang beschreibt ein Bild, eine Vorstellung darüber, was wahrscheinlich in der Zukunft geschehen wird. Die Kombination von Fachwissen und Intuition hilft, Vorstellungen und Annahmen über den anzunehmenden Erfolg oder Misserfolg neuer Produkte oder Dienstleistungen zu entwickeln und Fehlentscheidungen zu vermeiden. Die Szenario-Technik geht wesentlich weiter als ein Brainstorming.

- Definieren Sie die Untersuchungsfelder, die Sie im Hinblick auf künftige Entwicklungen untersuchen wollen.
- Erstellen Sie für die gewählten Untersuchungsfelder drei unterschiedliche Szenarien mit dem Blickwinkel, die Dinge würden sich positiv, negativ oder normal entwickeln. Haben Sie Mut, auch scheinbar entlegene Gedanken aufzuschreiben.
- Bewerten Sie in allen Szenarios Ihre Annahmen im Hinblick auf die Wahrscheinlichkeit des künftigen Eintretens.
- Wählen Sie die Annahmen mit der höchsten Wahrscheinlichkeit, markieren Sie diese und formulieren Sie auf deren Basis Ihr Zukunftsszenario.
- Überlegen Sie, welche Auswirkungen dieses Szenario auf Ihre Organisation oder Ihre Ideen haben könnte. Führen Sie eine Stärken-Schwächen-Analyse (SWOT) durch.

Anmerkung: Unter Berücksichtigung der Erkenntnisse aus den beiden letzten Punkten können Sie später die Vision, die Mission und die Ziele Ihres Projektes formulieren.

Anwendung der Szenario-Technik

Fallbeispiel: Bedarf an Kulturangeboten in den kommenden fünf Jahren

Untersuchungsfelder	positiv	normal	negativ
Gesellschaft	– **Bedarf an Kultur wächst mit zunehmenden Einkommen.** – **Die Menschen 50 + haben Geld und Neigung für Kultur.** – Die Zielgruppe „Junge Familie“ kann für spezielle Kinder-Kultur-Angebote gewonnen werden.	– Der Bedarf an Kultur wird nicht wachsen, Konsolidierungsphase. – Die 50+-Generation hält ihr Geld zusammen, keine Steigerung. – **Die junge Familie muss zunächst in die Deckung des Grundbedarfes der Kinder investieren.**	– Bedarf an Subkultur wächst. – 50+-Generation muss haushalten, keine Steigerung. – Die junge Familie hat zunehmend weniger Geld, Kosten des täglichen Bedarfs steigen.
Wirtschaft	– Wirtschaftswachstum geht weiter voran. – Arbeitslosigkeit geht zurück. – **Globalisierung fördert den Kulturaustausch zwischen den Ländern.**	– Wirtschaftswachstum stabilisiert sich. – **Arbeitslosigkeit bleibt großes Problem.** – Der Kulturaustausch zwischen den Ländern wird nicht zunehmen.	– Wirtschaftswachstum nimmt ab. – Arbeitslosigkeit steigt wieder an. – Kulturaustausch bleibt auf wenige Gebiete beschränkt.
Kultur	– Klassische deutsche „Hochkultur“ hat Konjunktur im Ausland. – **Die positiven Wirkungen kultureller Betätigung auf die Entwicklung der Gesellschaft werden anerkannt.** – Tourneetheater sind stärker im Ausland gefragt.	– Die Beliebtheit deutscher Kultur stagniert. – **Die Wahrnehmung der positiven Seiten der Kulturarbeit muss permanent erklärt werden. Politiker sind ängstlich.** – Tourneetheater wachsen wegen der Sprachbarrieren nur begrenzt.	– Internationale Kultur verdrängt deutsche Angebote. – **Die sog. Transferwirkungen von Kulturarbeit sind den Politikern gleichgültig.** – Tourneetheater im Medienzeitalter sind ein Anachronismus.

Untersuchungs-felder	positiv	normal	negativ
Politik	– Die Kulturarbeit wird wegen ihrer positiven Wirkungen auf die Entwicklung von Kindern und Jugendlichen stark gefördert. **– Kultur wird als bedeutender Wirtschafts- und Standortvorteil für Deutschland erkannt und demzufolge gefördert.** – Die musischen Unterrichtsfächer in den allgemeinbildenden Schulen werden gestärkt.	– Kernpunkt aller Fördermaßnahmen bleiben die Finanzen. Die Politiker versuchen die Quadratur des Kreises. **– Die Frage nach dem Mehrwert der Kulturarbeit bleibt strittig.** – Eine Verbesserung der Unterrichtssituation in den musischen Fächern ist wegen Mangels an Lehrern nicht möglich.	**– Die Politik entzieht sich zunehmend der Kulturförderung aus Kostengründen. Sponsoren gewinnen!** – Mehrwert der Kulturarbeit wird belächelt. – Musische Fächer werden zugunsten der Naturwissenschaften weiter zurückgedrängt.
Technologie	– DVD und Internet popularisieren Kulturangebote in der Breite der Gesellschaft. **– Durch DVD und Internet werden exklusive Kulturangebote für Jeder-mann zugänglich. Die Demokratisierung der Kultur beginnt.** – Preiswerte Flugverbindungen fördern den Kultur-Tourismus.	– DVD und Internet werden begrenzt für Kulturkonsum genutzt. **– Exklusive Kulturangebote werden von mehr Menschen als bisher möglich konsumierbar.** – Preiswerte Flüge stärken die Bereitschaft zum Kultur-Tourismus.	– Die Neuen Medien werden nur für billige Unterhaltung genutzt. – Exklusive Angebote im Pop-Bereich nehmen zu und finden Akzeptanz. **– Zunehmender Flugverkehr verstärkt die Umweltverschmutzung und behindern die Akzeptanz des Kultur-Tourismus.**

Untersuchungs-felder	positiv	normal	negativ
Märkte	– Der Musical-Markt wächst weiter. **– Open-Air Konzerte im Klassikbereich nehmen zu.** – Independent-Produktionen im Musikbereich sorgen für Innovationen.	– Musical bleibt sehr beliebt. **– Open-Air-Konzerte mit Weltstars sind im Kommen.** – Innovationen wird es mit und ohne Independent-Productions geben.	– Musical stagniert. – Kein Geld für kostspielige Open-Air-Events. **– Nur Mainstream verkauft sich noch in anständigen Zahlen.**
Mitarbeiter	**– Es sind zunehmend gut ausgebildete Kulturmanager zu finden.** – Künstlerische und ökonomische Kompetenzen sind zwei Seiten einer Medaille. – Mitarbeiter sind mobil und multieinsetzbar.	– Es gibt überall in Deutschland Studiengänge für Kulturmanagement. **– Das Wirtschaftliche dominiert den Kulturbetrieb.** – Multitasking und Mobilität sind verbreitet.	– Zu viele Kulturmanagement-studiengänge, aber zu geringes Profil. – Die Bilanz entscheidet über das Programm und die Inhalte. **– Die Mitarbeiter sind gezwungen flexibel zu sein, sind es aber ungern.**

Die fett gedruckten Felder zeigen Annahmen mit hoher Eintrittswahrscheinlichkeit und bilden die Basis für die Formulierung des Zukunftsszenarios.

Zukunftsszenario: Bedarf an Kulturangeboten in den kommenden fünf Jahren

- Die Altersgruppe der <u>Generation 50+</u> wird in dreißig Jahren das bedeutsamste Zielgruppensegment in unserer Gesellschaft repräsentieren. Diese Zielgruppe verfügt über Geld und Zeit für die Nutzung anspruchsvoller Kulturprogramme.
- Die <u>junge Familie</u> von heute stellt die Kulturprogramm-Konsumenten von Morgen und wird durch entsprechende <u>Angebote</u> mittelfristig an die Inanspruchnahme <u>hochwertiger Kulturprogramme</u> herangeführt.
- In Folge der <u>Globalisierung und geringeren Flugkosten</u> wird der internationale Kulturaustausch und <u>Kulturtourismus</u> ein bedeutendes Segment der Kulturarbeit werden.

- Die Transferwirkungen intensiver Kulturarbeit auf das Sozialverhalten der Kinder und Jugendlichen und somit für die Entwicklung der Gesellschaft sind den Politikern vor dem Hintergrund zunehmender Gewaltbereitschaft und Gewaltausübung unter und von Jugendlichen wichtig.
- Der Mehrwert kultureller Betätigung wird von der Politik anerkannt und die damit verbundenen Kosten als Investitionen in die Entwicklung der Gesellschaft gewertet.
- Die synergetischen Wirkungen von Kultur und Wirtschaft sorgen für ein wirtschaftlich abgesichertes Wachstum und Vielfalt kultureller Angebote, gefördert durch eine ausreichende Anzahl gut ausgebildeter Kulturmanager.

Um die Potentiale Ihres Unternehmens in diesem Szenario der Entwicklung neuer Geschäftsfelder im Kulturbereich besser einschätzen zu können, führen Sie eine SWOT-Analyse durch entsprechend den folgenden Mustern.

12.3 SWOT-Analyse

Die Aspekte der folgenden SWOT-Analyse sind aus den Sätzen des Zukunftsszenarios gewonnen worden (vgl. die unterstrichenen Begriffe).

Wie sehen wir unsere Potentiale im Falle der Realisierung neuer Geschäftsfelder im Kulturbereich unter Würdigung der Aspekte des Zukunftsszenarios „Bedarf an Kulturangeboten in den kommenden fünf Jahren“?

Aspekte (aus dem Zukunftsszenario)	**Strength**	**Weakness**	**Opportunities**	**Threats**
Angebote für die Generation 50+				
Hochwertige Programme zu erschwinglichen Kosten für die junge Familie				
Internationaler Kulturaustausch				
Transferwirkungen von Kulturarbeit verdeutlichen				

Aspekte (aus dem Zukunftsszenario)	**Strength**	**Weakness**	**Opportunities**	**Threats**
Dem Bewusstsein für den Mehrwert kultureller Betätigung Geltung verschaffen.				
Wirtschaftliche und künstlerisch vielfältige Angebote entwickeln				
Attraktivität des Kulturbereichs für gut qualifizierte Führungskräfte erreichen.				

Entscheiden Sie, welche Stärke, Schwäche, Chance oder Gefahr in welchem Aspekt mit der höchsten Eintrittswahrscheinlichkeit zu sehen ist. Verwenden Sie diese Erkenntnisse als Material zur Formulierung der noch folgenden Mission und für die Entwicklung konkreter Projektziele.

Das Verfahren der SWOT-Analyse ist erklärungsbedürftig. Im Folgenden finden Sie zwei ausgeführte SWOT-Analysen zu unterschiedlichen Themen. Lesen Sie die Beispiele sorgfältig durch und bearbeiten Sie anschließend die obenstehende Aufgabe „Bedarf an Kulturangeboten in den kommenden fünf Jahren." Um die Machbarkeit und Erfolgsaussichten einer Idee oder Konzeption zu überprüfen, ist eine Analyse der Stärken und Schwächen, der Chancen und Risiken sinnvoll. Die „SWOT-Analyse" ist dafür ein international anerkanntes Werkzeug. Mit angemessenem Aufwand gewinnt man einen Überblick über die Realisierungsbedingungen. Das Verfahren eignet sich sowohl für die Gruppenarbeit (Kartentechnik) als auch für die Strukturierung eigener Gedankengänge.

S = **S**trength = Stärken

W = **W**eakness = Schwächen

O = **O**pportunities = Gelegenheiten (Chancen)

T = **T**hreats = Gefahren (Risiken)

Und so funktioniert es:

- Die Begriffe (Strength, Weakness usw.) werden horizontal in eine Matrix (s. Muster) geschrieben, pro Begriff ein Feld.
- Die zu untersuchenden Aspekte werden auf der linken Seite der Matrix vertikal (untereinander) aufgeführt. Die Anzahl der Aspekte ergibt sich aus den Rahmenbedingungen Ihres Vorhabens.
- Im Fall einer Gruppenarbeit werden die Teilnehmer gebeten, Kärtchen zu den verschiedenen Aspekten zu schreiben und in das jeweilige Analysefeld (S – W – O – T) zu pinnen.
- Nach Abschluss der Kärtchenhängung oder dem Notieren der Gedanken zu den Aspekten müssen pro Untersuchungsfeld "S-W-O-T" Schwerpunkte gebildet werden. Diese zeigen, was Sie oder die TN im Sachzusammenhang für bedeutsam halten. Das heißt nicht, dass die restlichen Kärtchen oder Notizen unter den Tisch fallen. Sie werden aufbewahrt und können sich an anderer Stelle als nützlich erweisen.

Hier das Beispiel einer Muster-SWOT-Analyse zum Thema „Welche Stärken, Schwächen, Chancen und Risiken sehen wir für unser Vorhaben, Problemlöser für PC-Anwender zu werden?"

Aspekte	**Stärke (Strength)**	**Weakness (Schwäche)**	**Opportunities (Chancen)**	**Threats (Risiken)**
Gesellschaft	– PC bald in jeden Haushalt –	– Wir haben nicht genügend Fachleute für PC.	– Das Stammpersonal kennt weitere Fachleute.	– Gefahr der Abwerbung ist groß!!!
Umwelt	– Wir entsorgen den PC-Schrott korrekt	– Der Entsorger sitzt zu weit von uns entfernt.	– Wir können den Entsorger gewinnen, näher an uns heran-zurücken.	– Bei zu geringem Auftragsvolumen macht der das nicht.
Politik	– Unsere Mitarbeiter sind alle selbständig.	– Selbständige können von heute auf morgen weg sein!	– Wir behandeln die Spezialisten besonders gut (menschliche Bindung).	– Die Gesetzgebung wird noch restriktiver.

Aspekte	Stärke (Strength)	Weakness (Schwäche)	Opportunities (Chancen)	Threats (Risiken)
Wirtschaft	– Die ständigen Software-updates sind unser bester Auftraggeber. – Kleinst- und Mittelständische Betriebe bevorzugen externe Hilfe statt eigener Leute.	– Die meisten Betriebe werden schon ihren "Problemlöser" unter Vertrag haben. – Markt bereits besetzt	– Nicht alle werden mit ihren Problemlösern zufrieden sein. – Wir müssen zeigen, wo wir besser sind als die Mitbewerber.	– Die Betriebe wollen nicht wechseln. Der Aufwand der Einarbeitung erscheint ihnen zu groß.
Finanzen	– usw.	–	–	–
Technologie	– usw.	–	–	–

Aus diesen Anmerkungen werden die Schwerpunktannahmen herausgefiltert.

Im Protokoll der folgenden in Gruppenarbeit durchgeführten SWOT-Analyse zum Thema „Kultur in der Region“ sieht man den Extrakt aus einer Vielzahl von Anmerkungen.

Diese SWOT-Analyse wurde unter Verwendung der Pinwand-Technik mit 30 Teilnehmern durchgeführt.

Thema: „Erlebnis Kultur im ... Wie sehen unsere Potentiale aus?“

Teilnehmer	Stärken	Schwächen	Chancen	Risiken
Kreis	Auf Hauptverkehrslinien starkes ÖPNV-Angebot[40]	Finanzieller Rahmen schlechte Erreichbarkeit abgelegener Ziele (vor allem an Wochenenden/ Ferien)	In den Schulferien und an Wochenenden sind vorhandene Busse anderweitig einsetzbar.	Kreis als „Ausfallbürge“ bei Misserfolgen Ergreifen der falschen Maßnahmen
	Besucherzahlen Museen Mehrere Häuser werden neu konzipiert. Es gibt viele herausragende Kultureinrichtungen. Kein finanzieller Mehraufwand	Besucherzahlen Museen Es fehlt ein durchschlagendes Kulturmarketing.	Besucherzahlen Museen Gezielte Maßnahmen zur Verbesserung des Marketings werden die Besucherzahlen voraussichtlich steigern.	Beeinträchtig. der Bevölkerung durch zu viele Ausflügler
	Tagestourismus Grundsätzliche Nachfrage Bedarf	Tagestourismus zu wenig Pauschalangebote Entlegenheit der Region	Tagestourismus Gute Verkehrsmittel könnten gute Erreichbarkeit sichern	
Land	Vorhandene regionale Identität. Überschaubarkeit	Unsere speziellen Regionen sind „anders“.	Verbesserte Lebens- und Urlaubsqualität.	Mangelnde Professionalität der Akteure

[40] ÖPNV = Öffentlicher Personen Nahverkehr.

Teilnehmer	Stärken	Schwächen	Chancen	Risiken
Verkehrsmittel	Angebote bestehen im Wesentlichen.	Verknüpfung fehlt teilweise.	Zeit ist reif für gelebte, verstärkte Kooperation.	„Kümmerer" fehlt, es bleibt bei Lippenbekenntnissen.
Regionalbahn	Leistungsstarker (Mobilitäts-)-Partner ab 20XX mit überregionalen Verbindungen	Umfassender Marketingansatz im Unternehmen noch nicht Allgemeingut, greifbare Erfolge bald nötig.	Projekt wird zum durchschlagenden Erfolgsmodell. großzügigere Unterstützung durch Regiobahn möglich!	Projekt wird zu langsam entwickelt und umgesetzt. Aufwand–Nutzen– Verhältnis ungünstig
Naturschutzorganisation	Vielzahl der kulturell wertvollen Einrichtungen und Angebote	Unterschiedliche finanzielle Voraussetzungen und Ressourcen in den Einrichtungen	Bündelung von finanziellen Mitteln. Profil für die Region (neben Naturerlebnis)	Bedenkenträgermotto: „Die süßesten Früchte fressen nur die großen Tiere ...".
Museum	– Breites institutionelles Angebot – Bekannte, weil „eingefahrene" kulturelle Marken – Bekannte Häuser und Institutionen	– Anpassungsbedarf/ Modernisierungsbedarf (Charme vergangener Jahre, der mitunter nur wenig konkurrenzfähig ist) – Verkehrsinfra-struktur Ost-West	– Krisenfeste politische und gesellschaftliche Entwicklung – Finanzielle Ausrichtung auf Realität	– Allgemeine wirtschaftliche Entwicklung wirkt sich belastend aus (Zahl der Urlaubstage, Feiertage, freie finanzielle Mittel)

Teilnehmer	Stärken	Schwächen	Chancen	Risiken
Kunsthaus	– Internationale Kontakte – finanzielle Unabhängigkeit. – Repräsentative Räumlichkeiten – Optimale wissenschaftliche Arbeits-Bedingungen – Sammlung internationaler Formate	– Randlage – Geringer Bekanntheitsgrad	– Zentrum internationaler Begegnung und Forschung – Aufwertung der Kulturregion NF – Stärkeres Bewusstsein für die Kulturregion „Westküste"	– Kann dem selbst gestellten Anspruch Genüge getan werden?
Brauerei „Quelle"	– Attraktives, überregional bekannte Kulturstätte – innovatives Programm auf Großstadtniveau	– Standort nicht optimal erreichbar – Kurort hat kein einheitliches Verwaltungskonzept für Kultur	– Durch Synergien mit anderen Partnern Programmoptimierung in Qualität und Finanzierung. – Erfahrungsaustausch	Keine!

12.4 Vision - Mission - Leitbild

Vision

Die Vision umfasst die Beschreibung, wie etwas in Zukunft sein soll, insbesondere die Beschreibung der langfristigen Unternehmensentwicklung oder der Entwicklung der Organisation als Orientierung für die Unternehmensstrategie.

Beispiel 1: Vision des UK National Audit Office (Rechnungshof des Vereinigten Königreichs)

Wir fördern den höchsten Standard in Finanzmanagement und -berichterstattung, die ordnungsgemäße Wahrnehmung der öffentlichen Aufgaben und positive Entwicklungen bei der Bereitstellung öffentlicher Leistungen.

Beispiel 2: Vision (Lehrerausbildung)

Alle Lehramtsanwärter sind in der Lage, hervorragende Qualifikationen zu erreichen, und zwar

- *durch eine Vielfalt von Strategien,*
- *durch Rückgriffe auf ihr Leistungsvermögen,*
- *durch verschiedenartige Leistungsnachweise,*
- *durch besonderes Engagement und*
- *die Bereitschaft zu lebenslangem Lernen*

in einer anspruchsvollen und auf Zusammenarbeit ausgerichteten Umgebung.

Sie gewinnen Zufriedenheit beim Ausüben ihres Berufes, indem sie die für die Ausbildung der nächsten Generationen notwendigen sachlichen, fachlichen, organisatorischen und sozialen Kompetenzen einsetzen und ausbauen.

Beispiel 3: Vision einer Musikschule (MS)

Die MS ist anerkannt als führende musikpädagogische Institution in den Bereichen Methodik, Didaktik und Software für den instrumentalen Gruppenunterricht sowohl in der Unterrichtsdurchführung als auch in der Lehreraus- und -fortbildung. Die MS kooperiert mit allen relevanten Gruppierungen im Bereich der musikalischen Bildung. Dank der wirksamen Unterrichtsprogramme und eigener Anstrengungen werden und bleiben unsere Partner langfristig wirtschaftlich und sozial erfolgreich.

Vision Ihres Kulturunternehmens:

Mission

Die Mission ist der Auftrag einer Organisation oder eines ihrer Teile, die Beschreibung ihres Zweckes, der ihre Existenz rechtfertigt. Die "Mission" ist typischer Inhalt eines Leitbildes, das heute als notwendiger Bestandteil guten Managements anerkannt ist, und beschreibt nicht nur die Erbringung von Leistungen, sondern deren Wirkungen.

Beispiel 1: Mission Institut für Lehrerausbildung

Alle Anstrengungen der an der Lehrerausbildung Beteiligten (Anwärter, Seminarleiter, Fachleiter, schulische Ausbildungsleiter, Fachkollegen sowie Verwaltungsangestellten) zielen darauf ab,

- Handlungskompetenzen,
- Selbstvertrauen in die eigene Leistungsfähigkeit,
- kritisches Reflexionsvermögen und Selbstsicherheit,
- Einsatz- und Organisationsfähigkeit sowie
- Innovationskraft mit pädagogischem Augenmaß

der Lehramtsanwärter zu stärken, um Wirksamkeit und Erfolg der Ausbildung für eine befriedigende Berufspraxis zu vervollkommnen.

Es ist Aufgabe der an der Lehrerausbildung Beteiligten im Studienseminar, Fertigkeiten, Fähigkeiten und Leistungsvermögen der Lehramtsanwärter ganzheitlich zu entwickeln, das heißt,

- ihre sachlichen, rollenspezifischen und professionellen Kenntnisse mit Hilfe von Theorie, Praxis und Analyse zu erweitern, um sie so für ihre Kommunikationsaufgaben vorzubereiten;
- (...).

Jeder der an der Lehrerausbildung Beteiligten im Studienseminar ist verantwortlich für die hervorragende Ausbildungsqualität, die durch fortlaufende Prüfungen und Verbesserungen erreicht wird. (...)

Beispiel 2: Mission einer Musikschule

Wir ermöglichen allen Mitgliedern der Gesellschaft vom Kleinkind bis in den dritten Lebensabschnitt das Erlebnis sinnerfüllter Freizeitbeschäftigung durch eigenes Musizieren. Wir helfen unseren Kunden/Klienten/Schülern, ihre musikalischen Wünsche in zielführender Weise zu ihrer vollen Zufriedenheit zu verwirklichen. Dazu setzen wir auch zeitgemäße Technologien ein, wenn diese hilfreich und motivierend den Lernvorgang begleiten.

Unsere grundlegenden Werte und Überzeugungen sind, dass

- jeder Mensch musikalisch ist,
- Lernende und Lehrende Partner sind,
- die Erfüllung der Wünsche unserer Kunden/Klienten/Schüler immer die Leitlinie unseres Handelns ist.

Die Mission Ihres Unternehmens:

Leitbild

Das Leitbild einer Organisation enthält kurz und prägnant formuliert die strategischen Ziele (Mission und Vision) und gibt Orientierung für die Art und Weise ihrer Umsetzung. Das ermöglicht allen Mitgliedern der Organisation die Identifikation mit den gewünschten Verhaltensweisen.

Beispiel 1: Leitbild für eine Herz-Kreislauf-Klinik

Wir entwickeln die Herz-Kreislauf-Klinik zum Gesundheitszentrum, das mehr ist als ein Krankenhaus. Ganzheitliche Medizin und Pflege kümmern sich um Körper, Geist und Seele. Wir sind die Partner der Patienten. Wir geben menschliche Zuwendung, qualifizierte Betreuung und bieten Technik auf hohem Niveau in ansprechender Atmosphäre.

Wir arbeiten im Team und schätzen uns in unserer Unterschiedlichkeit. Wir pflegen eine kommunikative, anerkennende Zusammenarbeit mit anderen Abteilungen. Wir arbeiten über Teamgrenzen hinweg freundlich und gut zusammen. Wie geht das? Wir fangen bei uns an!

Wir nehmen uns gegenseitig ernst und reden miteinander. Wir sind beweglich und mit Freude bei der Arbeit. Wir sind motiviert zum stetigen Lernen und bilden uns fort. Wir handeln wirtschaftlich und umweltbewusst. Unser "Arbeit-Geber" ist der Patient.

Beispiel 2: Leitbild einer Musikschule

Aufgaben

Die Musikschule ist ein musikpädagogisches Dienstleistungsunternehmen auf gehobenem Niveau. Es ist unser Ziel, als die herausragende Institution für musikalische Bildung in ... bekannt zu sein.

Für unsere Schüler und deren Eltern schaffen wir rundum eine gepflegte Umgebung, in der sich alle wohlfühlen und gern die Warte- und Unterrichtszeiten verbringen.

Die hohe Qualität unserer Arbeit im Hinblick auf die Musikvermittlung bei Kindern und Jugendlichen prägt die positive Wahrnehmung unserer Institution in der Bevölkerung und den Bekanntheitsgrad der Musikschule ...

Prinzipien

Unsere Mitarbeiter sind motiviert, vereinbarungsfähig und verantwortungsbewusst, handeln aus eigenem Antrieb, fordern sich im Rahmen gemeinsamer Zielabsprachen selbst und sorgen für Ihre permanente Weiterbildung.

Unsere Führungskräfte schaffen Rahmenbedingungen, in denen es Freude macht, sich einzusetzen und fördern die Leistungsbereitschaft.

Verhalten

Unser Verhalten gegenüber Schülern, Eltern, Vorgesetzten und Mitarbeitern ist bestimmt von diesen Werten:

1. Vorbild sein: In menschlicher und fachlicher Hinsicht zielführend, eigeninitiativ und verantwortungsbewusst tätig sein.

2. Fair sein: Mit dem anderen unter Würdigung aller Gesichtspunkte gerecht, nachvollziehbar und respektvoll umgehen.

3. Menschlich sein: Den anderen als Persönlichkeit respektieren, ihm verständnisvoll, hilfsbereit und trotzdem situationsgerecht begegnen.

4. Offen sein: Wir begegnen dem anderen unvoreingenommen, unbefangen und aufrichtig.

5. Selbstkritisch sein: Wir sind immer bereit, unsere Handlungen und Verhaltensweisen kritisch zu überprüfen und nehmen Rückmeldungen darüber offen an, mit dem Ziel kommunikative Missverständnisse auszuräumen und zu vermeiden.

Zusammenarbeit

Jede Mitarbeiterin und jeder Mitarbeiter ist für die Verwirklichung unserer Unternehmensziele wichtig und wertvoll. Unsere Zusammenarbeit ist geprägt von gegenseitiger Hilfsbereitschaft und Wertschätzung. Jeder ist für den gemeinsamen Erfolg gleich wichtig.

Mitarbeiterförderung und -entwicklung

Qualifizierte und gut ausgebildete Mitarbeiter auf allen Ebenen des Unternehmens sind der Erfolgsfaktor zur Erreichung unserer Ziele. Mitarbeiterförderung und -entwicklung bedeutet für uns:

- ständige Weiterbildung durch interne und externe Trainer in allen relevanten Bereichen,
- durch regelmäßige Mitarbeiter- und Führungskräftebeurteilung dem Einzelnen Defizite und Stärken sowie der Leitung Förderpotentiale aufzuzeigen.

> Erarbeiten Sie das Leitbild Ihres Unternehmens in Anlehnung an die vorgestellten Muster.

Aus den Festlegungen der Aspekte „Mission –Vision – Leitbild" werden die Unternehmensziele und aus diesen die Strategien und Planungen zur Realisierung gewonnen.

12.5 Unternehmensziele bestimmen

Nachdem wir die Vision, die Mission und das Leitbild des Unternehmens entwickelt haben, müssen wir die konkreten Ziele des Unternehmens definieren.

Diese Fragen unterstützen die Bestimmung von Unternehmenszielen und Strategien.

Zielbestimmung	Worum geht es? Was wissen wir über die gegenwärtige Situation?
	Wie sieht der künftige Idealzustand aus? Was wollen wir erreichen?
	Woran werden wir erkennen, wann und ob der gewünschte Zustand erreicht ist?
Strategieentwicklung	Wie ist die Differenz zwischen dem gegenwärtigen und dem angestrebten Zustand?
	Was könnten wir wie tun (Strategien), um den gewünschten Zustand zu erreichen?
	Welche Alternativen ergeben sich aus den gesammelten Ideen?
	Welche Alternativen können entsprechend den unter Punkt zwei aufgestellten Kriterien den angestrebten Idealzustand am besten fördern?
	Welche Schwierigkeiten sind bei der Durchführung der geplanten Maßnahmen zu erwarten? Was können wir vorbeugend unternehmen?
Maßnahmenplanung	Welche Aktionen müssen von wem bis wann durchgeführt werden?

Zielbestimmung	Worum geht es? Was wissen wir über die gegenwärtige Situation?
	Wie sieht der künftige Idealzustand aus? Was wollen wir erreichen?
	Woran werden wir erkennen, wann und ob der gewünschte Zustand erreicht ist?

Formulieren Sie die Ziele für die Idee, das daraus resultierende Projekt bzw. das Unternehmen. Die Zielformulierungen basieren auf den Erkenntnissen aus der Szenario-Technik, der SWOT-Analyse, der Formulierung der Vision, der Mission und des Leitbildes.

Es folgt ein Beispiel, ausgerichtet an den ersten beiden Punkten des Zukunftsszenarios der Fallstudie „Bedarf an Kulturangeboten in den kommenden fünf Jahren".

Beispiel:

Ziel 1. Wir wollen innerhalb von fünf Jahren 50% unseres Umsatzes mit Angeboten für die Zielgruppe Generation 50 + machen.

Ziel 2. Wir wollen bis zum Ende unseres ersten Geschäftsjahres drei Kulturprogramme für die junge Familie mit Kindern ab dem zweiten Lebensjahr bis zur Einschulung realisiert haben, die aufgrund ihrer Preisgestaltung von allen Familien mit mindestens einer Person in festem Arbeitsverhältnis wahrgenommen werden können.

Formulieren Sie bitte hier bis zu drei Ziele für Ihr Unternehmen (Projekt):

Ziel 1:

Ziel 2:

Ziel 3:

12.6 Strategien entwickeln

Mit welcher Konzeption, mit welchen Methoden und Schwerpunkten wollen Sie sich im Wettbewerb behaupten? Welches sind die Vorgehensweisen, die in Anbetracht der Stärken und Schwächen des Unternehmens und der zu erwartenden Risiken und Chancen den größtmöglichen Erfolg versprechen? In welchen Bereichen und auf welche Art und Weise (Strategien) wollen Sie was erreichen? Bedenken Sie, dass Strategien auf langfristige Zeiträume (3 bis 5 Jahre) ausgerichtet sind.

Bearbeiten Sie diese Fragen in der vorgegebenen Reihenfolge und Sie werden Ihre Strategien eindeutig formulieren können.

Strategieentwicklung	Wie ist die Differenz zwischen dem gegenwärtigen und dem angestrebten Zustand?
	Was könnten wir wie tun (Strategien), um den gewünschten Zustand zu erreichen?
	Welche Alternativen ergeben sich aus den gesammelten Ideen?
	Welche Alternativen können entsprechend den unter Punkt zwei aufgestellten Kriterien den angestrebten Idealzustand am besten fördern?
	Welche Schwierigkeiten sind bei der Durchführung der geplanten Maßnahmen zu erwarten? Was können wir vorbeugend unternehmen?

Die aus diesen Überlegungen resultierenden Strategien setzen Orientierungspunkte für den operativen Planungs- und Handlungsbereich.

Fallbeispiel: Agentur für Kulturmanagement

Im Folgenden wird anhand des Beispiels der Planung einer Agentur für Kulturmanagement die Strategieentwicklung exemplarisch ausgeführt.

Ziel: Etablierung einer Agentur für Kulturmanagement, die in drei Jahren gewinnbringend im Bereich Edutainment (Education und Entertainment) im nationalen Rahmen arbeitet.

Wie ist die Differenz zwischen dem gegenwärtigen und dem angestrebten Zustand?	– Derzeit wird das Lernen mit Spaß (Edutainment) von einigen wenigen Anbietern im Bildungsbereich beworben. Es gibt Freiraum und Marktnischen in den Bereichen Kulturveranstaltungen und Bildungsangebote für Familien mit Kindern, die bildend und unterhaltend zugleich gestaltet werden können.
Was könnten wir wie tun (Strategien), um den gewünschten Zustand zu erreichen?	– Entwicklung von speziellen Konzerten (Klassik und Pop), um die Zuhörer möglichst interaktiv einzubeziehen. – Spezielle Angebote für die Zielgruppe 50 plus – Frühkindliche Bildungsprogramme realisieren.
Welche Alternativen ergeben sich aus den gesammelten Ideen?	– Angebote für ältere Mitbewohner in Pflegeheimen – Angebote für 14- bis 20-Jährige – Veranstaltungsentwicklungen und Durchführung für lokale Vereine zur Mitgliederpflege und Gewinnung neuer Mitglieder.
Welche Alternativen können entsprechend den unter Punkt zwei aufgestellten Kriterien den angestrebten Idealzustand am besten fördern?[41]	– Frühkindliche Bildungsprogramme – Spezielle Angebote für die Zielgruppe 50 plus.
Welche Schwierigkeiten sind bei der Durchführung der geplanten Maßnahmen zu erwarten? Was können wir vorbeugend unternehmen?	– Es gilt die Mitbewerber (Musikschulen, Wohlfahrtsverbände usw.) als Partner zu gewinnen. – Der gemeinnützige Aspekt muss im Vordergrund stehen, dennoch muss Geld verdient werden. – Ein Symposium für die Betreuer und Animateure, die mit der Zielgruppe 50 plus arbeiten veranstalten, um Kontakte aufzubauen und kreative Konzepte zu entwickeln. – Der Konzertbetrieb ist sehr differenziert ausgebaut. Es wird wichtig sein, neue Angebotsformen mit vielleicht auch neuen Künstlern zu entwickeln.

[41] gemeint ist der Punkt zwei aus der Zielbestimmung (Wie sieht der künftige Idealzustand aus?)

12.7 Planung

Der Planungsprozess ist ein jährlich wiederkehrendes Element der Managementarbeit. Da bei dieser Vorgehensweise die Ziele und Aktivitäten für den Zeitraum von drei Jahren geplant werden und nach Ablauf des ersten Geschäftsjahres um ein weiteres in die Zukunft fortgeschrieben werden, spricht man von der rollierenden oder auch der rollenden Planung. Wie der Mittelfristige Geschäftsplan zeigt, hat man auf diese Weise stets drei Geschäftsjahre im Blick, das laufende sehr detailliert ausgearbeitet, das zweite und dritte im groben Überblick.

Beispiel der zeitlichen Struktur einer rollierenden Planung:

Jahr	**01**	**02**	**03**	**04**	**05**	**06**
1. Planung	→	→	→			
	2. Planung	→	→	→		
		3. Planung	→	→	→	
			4. Planung	→	→	→

12.7.1 Master-Geschäftsplan - Fallbeispiel Agentur für Kulturmanagement

In den Master-Geschäftsplan werden alle Erkenntnisse aus den vorangestellten Überlegungen (Szenario, SWOT, Vision, Mission, Leitbild, Strategien) eingebracht. Aus dem Master-Geschäftsplan werden die strategischen Aktionsfelder abgeleitet, die in den kommenden drei Jahren realisiert werden sollen. Der daraus resultierende Mittelfristige Geschäftsplan weist außer diesen auch aus, welche Ziele und Maßnahmen in welchem Geschäftsjahr (GJ) bearbeitet werden müssen.

Master-Geschäftsplan (3 Jahre)	
Verantwortlich: Markus Mustermann	
1. Wettbewerbssituation a) Drei große KM-Agenturen (bis zu 10 Mitarbeiter) in der Region. b) Die Fördermittelvergabe des Landes ist beschränkt auf Agenturen, deren Mitarbeiter anerkannte KM-Studienabschlüsse haben. c) Die zwei großen Festivals in der Region werden von Mitbewerber-Agenturen geleitet.	***4. Markenaufbau oder -pflege**** – Herstellung eines Imageflyers der Agentur. – Homepage mit Testimonials zufriedener Kunden. – Vorträge halten auf entsprechenden Kongressen. – Jahresbericht auf unserer Homepage und per Mail an Interessenten.
2. Produkt Marketing – Programme für die Generation 50 + entwickeln. – Programme für die junge Familie mit Kindern ab dem zweiten Lebensjahr bis zur Einschulung entwickeln. – Veranstaltungsmanagement für lokale Vereine.	**5. Geschäftspolitik** – Immer zuerst die Top-Managementebene der Organisationen ansprechen. – Analysieren, welchen Bedarf unsere Zielgruppe hat und wo unsere Stärken liegen. – Mit Dachverbänden und größeren Trägerorganisationen kooperieren. – Durch Benefizaktion mit Langzeitwirkung unseren Bekanntheitsgrad steigern (Zeitungen berichten).
3. Vertriebspolitik – Musikschulen (privat und kommunal) – Kirchengemeinden – Kindergärten – Vorschulische Einrichtungen – Dachverbände ansprechen	***6. Strategische Anmerkungen*** – Vernetzung mit Rotary Clubs und ähnlichen Einrichtungen anstreben. – Symposium zum Thema 50 plus veranstalten.

* Die kursiv gedruckten Aspekte sind im folgenden Mittelfristigen Geschäftsplan beispielhaft ausgearbeitet.

12.7.2 Mittelfristiger Geschäftsplan für drei Geschäftsjahre (GJ 01-03)

Strategische Aktionsfelder	Ziele	Aktivitäten	GJ 01	GJ 02	GJ 03
Produkt Marketing					
Programme für die Generation 50 + entwickeln.	300 Teilnehmer in drei Jahren	Programmentwicklung	Reisen mit Musik	Wandern mit Kultur	Fitness mit Musik
Programme für die junge Familie mit Kindern ab dem zweiten Lebensjahr bis zur Einschulung entwickeln.	100 Kinder pro Jahr mit den Eltern erreichen	Vernetzung mit Anbietern herstellen	KIGA-Liedergarten	Vorschule	Museum
Veranstaltungsmanagement für lokale Vereine.	1 Programm mit Event-Charakter pro Jahr entwickeln	Bedarfserhebung und Angebote entwickeln	Jahresausflüge	Vereinsjubiläum	Wettbewerbe
Vertriebspolitik					
Musikschulen (privat und kommunal)	Gemeinsam mit den Organisationen Angebote entwickeln.	Angebote im Bereich Frühkindliche Musikalisierung entwickeln und Fachkräfte ausbilden.	Kommunale Musikschulen	Private Musikschulen	Kirchengemeinden
Kirchengemeinden		Kitas mit frühkindlicher Bildung gem.			
Kindergärten					

Strategische Aktionsfelder	Ziele	Aktivitäten	GJ 01	GJ 02	GJ 03
Vorschulische Einrichtungen		Bildungsplan AWO, Caritas, DAK			
Dachverbände ansprechen		AWO, Caritas, DAK	AWO	Caritas	DAK
Markenaufbau					
Herstellung eines Imageflyers der Kulturagentur	Vier Seiten, vierfarbig und internetfähig	Agentur finden und Gestaltung festlegen.	Druck + Directmailing	Zielgruppenmailing	s. Vorjahr
Homepage mit Testimonials zufriedener Kunden	Kundenerlaubnis einholen.	Domain buchen + Design Website	Betrieb starten	aktualisieren	s. Vorjahr
Vorträge halten auf entsprechenden Kongressen	Kontakte zu Veranstaltern	Internetsuche + Netzwerke ansprechen			
Jahresbericht auf Homepage und per Mail an Interessenten	Jahresbericht fertig bis Januar des neuen Jahres	Material sammeln und texten.			
Strategische Anmerkungen					
Vernetzung mit Rotary Clubs anstreben	usw.				
Symposium zum Thema 50 plus veranstalten	usw.				

Aufgrund der Darstellung der Planung in der Matrixform hat man rasch alle wichtigen Positionen im Blick. Insbesondere bei der folgenden Maßnahmenplanung für das erste Geschäftsjahr wird dies deutlich. Jederzeit hat man den Überblick über die Ziele, Aktionsfelder und was bis wann von wem unter Einhaltung welcher Finanzrahmen auszuführen ist.

12.7.3 Maßnahmenplan für das erste Geschäftsjahr

> Maßnahmenplan:
>
> Welche Aktionen müssen von wem bis wann durchgeführt werden?

Aus der Mittelfristigen Geschäftsplanung für drei Jahre (01 – 03) wird die Maßnahmenplanung für das erste Geschäftsjahr entwickelt:

Strategische Aktionsfelder	**Ziele**	**Maßnahmen**	**€**	**Wer**	**Monat**											
				Wer	01	02	03	04	05	06	07	08	09	10	11	12
Produkt Marketing																
Programme für die Generation 50 + entwickeln.	100 Teilnehmer	„Reisen mit Musik“														
		– Programm entwickeln	1.000	BC	—	—	→									
		– Reisekonditionen, Termine buchen	2.000	HF		—	—	→								
		– Reisebegleitung	2.000	SB						—	—	—	→			
		– Marketing		MG	—	—	—	—	—	—	—	→				
		– Abrechnungen		NM						—	—	—	—	→		

Strategische Aktionsfelder	Ziele	Maßnahmen	€	Wer	Monat											
				Wer	01	02	03	04	05	06	07	08	09	10	11	12
Programme für die junge Familie mit Kindern ab dem zweiten Lebensjahr bis zur Einschulung entwickeln	100 Kinder mit Eltern erreichen	„KIGA-Liedergarten“														
		– Musikalische Leitung	500	AB			→	→								
		– Inhalte festlegen	500	HM				→	→							
		– Marketing 3 KIGAs motivieren	2.000	MG						→	→	→				
		– Durchführung	1.500	AB NM									→	→	→	
		– Abrechnung														X
Veranstaltungsmanagement für lokale Vereine.	Ein Program m mit Event-Charakter	„Jahresausflug“														
		– Bedarfsanalyse	500	MG	→	→	→									
		– Inhalte entwickeln	500	HM			→	→	→							
		Marketing f. Vereine	1.500	MG					→	→	→					
		– Planung		MG			→	→	→	→	→	→				
		– Durchführung	750	JF									→	→		
		– Abrechnung	1.500	NM											X	

Strategische Aktionsfelder	Ziele	Maßnahmen	€	Wer	Monat											
				Wer	01	02	03	04	05	06	07	08	09	10	11	12
Vertriebspolitik	Gemeinsame Aktionen mit der Musikschule	– Frühkindliche Musikalisierung – Ziele des Programms – Durchführende – Materialien – Sponsoren finden – Durchführung – Evaluation			usw.											
Markenaufbau					usw.											
Strategische Anmerkungen					usw.											

Die fiktiven Namen in der Rubrik "Wer" sind mit Initialen abgekürzt.

Aus dem Maßnahmenplan für das erste Geschäftsjahr, der die Aktivitäten in den jeweiligen Monaten aufzeigt, wird der

- detaillierte Monatsplan

  aus diesem

  - der Wochenplan

    und daraus

    - der Tagesplan entwickelt.

12.8 Durchführung und Evaluation

Die Durchführung kann aufgrund der vorangestellten Arbeitsschritte, insbesondere durch die Planungen bis hin zum Tagesplan mit großer Sorgfalt und Sicherheit gestaltet werden. Die beste Planung ist jedoch wertlos, wenn man nicht in der Lage ist, sich selbst zu organisieren und sich zu führen (Selbst-Management). Die Projektziele, Zielvereinbarungen, Maßnahmen und Resultate müssen regelmäßig im Rahmen eines Informationssystems den Betroffenen vermittelt werden. Die Kontrolle ist ein unverzichtbares Element jedes Arbeits- und Führungsprozesses. Kontrollieren heißt, aufmerksam die Entwicklungen und Leistungen zu begleiten, um rechtzeitig bei Fehlentwicklungen gegensteuern zu können oder Erfolge zu bestätigen.

Die Evaluation der geleisteten Arbeit, der Abgleich von Planvorgaben und Ergebnissen, muss am Ende eines jeden Quartals und Geschäftsjahres ausführlich und gründlich erfolgen, um die Wirksamkeit der Maßnahmen zu überprüfen. Daraus werden wichtige Erkenntnisse für die neue Planung gewonnen und die Leistungsfähigkeit kann verbessert werden.

In diesem Sinne erweist sich auf der folgende Planungsprozess in 12 Schritten als ein wirkungsvolles Werkzeug.

12.9 Planungsprozess in 12 Schritten

Das Modell dieses Planungsprozesses eignet sich bestens sowohl für die Projektentwicklung als auch für das Arbeiten mit der rollierenden Planung.

Planungsprozesse sind häufig unbeliebt; sie sind arbeitsintensiv und mit unbekannten Faktoren verbunden. Das Arbeiten mit unsicheren Annahmen und das systematische Vorgehen liegen nicht jedem. Viele möchten rasch und angeblich zielorientiert die Planung betreiben, diese ungeliebte Arbeit zügig hinter sich bringen, laufen aber dabei Gefahr, wichtige Aspekte zu übersehen und erleben deshalb nicht selten Schwierigkeiten bei der Umsetzung.

Hat man sich erst einmal mit dem durch das folgende Schema vorgegebenen systematischen Planungsablauf angefreundet, wird der Planungsprozess für alle Beteiligten zu einem Erfolgserlebnis, weil man gelenkt wird, umsichtig und umfassend zu denken und zu planen, die daraus resultierenden Maßnahmenpläne funktionieren und der obligatorische Rückblick die Grundlage für die Planung des kommenden Jahres bildet. Dieser „Planungskreislauf" vermittelt ein Gefühl der Sicherheit und ermöglicht ein entspanntes und konzentriertes Arbeiten für alle Mitarbeiter.

Schritt:	Aktion
1. Themen abgrenzen	Festlegen strategisch wichtiger Themen, Problemstellung beschreiben, Abgrenzungen der Aufgabenstellung.
2. gewünschter Zustand	Wie sieht der angestrebte künftige Zielzustand aus? Mission, Leitbild und Unternehmensziele formulieren.
3. SWOT-Analyse	Die eigene Situation oder Organisation bezogen auf die Ziele hinsichtlich ihrer Stärken und Schwächen untersuchen.
4. Diskrepanz	Was trennt den gegenwärtigen Zustand vom angestrebten zukünftigen Zustand?
5. Strategien	Mit welchen Strategien können wir unsere Ziele am besten erreichen?
6. Aktionspläne	Was ist wie bis wann von wem zu tun?
7. Investionsentscheidungen	Benötigte Finanzmittel für die Durchführung der Pläne.
8. Interdependenz der Aktionen	Welche gegenseitigen Abhängigkeiten unserer Ziele und Aktivitäten kennen wir?
9. Zeitpläne	Was soll bis wann realisiert werden?
10. Evaluationskriterien	Woran konkret wollen wir den Erfolg oder Misserfolg unserer Arbeit messen? Kriterien für die Bewertung aufstellen.
11. Implementierung	Durchführung der Aktivitäten gemäß der Planung.
12. Rückblick	Rückblick auf die geleistete Arbeit, Bewertung des Erreichten und die Genauigkeit der Jahresplanung. Start des neuen Planungsprozesses mit Schritt 1.

13 Check: Führungsaufgaben von A bis Z

Ob zwischendurch oder nachdem Sie alles durchgearbeitet haben, die Checklisten „Führungsaufgaben von A bis Z" helfen Ihnen, Ihren derzeitigen Kenntnis- und Entwicklungsstand im Bereich der Führungsaufgaben einzuschätzen, die häufigsten Fehler zu erkennen und diese nach Möglichkeit zu vermeiden.

- Aktiv Zuhören
- Anweisungen geben
- Delegieren
- Einführen neuer Mitarbeiter
- Einschätzen/Beurteilen
- Entscheiden
- Fordern der Mitarbeiter
- Fördern der Mitarbeiter
- Informieren
- Kommunizieren
- Konflikte bearbeiten
- Kontrollieren
- Kritisieren
- Loben
- Motivieren
- Ziele vereinbaren

Aktives Zuhören

Frage	Anmerkungen	Wertung
Wie wichtig ist mir das Thema „Aktives Zuhören"?		– unwichtig – weniger wichtig – sehr wichtig
Wie war das, was ich zum Thema „Aktives Zuhören" selbst beobachtet oder geschildert bekommen habe?	bei Kollegen	– unerfreulich – wenig erfreulich – sehr erfreulich
	bei Freunden/Bekannten	– unerfreulich – wenig erfreulich – sehr erfreulich
Was ist mein derzeit größtes Problem/Defizit beim Aktiven Zuhören?	Beschreiben Sie den Ist-Zustand so genau wie möglich:	
Wie werde ich meine Defizite bearbeiten?		
Wie gut beherrsche ich das aktive Zuhören bereits?		– völlig unzureichend – noch nicht gut genug – gut – sehr gut
Welche Erfahrung habe ich damit?	als Mitarbeiter	– noch keine – wenig – viel – sehr viel – schlechte – gute – sehr gute
	als Vorgesetzter	– noch keine – wenig – viel – sehr viel – schlechte – gute – sehr gute

Meine Ziele für diesen Bereich:

Häufige Fehler beim „Aktiven Zuhören“

- Selbst sprechen, während der Gesprächspartner spricht
- Die Gedanken abschweifen lassen
- Sich auf die eigene Antwort konzentrieren, während der Gesprächspartner spricht
- Die Aussage des Partners vorschnell interpretieren
- Die Annahme, dass *hören* bereits *zuhören* sei
- Eigentlich nur ungern dieses Gespräch führen
- Durch körpersprachliche Signale zu erkennen geben, für wie unwichtig oder lästig das Gespräch oder der Gesprächspartner gehalten werden
- Nicht ausreden lassen oder ins Wort fallen
- Bei unklaren Formulierungen vorschnell die eigene Meinung äußern, statt nachzufragen
- Keine Zeit für die Entwicklung der Gedanken während des Gesprächs lassen
- Dem Partner keine Zeit geben, sich zu öffnen
- Argumente aufgrund eigener vorgefasster Meinungen abtun, abwerten, lächerlich machen
- Ironische Zwischenfragen stellen
- Bewusst aggressiv fragen oder antworten
- Störungen zulassen
- Sich nicht in den Partner bzw. seine Situation hineinversetzen
- In kritischen Situationen (Streit) gar nicht mehr zuhören

Anweisungen geben

Frage	Anmerkungen	Wertung
Wie wichtig ist mir das Thema „Anweisungen geben“?		– unwichtig – weniger wichtig – sehr wichtig
Wie war das, was ich zum Thema „Anweisungen geben“ selbst beobachtet oder geschildert bekommen habe?	bei Kollegen	– unerfreulich – wenig erfreulich – sehr erfreulich
	bei Freunden/Bekannten	– unerfreulich – wenig erfreulich – sehr erfreulich
Was ist mein derzeit größtes Problem/Defizit beim „Anweisungen geben“?	Beschreiben Sie den Ist-Zustand so genau wie möglich:	
Wie werde ich meine Defizite bearbeiten?		
Wie gut beherrsche ich bereits das „Anweisungen geben“?		– völlig unzureichend – noch nicht gut genug – gut – sehr gut
Welche Erfahrung habe ich damit?	als Mitarbeiter	– noch keine – wenig – viel – sehr viel – schlechte – gute – sehr gute

Frage	Anmerkungen	Wertung
	als Vorgesetzter	– noch keine – wenig – viel – sehr viel – schlechte – gute – sehr gute

Meine Ziele für diesen Bereich:

Häufige Fehler beim „Anweisungen geben"

- Nicht den richtigen Ton treffen (zu hart oder zu weich)
- Nicht konkret genug formulieren
- Nicht prüfen, ob die Anweisung richtig verstanden wurde
- Anweisungen nicht pauschal an die Gruppe, sondern an den Einzelnen geben
- Keine Hilfestellung bei Fragen oder Problemen geben

Delegieren

Frage	Anmerkungen	Wertung
Wie wichtig ist mir das Thema „Delegieren"?		– unwichtig – weniger wichtig – sehr wichtig
Wie war das, was ich zum Thema „Delegieren" selbst beobachtet oder geschildert bekommen habe?	bei Kollegen	– unerfreulich – wenig erfreulich – sehr erfreulich
	bei Freunden/Bekannten	– unerfreulich – wenig erfreulich – sehr erfreulich
Was ist mein derzeit größtes Problem/Defizit beim „Delegieren"?	Beschreiben Sie den Ist-Zustand so genau wie möglich:	
Wie werde ich meine Defizite bearbeiten?		
Wie gut beherrsche ich bereits das „Delegieren"?		– völlig unzureichend – noch nicht gut genug – gut – sehr gut
Welche Erfahrung habe ich damit?	als Mitarbeiter	– noch keine – wenig – viel – sehr viel – schlechte – gute – sehr gute
	als Vorgesetzter	– noch keine – wenig – viel – sehr viel – schlechte – gute – sehr gute

Meine Ziele für diesen Bereich:

Häufige Fehler beim „Delegieren“

- Anordnen, ohne den Sinn der Aufgabe zu erklären
- Aufgabe übertragen, ohne die für die Erledigung erforderliche Kompetenz zu geben
- Sich ständig in die Erledigung der Aufgabe einmischen, statt nur in Ausnahmefällen einzugreifen
- Rückdelegation zulassen
- Zu selten, zu spät oder nie die Erledigung der Aufgabe überprüfen
- Versuchen, gegenüber seinem Vorgesetzten auch die Führungsverantwortung auf den Mitarbeiter abzuladen

Einführen neuer Mitarbeiter

Frage	Anmerkungen	Wertung
Wie wichtig ist mir das Thema „Einführen neuer Mitarbeiter"?		– unwichtig – weniger wichtig – sehr wichtig
Wie war das, was ich zum Thema „Einführen neuer Mitarbeiter" selbst beobachtet oder geschildert bekommen habe?	bei Kollegen	– unerfreulich – wenig erfreulich – sehr erfreulich
	bei Freunden/Bekannten	– unerfreulich – wenig erfreulich – sehr erfreulich
Was ist mein derzeit größtes Problem/Defizit beim „Einführen neuer Mitarbeiter"?	Beschreiben Sie den Ist-Zustand so genau wie möglich:	
Wie werde ich meine Defizite bearbeiten?		
Wie gut beherrsche ich bereits das „Einführen neuer Mitarbeiter"?		– völlig unzureichend – noch nicht gut genug – gut – sehr gut
Welche Erfahrung habe ich damit?	als Mitarbeiter	– noch keine – wenig – viel – sehr viel – schlechte – gute – sehr gute
	als Vorgesetzter	– noch keine – wenig – viel – sehr viel – schlechte – gute – sehr gute

Meine Ziele für diesen Bereich:

Häufige Fehler beim „Einführen neuer Mitarbeiter“

- Die Einführung neuer Mitarbeiter in ihrer Bedeutung unterschätzen
- Die Einführung als lästige Mehrarbeit und nicht als Investition sehen
- Sich nicht genügend Zeit nehmen, die „alten“ Kollegen auf den neuen Kollegen vorzubereiten
- Den neuen Mitarbeiter durch einen nicht ausreichend qualifizierten Mitarbeiter herumführen und bekannt machen lassen
- Keine „Patenschaft“ für den Neuen erteilen, um die Einarbeitung zu erleichtern
- Die Einführung nicht gründlich genug durchführen

Einschätzen/Beurteilen

Frage	Anmerkungen	Wertung
Wie wichtig ist mir das Thema „Einschätzen/Beurteilen"?		– unwichtig – weniger wichtig – sehr wichtig
Wie war das, was ich zum Thema „Einschätzen/ Beurteilen" selbst beobachtet oder geschildert bekommen habe?	bei Kollegen	– unerfreulich – wenig erfreulich – sehr erfreulich
	bei Freunden/Bekannten	– unerfreulich – wenig erfreulich – sehr erfreulich
Was ist mein derzeit größtes Problem/Defizit beim „Einschätzen/Beurteilen"?	Beschreiben Sie den Ist-Zustand so genau wie möglich:	
Wie werde ich meine Defizite bearbeiten?		
Wie gut beherrsche ich bereits das „Einschätzen/Beurteilen"?		– völlig unzureichend – noch nicht gut genug – gut – sehr gut
Welche Erfahrung habe ich damit?	als Mitarbeiter	– noch keine – wenig – viel – sehr viel – schlechte – gute – sehr gute
	als Vorgesetzter	– noch keine – wenig – viel – sehr viel – schlechte – gute – sehr gute

Meine Ziele für diesen Bereich:

Häufige Fehler beim „Einschätzen / Beurteilen"

- Die Annahme, dass eine Beurteilung objektiv sein könne
- Sich auf das Urteil anderer verlassen
- Sich ohne Anhörung des Mitarbeiters eine „endgültige" Meinung bilden
- Vorher nicht klar definierte Ziele vereinbart zu haben, die eine beiderseitig nachvollziehbare Messbarkeit gewährleisten
- Die Beurteilung erst vornehmen, wenn es schon zu spät ist, statt in regelmäßigen Abständen mit dem Mitarbeiter über den Stand seiner Leistung zu reden und ihm eine Korrektur zu ermöglichen
- Die Zielvereinbarung und damit die Messbarkeit innerhalb eines Geschäftsjahres zu verändern oder den Verhältnissen anzupassen

Entscheiden

Frage	Anmerkungen	Wertung
Wie wichtig ist mir das Thema „Entscheiden“?		– unwichtig – weniger wichtig – sehr wichtig
Wie war das, was ich zum Thema „Entscheiden“ selbst beobachtet oder geschildert bekommen habe?	bei Kollegen	– unerfreulich – wenig erfreulich – sehr erfreulich
	bei Freunden/Bekannten	– unerfreulich – wenig erfreulich – sehr erfreulich
Was ist mein derzeit größtes Problem/Defizit beim „Entscheiden“?	Beschreiben Sie den Ist-Zustand so genau wie möglich:	
Wie werde ich meine Defizite bearbeiten?		
Wie gut beherrsche ich bereits das „Entscheiden“?		– völlig unzureichend – noch nicht gut genug – gut – sehr gut
Welche Erfahrung habe ich damit?	als Mitarbeiter	– noch keine – wenig – viel – sehr viel – schlechte – gute – sehr gute
	als Vorgesetzter	– noch keine – wenig – viel – sehr viel – schlechte – gute – sehr gute

Meine Ziele für diesen Bereich:

Häufige Fehler beim „Entscheiden“

- Gar nicht entscheiden
- Zu spät entscheiden
- Nicht verantwortungsbewusst entscheiden
- Nicht alle Zuständigen am Entscheidungsprozess beteiligen
- Getroffene Entscheidungen nicht zügig umsetzen
- Zu Entscheidungen nicht stehen
- Entscheidungen nicht korrigieren, obwohl es die beste Lösung wäre

Fordern der Mitarbeiter

Frage	Anmerkungen	Wertung
Wie wichtig ist mir das Thema „Fordern der Mitarbeiter“?		– unwichtig – weniger wichtig – sehr wichtig
Wie war das, was ich zum Thema „Fordern der Mitarbeiter“ selbst beobachtet oder geschildert bekommen habe?	bei Kollegen	– unerfreulich – wenig erfreulich – sehr erfreulich
	bei Freunden/Bekannten	– unerfreulich – wenig erfreulich – sehr erfreulich
Was ist mein derzeit größtes Problem/Defizit beim „Fordern der Mitarbeiter“?	Beschreiben Sie den Ist-Zustand so genau wie möglich:	
Wie werde ich meine Defizite bearbeiten?		
Wie gut beherrsche ich bereits das „Fordern der Mitarbeiter“?		– völlig unzureichend – noch nicht gut genug – gut – sehr gut
Welche Erfahrung habe ich damit?	als Mitarbeiter	– noch keine – wenig – viel – sehr viel – schlechte – gute – sehr gute
	als Vorgesetzter	– noch keine – wenig – viel – sehr viel – schlechte – gute – sehr gute

Meine Ziele für diesen Bereich:

Häufige Fehler beim „Fordern der Mitarbeiter"

- Überfordern
- Fachkenntnisse, Fähigkeiten, Fertigkeiten usw. nicht berücksichtigen
- Zeitreserven nicht berücksichtigen
- Unterfordern
- Eigeninitiative nicht zulassen
- Unrealistische Forderungen stellen, z.B. zu kurze Zeitspanne zur Erledigung der Aufgabe oder eine zu umfangreiche Aufgabe stellen
- Verlangen, dass sich ein Mitarbeiter in zu kurzer Zeit in ein völlig neues Aufgabengebiet einarbeitet
- Fordern, fertige Lösungen zu präsentieren, ohne dass Gelegenheit gegeben wurde, sich über die Zielrichtung zu informieren
- Zu einfache Aufgaben delegieren, die wichtigen und interessanten für den Vorgesetzten zurückhalten
- Zu unüberlegt, zu schnell eine Aufgabe delegieren, ohne den Mitarbeiter mit der am besten geeigneten Qualifikation auszuwählen
- Zu viel fordern, ohne sonstige Aufgaben wie z.B. Projekte oder Routinearbeiten zu berücksichtigen
- Nur Anweisungen erteilen
- Forderungen erheben, ohne Gelegenheit zur Diskussion, zur Eigeninitiative zu geben
- Neigungen oder Fähigkeiten bei der Vergabe von Aufgaben nicht genügend berücksichtigen

Fördern der Mitarbeiter

Frage	Anmerkungen	Wertung
Wie wichtig ist mir das Thema „Fördern der Mitarbeiter“?		– unwichtig – weniger wichtig – sehr wichtig
Wie war das, was ich zum Thema „Fördern der Mitarbeiter“ selbst beobachtet oder geschildert bekommen habe?	bei Kollegen	– unerfreulich – wenig erfreulich – sehr erfreulich
	bei Freunden/Bekannten	– unerfreulich – wenig erfreulich – sehr erfreulich
Was ist mein derzeit größtes Problem/Defizit beim „Fördern der Mitarbeiter“?	Beschreiben Sie den Ist-Zustand so genau wie möglich:	
Wie werde ich meine Defizite bearbeiten?		
Wie gut beherrsche ich bereits das „Fördern der Mitarbeiter“?		– völlig unzureichend – noch nicht gut genug – gut – sehr gut
Welche Erfahrung habe ich damit?	als Mitarbeiter	– noch keine – wenig – viel – sehr viel – schlechte – gute – sehr gute
	als Vorgesetzter	– noch keine – wenig – viel – sehr viel – schlechte – gute – sehr gute

Meine Ziele für diesen Bereich:

Häufige Fehler beim „Fördern der Mitarbeiter“

- Gar nicht fördern
- Nach dem Gießkannenprinzip fördern, nicht spezifisch genug
- Nicht konsequent genug fördern
- Nicht gleichbehandelnd fördern
- Eigeninitiative unterbinden
- Dem Mitarbeiter nicht ausreichend Gelegenheit einräumen, eigene Vorschläge einzubringen
- Zu wenig einfallsreich fördern
- Nicht genügend Zeit zur Weiterbildung zur Verfügung stellen
- Versäumen, gezielte Förderung auch als Anreiz für den Mitarbeiter darzustellen
- Sich nicht um die Ergebnisse von Weiterbildungsmaßnahmen kümmern
- Mitarbeiter nicht genügend unterstützen
- Selbst kein Vorbild hinsichtlich der Teilnahme an Weiterbildungen sein

Informieren

Frage	Anmerkungen	Wertung
Wie wichtig ist mir das Thema „Informieren"?		– unwichtig – weniger wichtig – sehr wichtig
Wie war das, was ich zum Thema „Informieren" selbst beobachtet oder geschildert bekommen habe?	bei Kollegen	– unerfreulich – wenig erfreulich – sehr erfreulich
	bei Freunden/Bekannten	– unerfreulich – wenig erfreulich – sehr erfreulich
Was ist mein derzeit größtes Problem/Defizit beim „Informieren"?	Beschreiben Sie den Ist-Zustand so genau wie möglich:	
Wie werde ich meine Defizite bearbeiten?		
Wie gut beherrsche ich bereits das „Informieren"?		– völlig unzureichend – noch nicht gut genug – gut – sehr gut
Welche Erfahrung habe ich damit?	als Mitarbeiter	– noch keine – wenig – viel – sehr viel – schlechte – gute – sehr gute
	als Vorgesetzter	– noch keine – wenig – viel – sehr viel – schlechte – gute – sehr gute

Meine Ziele für diesen Bereich:

Häufige Fehler beim „Informieren“

- Nicht informieren
- Zu spät informieren
- Nicht vollständig informieren
- Informationen horten
- Mit Informationen überschütten
- Immer auf „Holschuld“ bestehen
- Nicht alle gleichmäßig informieren
- Die Informationsflüsse nicht gut organisieren
- Ungenügende Sorgfalt bei der Auswahl, wer welche Information wann erhalten soll

Kommunizieren

Frage	Anmerkungen	Wertung
Wie wichtig ist mir das Thema „Kommunizieren“?		– unwichtig – weniger wichtig – sehr wichtig
Wie war das, was ich zum Thema „Kommunizieren“ selbst beobachtet oder geschildert bekommen habe?	bei Kollegen	– unerfreulich – wenig erfreulich – sehr erfreulich
	bei Freunden/Bekannten	– unerfreulich – wenig erfreulich – sehr erfreulich
Was ist mein derzeit größtes Problem/Defizit beim „Kommunizieren“?	Beschreiben Sie den Ist-Zustand so genau wie möglich:	
Wie werde ich meine Defizite bearbeiten?		
Wie gut beherrsche ich bereits das „Kommunizieren“?		– völlig unzureichend – noch nicht gut genug – gut – sehr gut
Welche Erfahrung habe ich damit?	als Mitarbeiter	– noch keine – wenig – viel – sehr viel – schlechte – gute – sehr gute
	als Vorgesetzter	– noch keine – wenig – viel – sehr viel – schlechte – gute – sehr gute

Meine Ziele für diesen Bereich:

Häufige Fehler beim „Kommunizieren“

- Sich gar nicht oder nur unzureichend mit den gängigen Kommunikationsmodellen beschäftigt zu haben
- Feedback-Modelle nicht anwenden (Ich-Botschaft, Du-Botschaft, Beziehungsbotschaft)
- Das Gehörte bewerten, ohne den Versuch zu unternehmen, zuvor zu verstehen, was der Partner gemeint haben könnte; nicht aufmerksam zuhören
- Selbst unaufhörlich reden
- Nicht ausführlich genug Fragen stellen, um die Bedürfnisse oder das Problem des Kommunikationspartners genau kennenzulernen
- Mehrere Fragen hintereinander stellen, ohne die Antwort auf die erste Frage abzuwarten
- Vergessen, dass es in der Kommunikation keine Wahrheiten gibt, sondern nur Übereinkünfte
- Ignorieren, dass es Wirklichkeiten erster und zweiter Ordnung gibt (z.B. 1. Ordnung = das spezifische Gewicht des Goldes; 2. Ordnung = der ideelle Wert des Goldes)
- Die nonverbale Kommunikation nicht beachten und deren Übereinstimmung bzw. Nicht-Übereinstimmung mit der verbalen Kommunikation außer Acht lassen
- Immer der Gewinner sein wollen und nicht das Modell „Wir gewinnen beide“ anstreben

Konflikte bearbeiten

Frage	Anmerkungen	Wertung
Wie wichtig ist mir das Thema „Konflikte bearbeiten"?		– unwichtig – weniger wichtig – sehr wichtig
Wie war das, was ich zum Thema „Konflikte bearbeiten" selbst beobachtet oder geschildert bekommen habe?	bei Kollegen	– unerfreulich – wenig erfreulich – sehr erfreulich
	bei Freunden/Bekannten	– unerfreulich – wenig erfreulich – sehr erfreulich
Was ist mein derzeit größtes Problem/Defizit beim „Konflikte bearbeiten"?	Beschreiben Sie den Ist-Zustand so genau wie möglich:	
Wie werde ich meine Defizite bearbeiten?		
Wie gut beherrsche ich bereits das „Konflikte bearbeiten"?		– völlig unzureichend – noch nicht gut genug – gut – sehr gut
Welche Erfahrung habe ich damit?	als Mitarbeiter	– noch keine – wenig – viel – sehr viel – schlechte – gute – sehr gute
	als Vorgesetzter	– noch keine – wenig – viel – sehr viel – schlechte – gute – sehr gute

Meine Ziele für diesen Bereich:

Häufige Fehler beim „Konflikte bearbeiten“

- Wegsehen
- Schwelen lassen
- Verharmlosen
- Übereilt eingreifen, anstatt die Beteiligten zunächst selbst nach einer Lösung suchen zu lassen
- Einseitig Partei ergreifen
- Keine Konflikte zulassen
- Annehmen, dass Konflikte nur negativ zu werten sind, statt aus einem Konflikt neue Energie für neue Lösungen zu gewinnen
- Angst vor Konflikten
- Nicht wahrhaben wollen, selbst auch Teil oder Verursacher eines Konflikts sein zu können

Kontrollieren

Frage	Anmerkungen	Wertung
Wie wichtig ist mir das Thema „Kontrollieren"?		– unwichtig – weniger wichtig – sehr wichtig
Wie war das, was ich zum Thema „Kontrollieren" selbst beobachtet oder geschildert bekommen habe?	bei Kollegen	– unerfreulich – wenig erfreulich – sehr erfreulich
	bei Freunden/Bekannten	– unerfreulich – wenig erfreulich – sehr erfreulich
Was ist mein derzeit größtes Problem/Defizit beim „Kontrollieren"?	Beschreiben Sie den Ist-Zustand so genau wie möglich:	
Wie werde ich meine Defizite bearbeiten?		
Wie gut beherrsche ich bereits das „Kontrollieren"?		– völlig unzureichend – noch nicht gut genug – gut – sehr gut
Welche Erfahrung habe ich damit?	als Mitarbeiter	– noch keine – wenig – viel – sehr viel – schlechte – gute – sehr gute
	als Vorgesetzter	– noch keine – wenig – viel – sehr viel – schlechte – gute – sehr gute

Meine Ziele für diesen Bereich:

Häufige Fehler beim „Kontrollieren“

- Nur aus Misstrauen kontrollieren
- Kontrolle nicht als Ausdruck von Aufmerksamkeit für die Arbeit des Mitarbeiters ansehen
- Zu selten kontrollieren
- Übertrieben häufig kontrollieren
- Mit Drohgebärde kontrollieren
- Sich selbst zur „personifizierten Kontrolle“ machen
- Ohne Mitteilung des Zwecks kontrollieren
- Bestimmte Mitarbeiter bevorzugt behandeln
- Zu spät kontrollieren, um Fehler mit großen Auswirkungen noch rechtzeitig vermeiden zu können
- Versteckt kontrollieren – außer in ganz bestimmten Ausnahmefällen
- Einen Mitarbeiter über die Leistung eines Kollegen befragen

Kritisieren

Frage	Anmerkungen	Wertung
Wie wichtig ist mir das Thema „Kritisieren"?		– unwichtig – weniger wichtig – sehr wichtig
Wie war das, was ich zum Thema „Kritisieren" selbst beobachtet oder geschildert bekommen habe?	bei Kollegen	– unerfreulich – wenig erfreulich – sehr erfreulich
	bei Freunden/Bekannten	– unerfreulich – wenig erfreulich – sehr erfreulich
Was ist mein derzeit größtes Problem/Defizit beim „Kritisieren"?	Beschreiben Sie den Ist-Zustand so genau wie möglich:	
Wie werde ich meine Defizite bearbeiten?		
Wie gut beherrsche ich bereits das „Kritisieren"?		– völlig unzureichend – noch nicht gut genug – gut – sehr gut
Welche Erfahrung habe ich damit?	als Mitarbeiter	– noch keine – wenig – viel – sehr viel – schlechte – gute – sehr gute
	als Vorgesetzter	– noch keine – wenig – viel – sehr viel – schlechte – gute – sehr gute

Meine Ziele für diesen Bereich:

Häufige Fehler beim „Kritisieren“

- Persönlich werden
- Laut werden
- Öffentlich kritisieren
- Nur „Dampf ablassen“, statt Ursachen mit den betroffenen Personen gemeinsam zu ergründen
- Ungleich behandeln in der Kritik
- Unverhältnismäßig kritisieren
- Zu undeutlich kritisieren, ohne konkreten Bezug
- Zu spät kritisieren – Fehler ist schon „verjährt“
- Fehler „sammeln“
- Ironisch kritisieren
- Sich überheblich ausdrücken beim Kritisieren
- Verallgemeinern
- Dem Mitarbeiter keine Gelegenheit geben, sich zu dem Sachverhalt zu äußern
- Nicht selbstkritisch genug sein
- Überzogene Erwartungen und unrealistische Ziele hegen
- Keine Chance zum Verbessern von Fehlern geben
- Den Mitarbeiter hinter seinem Rücken kritisieren

Loben

Frage	Anmerkungen	Wertung
Wie wichtig ist mir das Thema „Loben“?		– unwichtig – weniger wichtig – sehr wichtig
Wie war das, was ich zum Thema „Loben“ selbst beobachtet oder geschildert bekommen habe?	bei Kollegen	– unerfreulich – wenig erfreulich – sehr erfreulich
	bei Freunden/Bekannten	– unerfreulich – wenig erfreulich – sehr erfreulich
Was ist mein derzeit größtes Problem/Defizit beim „Loben“?	Beschreiben Sie den Ist-Zustand so genau wie möglich:	
Wie werde ich meine Defizite bearbeiten?		
Wie gut beherrsche ich bereits das „Loben“?		– völlig unzureichend – noch nicht gut genug – gut – sehr gut
Welche Erfahrung habe ich damit?	als Mitarbeiter	– noch keine – wenig – viel – sehr viel – schlechte – gute – sehr gute
	als Vorgesetzter	– noch keine – wenig – viel – sehr viel – schlechte – gute – sehr gute

Meine Ziele für diesen Bereich:

Häufige Fehler beim „Loben"

- Nicht geschimpft ist genug gelobt
- Zum falschen Zeitpunkt loben
- Am falschen Ort loben
- Zu allgemein loben, nicht bezogen auf eine bestimmte Leistung oder ein bestimmtes Verhalten
- Inflationär loben
- Immer mit denselben Worten (floskelhaft) loben
- Zu überschwänglich loben
- Zu spät Anerkennung aussprechen
- Sich bei der Anerkennung einer Leistung undifferenziert ausdrücken
- Vergleichbare Leistungen unterschiedlich anerkennen
- Lieber gar nicht loben, als von der Leistung eines Mitarbeiters abhängig zu erscheinen
- Mit ironischem Unterton loben
- „Ja, aber ..." (Anerkennung unmittelbar mit Kritik verbinden)
- Vor Anderen loben (von ganz bestimmten Ausnahmen abgesehen)

Motivieren

Frage	Anmerkungen	Wertung
Wie wichtig ist mir das Thema „Motivieren“?		– unwichtig – weniger wichtig – sehr wichtig
Wie war das, was ich zum Thema „Motivieren“ selbst beobachtet oder geschildert bekommen habe?	bei Kollegen	– unerfreulich – wenig erfreulich – sehr erfreulich
	bei Freunden/Bekannten	– unerfreulich – wenig erfreulich – sehr erfreulich
Was ist mein derzeit größtes Problem/Defizit beim „Motivieren“?	Beschreiben Sie den Ist-Zustand so genau wie möglich:	
Wie werde ich meine Defizite bearbeiten?		
Wie gut beherrsche ich bereits das „Motivieren“?		– völlig unzureichend – noch nicht gut genug – gut – sehr gut
Welche Erfahrung habe ich damit?	als Mitarbeiter	– noch keine – wenig – viel – sehr viel – schlechte – gute – sehr gute
	als Vorgesetzter	– noch keine – wenig – viel – sehr viel – schlechte – gute – sehr gute

Meine Ziele für diesen Bereich:

Häufige Fehler beim „Motivieren“

- Nicht versuchen, alles zu unterlassen, was demotivierend wirken könnte
- Annehmen, dass mit Geld langfristig motiviert werden könnte
- Leistung nicht anerkennen
- Eigene Fehler nicht mitverantworten wollen
- Keine Perspektiven aufzeigen
- Einzelne Mitarbeiter ignorieren
- Durch mangelnde Information den Blick auf das gemeinsame Ziel nicht ermöglichen
- Nicht Vorbild sein hinsichtlich des eigenen Arbeitseinsatzes, der Begeisterung für gemeinsame Ziele oder ein entsprechendes Projekt
- Sich von den Leistungen des Mitarbeiters distanzieren – im Guten wie im Schlechten
- Die durch den nächsthöheren Vorgesetzten oder Kunden ausgesprochene Anerkennung nicht an den Mitarbeiter weitergeben

Ziele vereinbaren

Frage	Anmerkungen	Wertung
Wie wichtig ist mir das Thema „Ziele vereinbaren"?		– unwichtig – weniger wichtig – sehr wichtig
Wie war das, was ich zum Thema „Ziele vereinbaren" selbst beobachtet oder geschildert bekommen habe?	bei Kollegen	– unerfreulich – wenig erfreulich – sehr erfreulich
	bei Freunden/Bekannten	– unerfreulich – wenig erfreulich – sehr erfreulich
Was ist mein derzeit größtes Problem/Defizit beim „Ziele vereinbaren"?	Beschreiben Sie den Ist-Zustand so genau wie möglich:	
Wie werde ich meine Defizite bearbeiten?		
Wie gut beherrsche ich bereits das „Ziele vereinbaren"?		– völlig unzureichend – noch nicht gut genug – gut – sehr gut
Welche Erfahrung habe ich damit?	als Mitarbeiter	– noch keine – wenig – viel – sehr viel – schlechte – gute – sehr gute
	als Vorgesetzter	– noch keine – wenig – viel – sehr viel – schlechte – gute – sehr gute

Meine Ziele für diesen Bereich:

Häufige Fehler beim „Ziele vereinbaren"

- Ziele setzen, statt zu vereinbaren
- Nicht genügend Informationen zum Verständnis der Sachlage geben
- Die Ziele nicht präzise genug formulieren (Was? Quantität/Qualität? Zeitpunkt?)
- Den Zielfindungsprozess nicht ausführlich genug mit den Beteiligten gestalten
- Mit vorgefassten Zielen in den „Vereinbarungsprozess" hineingehen
- Nicht auf die Meinung der Mitarbeiter hören, scheindemokratisch vorgehen, immer das letzte Wort haben müssen

Literatur

BENETT, DUDLEY: Im Kontakt gewinnen, Heidelberg, 1986

BERNE, ERIC.: Spiele der Erwachsenen, Reinbek bei Hamburg, 2002

BIRKENBIHL, MICHAEL: Tran The Trainer; Arbeitshandbuch für Ausbilder und Dozenten, Landsberg / Lech, 12. Auflage, 1993

BIRKENBIHL, VERA: Kommunikationstraining. Heidelberg, 28. Aufl., 2007

BIRKENBIHL, VERA: Fragetechnik ...Schnell trainiert, Landsberg/Lech, 11. Auflage, 1998

BIRKENBIHL, VERA: Kommunikation für Könner; München, 2. Auflage, 1991

BLAKE, ROBERT R./MOUTON, JANE S.: The new managerial grid, Houston, 1978

BRUHN, CHRISTINA; Zamoschchina, Margaritha, Institut für Kultur- und Medienmanagement an der Hochschule für Musik und Theater Hamburg, 2005

CZICHOS, REINER: Change Management, München, 1990

DAVIS, KEITH, Human relations at work, New York, 1967

ERB, W.: Konfliktfreie Gesprächsführung, Offenbach, 1993

GÜHRS, M./NOWAK, C.: Das konstruktive Gespräch, Meezen, 1991

HAGEHULLSMANN, U.: Transaktionsanalyse. Wie geht denn das? Transanalyse in Aktion I, Paderborn, 1992

HARRIS, THOMAS A.: Ich bin O.K. du bist O.K., Reinbek bei Hamburg, 2002

HEIGL-EVERS, A. (ED.): Die Feldtheorie von Kurt Lewin in Lewin und die Folgen. Kindlers Enzyklopädie: Die Psychologie des 20. Jahrhunderts, Zürich, 1979

HERZBERG, FREDERICK/MAUSNER, BERNARD/SNYDERMAN, BARBARA B.: The motivation to work, 2. Auflage, New York, 1967

KELLNER, HEDWIG: Rhetorik: hart verhandeln – erfolgreich argumentieren, München/Wien, 2000

KING, NATHAN, Classification and evaluation of the two factor theory of job satisfaction, in: Psychological Bulletin 74, 18-34, 1970

KIRA, ALEXANDER / SCHOFIELD, JANET WARD: Migrationshintergrund, Minderheitenzugehörigkeit und Bildungserfolg, Berlin, 2006

KREUZER, FRANZ: Die Unsicherheit unserer Wirklichkeit, München, 10. Auflage, 2004

MCGREGOR, DOUGLAS: Der Mensch im Unternehmen, Hamburg, 1986

MEWES, WOLFGANG: Die kybernetische Managementlehre, Frankfurt am Main, 1998

MOLCHO, SAMY: Körpersprache im Beruf, München, 1997

NAGEL, KURT: 200 Strategien, Prinzipien und Systeme für den persönlichen und unternehmerischen Erfolg, Landsberg/Lech, 1988

NEUBERGER, OSWALD: Das Mitarbeitergespräch. Praktische Grundlagen für erfolgreiche Führungsarbeit, 6. Aufl., Leonberg, 2004

NOLTING, HANS-PETER/PAULUS, PETER: Psychologie lernen, Weinheim/ Basel, 1999

RISTO, KARL-HEINZ: Konflikte lösen mit System, Paderborn, 2005

RÜTTINGER, ROLF / KRUPPA, REINHOLD: Übungen zur Transaktionsanalyse, Hamburg, 1988

SCHMID, R.: Immer richtig miteinander reden, Paderborn, 1998

SCHNEIDER, JOHANN: Superdivieren und beraten lernen, , Paderborn, 2001

SCHULZ VON THUN, FRIEDEMANN/RUPPEL, J./STRATMANN, R.: Miteinander reden – Kommunikationspsychologie, Hamburg, 2000

SERGIOVANNI, T.J. / METZENS, R./BURDEN, L.: Toward a particularistic approach of to leadership Style: some findings, in: American Educational Research Journal, 1969

SPITZER, MANFRED: Musik im Kopf; Hören, Musizieren, Verstehen und Erleben im neuronalen Netzwerk, Stuttgart, 2005

SPRENGER, REINHARD K.: Mythos Motivation – Wege aus einer Sackgasse, Frankfurt am Main/New York, 1996

STEINMANN, H. / SCHREYÖGG, G.: Management – Grundlagen der Unternehmensführung, Wiesbaden, 1993

TANNENBAUM, ROBERT / SCHMIDT, W.H.: How to choose a leadership pattern, in Harvard Business Review 35, 1958

ULSAMER, BERTOLD: NLP in Seminaren, Bremen, 1994

WATZLAWICK, PAUL: Die erfundene Wirklichkeit, München, 1981

Stichwortverzeichnis

Der Autor

Prof. Asmus J. Hintz war nach dem Studium der Musik, mehr als 30 Jahre in leitenden Managementfunktionen tätig, verantwortlich für Bildungs- Kultur- und Dienstleistungsmanagement (Entwicklung und Marketing eines bedeutenden europäischen Franchisesystems im Dienstleistungsbereich Bildung).

Seit 1987 lehrt er auch als Professor am Institut für Kultur- und Medienmanagement an der Hochschule für Musik und Theater Hamburg mit den Schwerpunkten Mitarbeiterführung, Personal- und Organisationsentwicklung.

Beratung und Training von Führungskräften und Mitarbeitern verschiedener Branchen auf europäischer Ebene in den Bereichen Marketing, Service, Personal- und Organisationsentwicklung bilden einen weiteren Schwerpunkt seiner Tätigkeit.

Als Autor und Herausgeber fachdidaktischer Werke für das Arbeiten in Lerngruppen kann er auf zahlreiche Publikationen verweisen.